普通高等教育"十一五"国家级规划教材

全国高等学校自动化专业系列教材
教育部高等学校自动化专业教学指导分委员会牵头规划

Fundamentals of Power Electronics
(Second Edition)

电力电子技术基础
（第2版）

洪乃刚　编著
Hong Naigang

清华大学出版社
北京

内 容 简 介

本书按《全国高等学校自动化专业系列教材》编审委员会"以教学创新为指导思想,以教材带动教学改革"的要求编写,以典型器件为基础,以电路为重点,以分析为手段,以典型应用为归宿,介绍电力电子技术基础知识和应用。

《电力电子技术基础》第 2 版共分 10 章,前 6 章为基本内容,在导论中以开关变流的概念归纳了电力电子电路的拓扑共性,然后分别介绍电力电子器件和 AC/DC、DC/DC、DC/AC、AC/AC 四种基本变换。后 4 章介绍了 PWM 整流,软开关,开关电源,谐波分析与抑制,功率因数补偿等新技术。本书在电路分析中使用了仿真,介绍了在 MATLAB 平台上建立电力电子电路模型,通过模型仿真学习和分析电力电子电路的方法。

本书可作为高等学校自动化专业、电气工程及其自动化等电类专业的本科教材,也可供研究生和工程技术人员参考。本书提供 PPT 课件和仿真模型,需要者可在清华大学出版社网页下载。

图书在版编目(CIP)数据

电力电子技术基础/洪乃刚编著. --2 版. --北京:清华大学出版社,2015 (2025.1重印)
全国高等学校自动化专业系列教材
ISBN 978-7-302-40580-1

Ⅰ. ①电… Ⅱ. ①洪… Ⅲ. ①电力电子技术—高等学校—教材 Ⅳ. ①TM1

中国版本图书馆 CIP 数据核字(2015)第 138774 号

责任编辑:王一玲
封面设计:傅瑞学
责任校对:时翠兰
责任印制:杨　艳

出版发行:清华大学出版社
　　　　　　网　　　址:https://www.tup.com.cn,https://www.wqxuetang.com
　　　　　　地　　　址:北京清华大学学研大厦 A 座　　　邮　　　编:100084
　　　　　　社 总 机:010-83470000　　　　　　　　　邮　　　购:010-62786544
　　　　　　投稿与读者服务:010-62776969, c-service@tup.tsinghua.edu.cn
　　　　　　质量反馈:010-62772015, zhiliang@tup.tsinghua.edu.cn
　　　　　　课件下载:https://www.tup.com.cn,010-83470236

印 装 者:三河市铭诚印务有限公司
经　　销:全国新华书店
开　　本:175mm×245mm　　　**印　张:**21　　　**字　数:**419 千字
版　　次:2008 年 1 月第 1 版　　2015 年 8 月第 2 版　　**印　次:**2025 年 1 月第 14 次印刷
定　　价:59.00 元

产品编号:064862-02

出版说明

《全国高等学校自动化专业系列教材》 >>>>>

　　为适应我国对高等学校自动化专业人才培养的需要,配合各高校教学改革的进程,创建一套符合自动化专业培养目标和教学改革要求的新型自动化专业系列教材,"教育部高等学校自动化专业教学指导分委员会"(简称"教指委")联合了"中国自动化学会教育工作委员会"、"中国电工技术学会高校工业自动化教育专业委员会"、"中国系统仿真学会教育工作委员会"和"中国机械工业教育协会电气工程及自动化学科委员会"四个委员会,以教学创新为指导思想,以教材带动教学改革为方针,设立专项资助基金,采用全国公开招标方式,组织编写出版了一套自动化专业系列教材——《全国高等学校自动化专业系列教材》。

　　本系列教材主要面向本科生,同时兼顾研究生;覆盖面包括专业基础课、专业核心课、专业选修课、实践环节课和专业综合训练课;重点突出自动化专业基础理论和前沿技术;以文字教材为主,适当包括多媒体教材;以主教材为主,适当包括习题集、实验指导书、教师参考书、多媒体课件、网络课程脚本等辅助教材;力求做到符合自动化专业培养目标、反映自动化专业教育改革方向、满足自动化专业教学需要;努力创造使之成为具有先进性、创新性、适用性和系统性的特色品牌教材。

　　本系列教材在"教指委"的领导下,从 2004 年起,通过招标机制,计划用 3～4 年时间出版 50 本左右教材,2006 年开始陆续出版问世。为满足多层面、多类型的教学需求,同类教材可能出版多种版本。

　　本系列教材的主要读者群是自动化专业及相关专业的大学生和研究生,以及相关领域和部门的科学工作者和工程技术人员。我们希望本系列教材既能为在校大学生和研究生的学习提供内容先进、论述系统和适于教学的教材或参考书,也能为广大科学工作者和工程技术人员的知识更新与继续学习提供适合的参考资料。感谢使用本系列教材的广大教师、学生和科技工作者的热情支持,并欢迎提出批评和意见。

《全国高等学校自动化专业系列教材》编审委员会

2005 年 10 月于北京

序

　　自动化学科有着光荣的历史和重要的地位,20 世纪 50 年代我国政府就十分重视自动化学科的发展和自动化专业人才的培养。五十多年来,自动化科学技术在众多领域发挥了重大作用,如航空、航天等,"两弹一星"的重大工程就包含了许多自动化科学技术的成果。自动化科学技术也改变了我国工业整体的面貌,不论是石油化工、电力、钢铁,还是轻工、建材、医药等领域都要用到自动化手段,在国防工业中自动化的作用更是巨大的。现在,世界上有很多非常活跃的领域都离不开自动化技术,比如机器人、月球车等。另外,自动化学科对一些交叉学科的发展同样起到了积极的促进作用,例如网络控制、量子控制、流媒体控制、生物信息学、系统生物学等学科就是在系统论、控制论、信息论的影响下得到不断的发展。在整个世界已经进入信息时代的背景下,中国要完成工业化的任务还很重,或者说我们正处在后工业化的阶段。因此,国家提出走新型工业化的道路和"信息化带动工业化,工业化促进信息化"的科学发展观,这对自动化科学技术的发展是一个前所未有的战略机遇。

　　机遇难得,人才更难得。要发展自动化学科,人才是基础、是关键。高等学校是人才培养的基地,或者说人才培养是高等学校的根本。作为高等学校的领导和教师始终要把人才培养放在第一位,具体对自动化系或自动化学院的领导和教师来说,要时刻想着为国家关键行业和战线培养和输送优秀的自动化技术人才。

　　影响人才培养的因素很多,涉及教学改革的方方面面,包括如何拓宽专业口径、优化教学计划、增强教学柔性、强化通识教育、提高知识起点、降低专业重心、加强基础知识、强调专业实践等,其中构建融会贯通、紧密配合、有机联系的课程体系,编写有利于促进学生个性发展、培养学生创新能力的教材尤为重要。清华大学吴澄院士领导的《全国高等学校自动化专业系列教材》编审委员会,根据自动化学科对自动化技术人才素质与能力的需求,充分吸取国外自动化教材的优势与特点,在全国范围内,以招标方式,组织编写了这套自动化专业系列教材,这对推动高等学校自动化专业发展与人才培养具有重要的意义。这套系列教材的建设有新思路、新机制,适应了高等学校教学改革与发展的新形势,立足创建精品教材,重视实践性环节在人才培养中的作用,采用了竞争机制,以激励和推动教材建设。在此,我谨向参与本系列教材规划、组织、编写的老师致以诚挚的感谢,并希望该系列教材在全国高等学校自动化专业人才培养中发挥应有的作用。

吴启迪 教授

2005 年 10 月于教育部

　　《全国高等学校自动化专业系列教材》编审委员会在对国内外部分大学有关自动化专业的教材做深入调研的基础上，广泛听取了各方面的意见，以招标方式，组织编写了一套面向全国本科生（兼顾研究生）、体现自动化专业教材整体规划和课程体系、强调专业基础和理论联系实际的系列教材，自2006年起将陆续面世。全套系列教材共50多本，涵盖了自动化学科的主要知识领域，大部分教材都配置了包括电子教案、多媒体课件、习题辅导、课程实验指导书等立体化教材配件。此外，为强调落实"加强实践教育，培养创新人才"的教学改革思想，还特别规划了一组专业实验教程，包括《自动控制原理实验教程》、《运动控制实验教程》、《过程控制实验教程》、《检测技术实验教程》和《计算机控制系统实验教程》等。

　　自动化科学技术是一门应用性很强的学科，面对的是各种各样错综复杂的系统，控制对象可能是确定性的，也可能是随机性的；控制方法可能是常规控制，也可能需要优化控制。这样的学科专业人才应该具有什么样的知识结构，又应该如何通过专业教材来体现，这正是"系列教材编审委员会"规划系列教材时所面临的问题。为此，设立了《自动化专业课程体系结构研究》专项研究课题，成立了由清华大学萧德云教授负责，包括清华大学、上海交通大学、西安交通大学和东北大学等多所院校参与的联合研究小组，对自动化专业课程体系结构进行深入的研究，提出了按"控制理论与工程、控制系统与技术、系统理论与工程、信息处理与分析、计算机与网络、软件基础与工程、专业课程实验"等知识板块构建的课程体系结构。以此为基础，组织规划了一套涵盖几十门自动化专业基础课程和专业课程的系列教材。从基础理论到控制技术，从系统理论到工程实践，从计算机技术到信号处理，从设计分析到课程实验，涉及的知识单元多达数百个、知识点几千个，介入的学校50多所，参与的教授120多人，是一项庞大的系统工程。从编制招标要求、公布招标公告，到组织投标和评审，最后商定教材大纲，凝聚着全国百余名教授的心血，为的是编写出版一套具有一定规模、富有特色的、既考虑研究型大学又考虑应用型大学的自动化专业创新型系列教材。

　　然而，如何进一步构建完善的自动化专业教材体系结构？如何建设基础知识与最新知识有机融合的教材? 如何充分利用现代技术,适应现代大学生的接受习惯,改变教材单一形态,建设数字化、电子化、网络化等多元形态、开放性的"广义教材"? 等等,这些都还有待我们进行更深入的研究。

　　本套系列教材的出版,对更新自动化专业的知识体系、改善教学条件、创造个性化的教学环境,一定会起到积极的作用。但是由于受各方面条件所限,本套教材从整体结构到每本书的知识组成都可能存在一些不当甚至谬误之处,还望使用本套教材的广大教师、学生及各界人士不吝批评指正。

吴　　院士

2005 年 10 月于清华大学

　　《电力电子技术基础》自 2008 年出版以来已经历时 7 年,经许多学校使用,主要反馈意见是:(1)内容较多,难于在 48～64 学时内讲完。(2)希望对电力电子新技术和新应用,如新能源、电压空间矢量控制、PWM 整流器等有较多的介绍。(3)许多读者对电力电子仿真技术感兴趣,要求更多地介绍这方面内容。编者认为电力电子作为电源变换和控制技术,应用广泛,技术发展很快,但是电力电子技术是自动化专业的一门技术基础课,在有限的学时内要完成这些任务是非常困难的,尤其电力电子电路的控制与具体的应用密切相关,这些应用分布在后续专业课程中,在电力电子技术课程中过多介绍将造成内容的重复,并且还不易讲清楚。一般,电力电子电路相对其控制而言,电路的变化较小,控制的手段和方法随微机技术发展日新月异。电力电子技术课程的重心在于基本变换电路,掌握这些变换的原理,应用新的控制技术,电力电子技术将有更大更广阔的创新空间。

　　《电力电子技术基础》第 2 版吸取读者的建议,重点对第 3 章整流器,第 5 章逆变器进行了改写,增加了第 7 章 PWM 整流器和功率因数控制。第 1 版将 PWM 整流归入第 3 章,但 PWM 控制主要在第 5 章逆变器中介绍,在第 3 章中讲 PWM 整流有困难。现在 PWM 整流器是新能源光伏发电和风力发电,电网动态无功补偿的重要技术,因此将 PWM 整流器单列一章,第 3 章以晶闸管整流器为主。现在使用晶闸管模拟触发电路已经较少,数字化触发是潮流所趋,并且触发软件已经模块化,因此第 2 版晶闸管触发以介绍触发和同步原理为主,使该章的篇幅进一步有所压缩。第 5 章逆变器主要改写了电压空间矢量控制,从三相磁场介绍空间电压矢量比较复杂,第 2 版改从正弦量的数学表示方法引入电压空间矢量,进而介绍逆变器开关状态与电压空间矢量的关系和控制,以便学生易于理解。

　　电力电子仿真是读者比较关心的内容,仿真对学习和研究都有很大帮助,本书第 1 版使用的电力电子模型是 Version2 版本,第 2 版已采用 Version3,可以在 MATLAB7.1 以上的新版本上运行。本书的仿真仅是部分电力电子电路的仿真举例,有更多需要的读者可参考笔者所著《电力电子、电机控制系统建模和仿真》和《电力电子电机控制系统仿真技术》两书。

从教学出发,电力电子器件,交流-直流变换,直流-直流变换,直流-交流变换,交流-交流变换是本课程重点,建议教学以本书前6章为重点,后4章根据专业方向和学时适当选讲。本书提供PPT课件和书中仿真举例的模型,需要者可在清华大学出版社网页下载。

本书在编写过程中参考了许多专家学者的教材和著作,对他们在电力电子技术方面的贡献,编者由衷地表示敬佩和感谢,也感谢众多读者对本书的建议,感谢清华大学出版社王一玲编辑对本书出版的指导和帮助。

作者

2015 年 4 月

第1版前言

　　教育部高等学校自动化专业教学指导分委员会联合四个自动化教育学会,以教学创新为指导思想,以教材带动教学改革,组织编写《全国高等学校自动化专业系列教材》。本书按编审委员会对《电力电子技术》提出的要求编写,这些要求可概括为:要体现系列教材的"先进性、创新性、适用性"。以典型器件为基础,以电路为重点,以分析为手段,以典型应用为归宿,要求涵盖效率与节能,软开关,谐波分析与抑制,功率因数与校正,开关电源,电能质量控制与管理,以及电力电子电路的仿真等内容。

　　电力电子技术是一门研究电能变换和控制的科学,它和现代计算机技术结合并同步发展,极大地丰富了自动化的内涵和意义。电力电子技术列入自动化专业教学计划仅有 30 余年历史,教学内容已从单一的可控硅整流到现在的四大变换及其广泛的应用,变化之大、发展之快、应用之广,新技术和知识点多是该课程的特点。电力电子技术定位为自动化专业的技术基础课,在有限的学时内要全面掌握电力电子技术的基础和新技术是困难的,现在许多学校在该课后还开设了现代电力电子、新电源等选修课程,因此本书以基本变换为重心,以软开关、组合电路等新技术为拓展,定名本书为《电力电子技术基础》。

　　本书按 48 学时要求编写,共分 9 章。为解决内容与学时之间的矛盾,《电力电子技术基础》将教学内容分为主讲和选讲两部分,以前 6 章(器件、AC/DC、DC/DC、DC/AC、AC/AC 四种主要变换)为主讲内容,后3 章为选讲内容,前 6 章中带"＊"的章节也可以选讲,如此安排使教学有一定的弹性,以满足不同教学要求和对象的需要。

　　电力电子电路属于开关电路,具有开关非线性的特征。研究电力电子电路常采用波形分析和分段处理的方法,除这些方法外,本书还引入了仿真。仿真是现代电子电路研究分析和设计的重要手段,仿真不需要物质的仪器设备,在电脑上进行电路的分析和研究,本教材在每章后都有仿真举例。教材主要使用 MATLAB 软件,MATLAB 的功能较强,在控制理论课程中已经常使用,对后续课程电力拖动自动控制系统和电力系统等 MATLAB 也是很好的仿真软件,采用 MATLAB 有利于课程间的衔接。根据我们的实践,在课程中引入仿真后,调动了学生的学习兴趣,尤其是为他们的新想法和新设计提供了一个检验的平台,对学生的创新教育和能力培养可起很好的作用。我们也将仿真应用到课程设计中,用仿真检验设计,取得了较好的效果。仿真宜以上机为主,建议讲授中以一二次演示,重点在介绍仿真的步骤和方法,其他以学生上机自学教师指导为主。

电力电子技术有很强的应用性,在教学中常有电路多、复杂难学的反映,为此本教材在导论中安排了"开关变流的概念"一节,以一个开关到 $m \times n$ 个开关的电路归纳了各种变流电路在拓扑结构上的共性,介绍了开关电路整流和逆变,调压和变频的基本原理,相控和斩控的概念,为后面电路的学习作先导。除此之外,本书在编写中还考虑了如下几点:

1. 从应用的角度介绍电力电子器件。以常用的晶闸管、MOSFET、IGBT 为主,对器件的结构和原理以及新型器件仅作简要介绍,着重于器件的外特性和驱动控制。

2. 突出全控型器件电路,紧缩半控型和不控型器件电路内容。因为晶闸管整流器应用很广泛,第 3 章仍以晶闸管电路为主,但增加了 PWM 整流,其他各章都以全控器件为主。

3. 谐波和功率因数是绿色、环保用电的重要指标,谐波治理和功率因数提高与电力电子技术密切相关,因此将谐波和功率因数单列一章,对谐波和功率因数的定义,危害和治理作了较系统的介绍,供选学。

4. 增加开关电源和电子镇流器等电力电子新应用。开关电源作为一种新型电源,在仪器仪表,新能源,新光源中大量应用,开关电源和电子镇流器是基本变流电路的级联,因此综合在第 8 章变流电路的组合中介绍。将变流电路的串并联和级联组合为一章,目的是引导学生开拓视野和思路,运用变流技术开发变流电路的新应用。

5. 每章后都有小结和习题,习题除练习和思考题外,增加了部分实践和仿真题,并提出了网络检索的要求,希望引导学生要善于观察周围环境,将学习的变流技术知识与日常生活、生产联系起来,通过上网获取更多的积极有益的知识。

全书由洪乃刚编写,华中科技大学陈坚教授主审,陈坚教授以严谨的治学态度,对本书提出了许多重要的建议和修改意见。安徽工业大学黄松清副教授审阅了本书的前 5 章,郑诗程副教授审阅了后 4 章,研究生董德智、丁文鹏、徐杰、汤代斌为本书作了部分仿真和资料工作,编者对他们的指导和帮助表示衷心的感谢。

本书在编写过程中,重点参考了王兆安、黄俊主编《电力电子技术》,陈坚编著《电力电子学》,林渭勋著《现代电力电子电路》等著作,在出版过程中得到陈伯时教授,萧德云教授,清华大学出版社王一玲主任等的关心和支持,在此谨表感谢。

关于本书中仿真电路的模型可登录安徽工业大学主页的精品课程网站下载,www. ahut. edu. cn/精品课程/电力电子技术。对本书存在的漏误和不到之处,敬请各位读者批评指正,联系邮箱 hongnaigang@ahut. edu. cn。

作者

2007 年 4 月 15 日于安徽工业大学

目录

CONTENTS >>>>>

第1章

导　论

1.1　电力电子技术的发展史

电是当今社会不可缺少的能源,无论是生产、生活、交通运输、通信和军事都离不开电。自从 1831 年英国物理学家法拉第发现了电磁感应现象,电能的开发和应用就与人类的活动息息相关。现在社会已经不仅仅满足于有电,现代科学技术对电能的要求越来越高,各种不同装置和设备要求有不同的电源,需要对电能进行变换和控制,例如交流电和直流电的互相变换,对电压、电流和交流电频率进行控制等,以提高电能的品质和用电的效率,对这些电能的变换和控制也提出了很高的节能和环保要求。

1946 年美国贝尔实验室研究出了第一个晶体管,从此人类进入了电子时代。在电子技术中首先是微电子技术,它将大规模的半导体电路集成在一块微小的芯片上,微处理芯片和电脑是微电子技术杰出的伟大成果,它强大的信息处理和传播能力对世界社会的影响已经在各个方面显现出来,并且导致了现代信息科学的诞生。电子技术的另一个发展是电力电子,它的特点是能以微信号控制大功率。在信息化社会中信息不仅是传媒,信息更需要能转变为人们能使用的物质,为人类谋福利。在信息转变为物质的过程中,电力电子技术以微小的信号控制强大的电流,使机器转动起来。以工业生产为例,工厂从网络获取市场信息,发出生产指令开动机器,按需要的规格、数量生产出产品供应市场,在这过程中计算机产生的微信号通过电力电子装置使庞大的机器按人们的意志运转起来,微信号控制了大功率的工业生产,电力电子技术就是其中不可缺少的技术。正因为微电子技术和电力电子技术的成就,才使大规模、现代化、自动化的工业生产能够实现,可以说微电子和电力电子是现代电子学发展的两大前沿,前者是芯片越做越小,功能越来越强,消耗的功率越来越小;后者是被控制的电压越来越高,电流越来越大,控制的功率越做越大。

　　电力电子技术出现于20世纪50年代,1957年美国通用电气公司在晶体管的基础上研制出了第一个晶闸管,当时称为可控硅(silicon controlled rectifier, SCR)。晶闸管是一种利用半导体PN结原理开发的固体可控开关,它可以用小电流控制开关的导通,从而控制高电压大电流的电路。由于它不仅可以应用于整流,并且可以应用于逆变和交直流的调压等方面,具有早年电子闸流管(也称汞弧整流器)的特点,后来国际电工委员会将它正式命名为Thyristor-晶体闸流管,简称晶闸管。由于晶闸管较汞弧整流器体积小、无污染、功耗低,它的出现很快淘汰了当时的汞弧整流器,成为将交流电变换为直流电的主要器件,并且在20世纪60年代到80年代,晶闸管-直流电动机调速系统取代了传统的直流发电机-电动机系统,取得了明显的节能降耗效果,减少了噪音等环境污染。由于第一代电力电子器件-晶闸管的出现,使小信号可以控制大功率,促进了控制理论和计算机技术在工业上的应用,使生产的效率、产品的质量不断提高。

　　由于普通晶闸管只具有控制导通的能力,它不能自主关断,它的关断需要依靠外部电路创造的一定条件,应用在斩波控制时,需要有辅助关断电路,这使电路的结构变得很复杂,也降低了装置的可靠性。因此在晶闸管出现后又继续研究发展了能自主控制导通和关断的电力电子器件,如电力晶体管、可关断晶闸管、电力场效应管、IGBT等一系列可以控制导通和关断的器件,称为全控型器件,而普通晶闸管则称为半控型器件,形成了电力电子器件系列。现在新型电力电子器件正在不断地研究发展中,制造工艺在改进,一些性能不高的器件在淘汰,如电力晶体管已经基本退出市场,场控晶闸管停止了继续研发,高耐压、大电流、高频、低损耗、易驱动的电力电子器件是发展的方向,并且电力电子器件的模块化、集成化和智能化也成为器件制造的趋势。模块化是将由多个电力电子器件组成的电路封装到一个模块中,集成化将功率模块和驱动、检测、保护等功能集而为一,使器件的使用更方便、更安全。

1.2　开关变流的概念

　　电力电子变流技术是利用电力电子器件组成的电路来改变电能形式的一项技术,例如将交流电转变为直流电,将直流电转变为交流电,或者改变交流电的相数、频率和相位,并对电压、电流等参数进行控制。电力电子器件从本质上讲是一种电气开关,当开关合上时电路接通,一般称之为导通或闭合;当开关断开时电路被切断,一般称之为关断或截止。因此电力电子变流原理可以用简单的开关电路来说明。

1.2.1 基本开关变流电路

1. 一个开关的变流电路

图 1.1(a)是由一个开关组成的最简单的变流电路。如果在电路的输入端 AB 接上交流电(图 1.1(b)),在开关 K 闭合时,则有电流通过。如果在交流电的正半周开关闭合,电路中就有正向电流 i 通过;在交流电的负半周开关断开,电路中就没有电流通过,如此重复,在电源是交流电的情况下,在负载上可以得到单一方向的电流(图 1.1(c)),实现从交流电到直流电的变换,这变换过程谓之整流,因为在交流电的一个周期中只有半个周期有电流输出,因此也称为单相半波整流。如果在交流电的负半周开关 K 闭合,在交流电的正半周开关断开,则可以在负载上得到反方向的直流电。

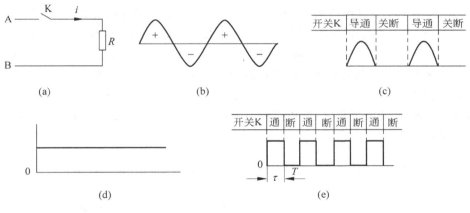

图 1.1 一个开关的电路

如果在电路的输入端 AB 接上的是直流电(图 1.1(d)),并且开关 K 的导通和关断交替进行,则在负载 R 上的电压和电流的波形就是不连续的矩形波(图 1.1(e)),这称为斩波。如果在一个周期 T 中,改变开关的通断时间比,矩形波的宽度 τ 就改变,在负载上的电压和电流平均值就可以调节,实现直流电的调控。这种以通断方式调节直流电能的过程称为直流斩波或直流脉宽调制(PWM)。一个开关的电路只能进行整流和交、直流电的调压。

2. 两个开关的半桥式变流电路

两个开关的半桥式变流电路如图 1.2 所示,如果以电路的 AB 为电源端,以 PQ 为负载端。在 A0、B0 端分别接上交流电,在交流电的正半周,令开关 K_1 导通(K_2 关断),则在负载 PQ 端可以得到正向的电压和电流;在交流电的负半周,令

开关 K_2 导通(K_1 关断),则在负载 PQ 端仍可以得到方向不变的电压和电流,如此交替重复(图 1.2(b)),可以将电源的交流电整流为直流电,并且负载电流 i 波形在一周期中有两个波头,因此称为单相全波整流。

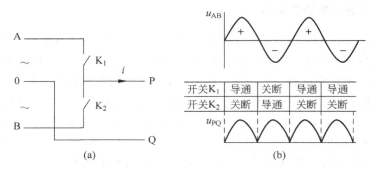

图 1.2　两个开关的变流电路(整流)

如果在两个开关电路的 AB 端接直流电(图 1.3(a)),则通过开关 K_1 和 K_2 的通断控制,可以将直流电变为交流电。如图在 K_1 导通(K_2 关断)时,电流 i 从 A → K_1 → P → 负载 → Q → 0 形成回路;在 K_2 导通(K_1 关断)时,电流 i 从 0 → Q → 负载 → P → K_2 → B,因此在负载的 PQ 端可以得到正负交替变化的交流电(图 1.3(b)),将直流变换为交流的过程称为逆变,逆变是相对于整流而言的逆过程。如果改变开关 K_1 和 K_2 的通断周期 T,则可以调节输出交流电的频率,进行频率的控制,这简称为变频。

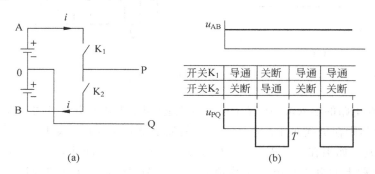

图 1.3　两个开关的变流电路(逆变)

3. 四个开关的单相桥式变流电路

由四个作桥式连接的开关组成的变流电路称为单相桥式变流电路(图 1.4(a))。如果在该电路的 AB 端接交流电源,在 PQ 端接负载。在交流电的正半周令 K_1、K_3 导通,则可以有电流 i 从电源 A 端经 K_1 → P → 负载 → Q → K_3 → B 端;在交流电的负半周里,令 K_2、K_4 导通,则可以有电流 i 从电源 B 端 → K_2 → P → 负载 → Q →

$K_4 \rightarrow A$ 端,如此进行在交流电的正负半周中,通过负载的电流 i 方向始终不变,从而实现了将交流转变为直流的整流过程。对交流电源而言在正负半周期中都有电流输出,属于全波整流,提高了电源的利用率。

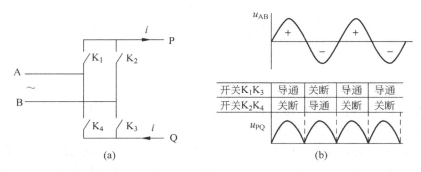

图 1.4　单相桥式变流电路(整流)

在图 1.4(a)的电路中,如果是在 P、Q 端接上直流电,在 A、B 端连接负载(图 1.5(a)),则可以将直流电转变为交流电。在开关 K_1、K_3 导通时,负载侧 A 端电位为"+",B 端电位为"−";在开关 K_2、K_4 导通时,负载侧 A 端电位为"−",B 端电位为"+",若 K_1、K_3 和 K_2、K_4 交替通断,在负载上就可以产生正负交替变化的交流电(图 1.5(b)),同样改变 K_1、K_3 和 K_2、K_4 交替导通的周期可以改变输出交流电的频率。

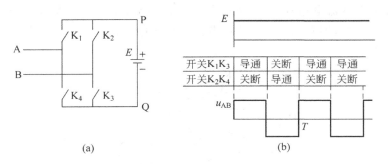

图 1.5　单相桥式变流器(逆变)

4. 六个开关组成的三相桥式变流电路

六个开关组成的三相桥式变流电路如图 1.6 所示,该电路可以和单相桥式变流电路一样,既可以用于整流也可以用于逆变。如果在电路的 A、B、C 端接三相电源,以 P、Q 端连接负载(图 1.6(a)),则该电路起整流作用。在三相电源的 A 相(或 B 相、C 相)电压为正时,令开关 K_1(或 K_3、K_5)导通都会有电流自 P 端流出;在三相电源的 A 相(或 B 相、C 相)电压为负时,令开关 K_4(或 K_6、K_2)导通都有电流自 Q 端经开关流向交流电压侧,这样尽管交流侧三相电压作正负变化,但经过

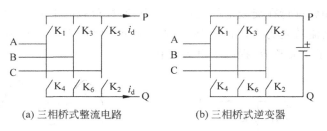

(a) 三相桥式整流电路　　　　　(b) 三相桥式逆变器

图1.6　三相桥式变流电路

负载的电流方向始终不变,即是将三相交流电整流成了直流电。该电路的工作情况在第3章整流电路中再作详细分析。

如果在电路的P、Q端接上直流电源(图1.6(b)),P端接电源"+"极,Q端接电源"一"极,而以电路的A、B、C端为三相交流输出端,则图1.6(a)的三相整流电路就成为三相桥式逆变电路。在K_1导通时,A端极性为"+",在K_4导通时,A端极性为"一",A端的输出为交流;同理在K_3(或K_5)导通时,B端(或C端)极性为"+",在K_6(或K_2)导通时,B端(或C端)极性为"一",B端(或C端)输出也为交流。如果对输出的三相交流进行适当的相位控制,就可以得到依次相差120°的三相对称交流电,这在下面的开关模式中再进一步介绍。

5. $m \times n$ 个开关的变流电路

如果开关变流电路有m个输入端,n个输出端,m个输入端和n个输出端之间都用开关连接,即有$m \times n$个开关(图1.7),图中以连线表示输入与输出端之间的开关关系。

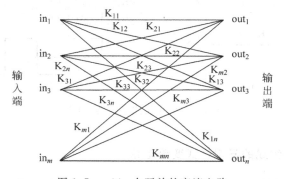

图1.7　$m \times n$个开关的变流电路

(1) 输入端$in_1 \sim in_m$分别连接m相交流电,则输出端out_1可以通过与m个输入端连接的开关,选择以哪一相的交流电为输出,并且通过选择,在输入的m相交流电上择取一定的片段,重新拼装为out_1的输出。重新拼装的输出可以是交流电,也可以是直流电。其他$out_2 \sim out_n$的输出端可以通过同样的开关选择,拼装得到相应的交流电或直流电输出,并且还可以通过选择,控制输出交流电的相位和频率。如果是将输入交流转变为直流输出,则该变流电路的作用是整流,如果是将输入交流转变为不同频率的交流,该电路的作用是交-交变频。

(2) 输入端 $in_1 \sim in_m$ 分别连接 m 个不同电平的直流电(包括+电平、0 电平和−电平),则输出端可以通过开关选择不同的电平组成直流电或交流电的输出。现在的多电平逆变器就是通过开关选择将多种电平的输入直流电拼装为交流电的输出。

综上所述,开关变流就是通过开关选择,截取输入直流电或交流电的片段,重新组合为新的直流电或交流电输出。在变流过程中,开关性能和开关时间的选择(即控制模式)尤为重要。上述研究中的开关是理想化的,即开关导通时电流可以双向流通,开关的电阻为 0,没有开关的电压降,并且开关的动作是无条件限制的,开关的通断也是瞬时完成的,没有考虑导通和关断时间。实际的开关不是理想开关,因此实际应用的变流电路较理想电路要复杂,开关的控制模式也直接影响着电路和变流装置的性能。

在基本变流电路的研究中,交流或直流输入可以是电压源或电流源,因此变流电路又有电压源型和电流源型的不同,电压源型和电流源型变流电路有各自不同的特点和控制要求。

1.2.2 开关变流电路的开关模式

开关变流电路可以进行整流和逆变,并且对电压、电流或频率进行控制,这都取决于开关的控制模式。开关电路的开关模式基本上有相位控制(phase controlled)和斩波控制(chopping)两种方式,简称相控和斩控,其中斩波控制方式又称脉宽调制(pulse width modulation,PWM)。对三相电路又有 180°导通型和120°导通型的两种控制方式。

在上述开关变流电路的介绍中,都在电压或电流的波形上进行,波形分析法是研究电力电子电路的重要方法。波形分析时,横坐标通常是时间 t,由于研究的波形都具有周期性,在画波形图的时候,横坐标也常用电角度 ωt 表示,ωt 的单位可以是"弧度(rad)"或"°"。且

$$\omega t = 2\pi f t \quad (\text{rad})$$

式中:$\omega = 2\pi f$——电角频率,f——频率(Hz)。

1. 相位控制

在图 1.1 和图 1.2 的开关电路中,如果开关的接通不是在正弦电压过零的时刻发生,而是在过零后一定时间才闭合导通,这时整流输出的电压波形就不

是完整的正弦半波(图 1.8),相应的整流输出电压平均值也减小,并且控制开关导通的时刻就可以调节整流输出电压的大小,实现可控整流。在这种情况时,开关导通的时刻一般以电角度 α 来表示,α 称为控制角(或触发角),$\alpha=0$ 的位置可以选择在交流电压过零时刻(如图 1.8 的单相半波整流和全波整流),根据电路分析的要求也可以选择在其他时间。开关的导通时间用电角度 θ 来表示,θ 称为导通角。改变 α 的同时 θ 也发生变化,整流输出电压也随之变化,这种通过改变控制角 α 来调节输出电压的方法称之为相位控制,控制角 α 的调节称为移相。

相位控制经常使用在有闸流管特性的开关电路中,如晶闸管整流电路。

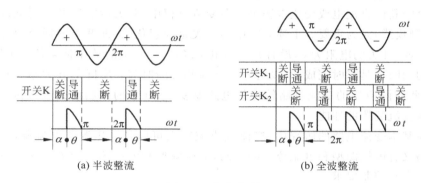

(a) 半波整流   (b) 全波整流

图 1.8 相位控制

2. 斩波控制(PWM)

斩波控制是通过控制开关的通断来改变波形调节输出电压或电流的方法,图 1.1(e)是直流斩波调压的例子。斩波控制也可以用于交流调压,如果图 1.1(a)的一个开关电路,若电源端输入交流,而开关 K 不断地进行通断控制,则输出端可以得到不连续的正弦波,改变通断的时间比,同样可以调节输出交流电的电压和电流(图 1.9(a)),不过要求开关 K 在导通时能通过正向或反向的电流。

对图 1.5(a)的单相桥式逆变电路,如果对开关 $K_1 \sim K_4$,施加如图 1.9(b)的控制,在 K_2、K_4 关断时,K_1 和 K_3 同时作通断控制;在 K_1 和 K_3 关断时,K_2 和 K_4 同时作通断控制,则在电路输出端 AB 可以得到如图的由矩形脉冲组成的交流电,并且改变矩形脉冲的宽度 τ 可以调节输出交流电压(或电流)的大小。改变 K_1、K_3 和 K_2、K_4 交替的周期可以改变输出交流电的频率,如果交流电的电压和频率同时按一定规律控制,这就简称为 VVVF 控制(variable voltage variable frequency)。

斩波控制在变流电路中使用很广泛,无论是整流、逆变和调压、变频等都可以使用斩波工作方式,现在斩波控制电路一般都采用全控型电力电子器件来组成。

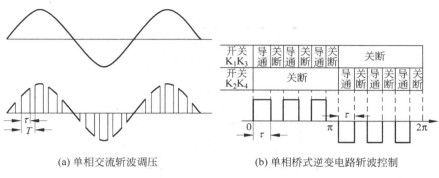

(a) 单相交流斩波调压　　　　　　(b) 单相桥式逆变电路斩波控制

图 1.9　斩波控制

3. 120°导通型和 180°导通型

对于三相桥式逆变电路(图 1.6(b))6 个开关的控制,有 120°导通型和 180°导通型两种基本控制方式。

(1) 120°导通型

如果三相桥式逆变电路的上桥臂开关 K_1、K_3、K_5 以相隔 120°的顺序依次导通,下桥臂开关 K_2、K_4、K_6 也以 120°的间隔顺序导通(图 1.10(b)),因为每个开关各导通 120°,故称为 120°导通型。一个周期 360°中 6 个开关各导通一次,相邻序号开关导通相隔为 60°,6 个开关的导通顺序为

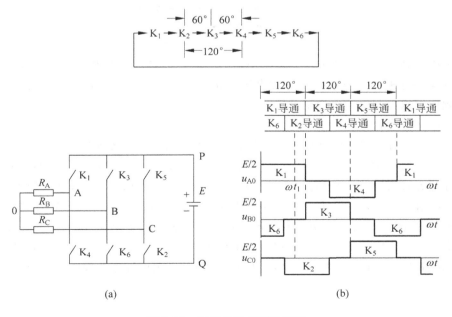

(a)　　　　　　　　　　　　(b)

图 1.10　三相电路 120°导通型

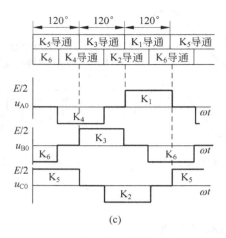

(c)

图 1.10 （续）

若开关按上述次序导通,以 ωt_1 时刻为例,这时导通的是 K_1 和 K_2,电路应有电流从电源 E 正极,经 $K_1 \rightarrow R_A \rightarrow R_C \rightarrow K_2$ 流到电源负极,在负载 R_A 上压降为 $E/2$,在负载 R_C 上压降为 $-E/2$。逐次分析各个区间可以得到三相负载上的电压如图 1.10(b)所示,电压为由矩形波组成的交流电,并且三相电压的相序为 ABC。

如果开关以相反的次序导通,即

$$\text{K}_1 \leftarrow \text{K}_2 \leftarrow \text{K}_3 \leftarrow \text{K}_4 \leftarrow \text{K}_5 \leftarrow \text{K}_6$$

则可以得到三相的电压波形如图 1.10(c)所示,这时负载上的电压相序为 ACB,改变开关的导通顺序可以改变三相电压的相序,对交流电动机而言,控制开关的导通顺序可以控制电动机的正反转。

(2) 180°导通型

180°导通型的三相逆变电路特点是每相上下两个开关各导通 180°,A、B、C 三相的开关错开 120°,这样相邻序号的两个开关导通间隔仍为 60°(图 1.11(a))。这种导通方式,在每个瞬间有三个开关同时导通。以 ωt_1 时刻为例,这时导通的是 K_1、K_2 和 K_6,而负载是 R_B、R_C 并联再与 R_A 串联,然后连接电源 E(图 1.11(b)),因此 A 相电阻 R_A 上电压 $u_{A0} = +2E/3$,B 相和 C 相电阻上电压 $u_{B0} = u_{C0} = -E/3$,逐次分析各个区间可以得到三相负载上的电压波形如图 1.11(a)所示,并且三相电压的相序为 ABC。输出电压为 6 阶梯波,改变开关的导通顺序同样可以改变负载侧三相电压相序。

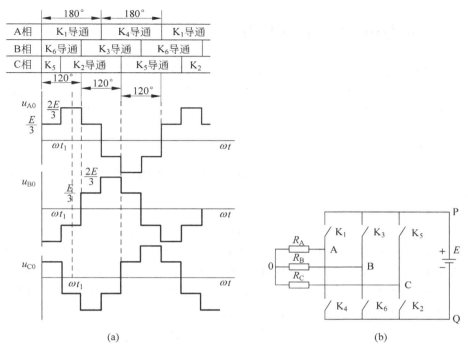

图 1.11　180°导通型

1.2.3　开关变流器的开关器件

开关变流器是通过对开关的控制来实现电能形式的变换,开关的性能对变流的影响很大。这些开关性能主要包括开关频率、开通和关断的时间、开关的损耗等,并且还要求能承受相应的电压和电流,尤其在高电压大电流的场合,普通的机械式开关不能满足这种要求。自 20 世纪 40 年代以来,在半导体技术上发展起来的电力电子开关已成为电力开关变流器的主要开关器件。

在开关变流原理中考虑的开关都是理想开关,即在任何电压、电流情况下开关都能导通和关断,并且导通时电流可以双向流动,开关自身没有电阻和电压降,因此也没有损耗。但是实际的电力电子开关器件是建立在半导体原理基础上的,半导体 P-N 结有单向导电性能,因此目前电力电子器件也都是单向导电的,即只能通过单方向电流,并且导通需要满足一定的驱动条件。对大多数工业负载来说,电阻性和电阻电感性负载居多(包括电动机负载),因此考虑感性负载滞后电流的通路问题,在电力电子开关上往往还需要并联续流二极管。如果用半控型的晶闸管还要考虑管子的关断问题,这需要增加辅助关断电路,加上电力电子器件的保护等,使开关变流电路的结构变得更复杂,这也是学习变流技术的难点。

1.3　电力电子技术的应用

电力电子技术的应用及其广泛,在它出现后的短短半个世纪中,它的触角已经延伸到人类社会的各个方面,对人类社会的进步,经济发展和生活质量的提高发挥着积极的作用。

1. 工业应用

工业应用是电力电子技术最大的市场,应用最早范围最广,大致有如下几个方面。

(1)电解电镀

铜铝金属材料的精练,需要采用电解工艺。机械零件表面需要电镀铬、镍等金属材料,使零件耐腐防锈,并且光洁美观。电解电镀需要大功率低电压大电流的直流电源,过去采用直流发电机组,后来应用汞弧整流器。自晶闸管出现后,电解电镀的电源由晶闸管整流器取代,不仅电解电镀过程中可以调节电压电流,控制质量,并且大大改善了工作环境。电解还可以用在复杂机械零件的加工上,电泳涂漆也是一种防锈的新工艺,这都需要可控的直流电源。

(2)电气传动

电是工厂动力的主要来源,几乎绝大多数生产机械的转动都依靠形形色色的电动机来带动。由于生产工艺的要求,在许多场合都需要调节电动机的转速。在电机调速中,性能较好、使用最多的是直流电动机调电枢电压调速和交流电动机变频调速。在电力电子技术出现之前,改变交流电频率几乎是不可能的,在需要调速的场合主要使用直流发电机-直流电动机系统(图1.12),该系统由交流电动机带动直流发电机,通过调节直流发电机励磁,从而改变直流电动机的电枢电压而调节电动机转速,而直流发电机励磁的控制一般采用交磁扩大机。这样的旋转机组消耗铜铁材料多、重量体积大、效率低、噪声大,控制的效果也不理想。在电力电子技术诞生后,旋转机组的调速迅速由晶闸管-直流电动机调速系统取代(图1.13),原机组中的交流电动机和直流发电机组由电力电子整流器代替,既没有噪声,又控制灵活。随着电力电子技术的进步,出现了电力电子变频器,可以实现交流电的电压和频率控制,使交流变频调速也从理论走向实际应用的舞台,由

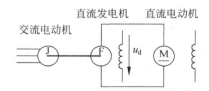

图1.12　直流发电机-电动机系统

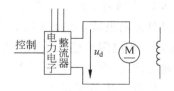

图1.13　整流器-电动机系统

于交流电机较直流电机维护方便坚固耐用,因此从20世纪80年代起,交流变频调速崛起,现在成为调速控制的首选方案(图1.14)。

电机调速广泛应用在机械、轧钢、矿山、升降机、电梯、风机水泵、造纸、纺织等各种行业,使用电力电子-电动机调速的意义不仅在速度控制和提高设备性能、产品质量方面,并且还和节能降耗、改善环境等指标联系在一起。

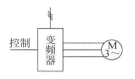

图1.14　交流变频调速系统

（3）加热淬火

电加热早已在工业中应用,电加热快速、温度均匀,改善了工作环境。电加热主要有电阻加热和感应加热两种。电阻加热需要调节电压和电流来调节温度,感应加热利用电磁感应和趋肤效应的原理加热金属。感应加热又有中频（2～3kHz）和高频加热（几十到几百千赫）,这需要有中、高频电源。在电力电子变频器出现之前,中频加热采用中频发电机组,高频加热采用大功率电子管振荡器。现在电力电子交流调压器和变频器已经取代了自耦变压器调压和中频发电机组、电子管振荡器等,大量应用在锻造、热处理等的生产过程中。淬火是热处理的工艺之一,淬火前,首先需要加热金属部件,采用感应加热可以控制加热温度和深度,加热到一定温度后骤冷,可以提高金属零件的表面硬度。

（4）冶炼和焊接

电弧冶炼是利用两根电极接近时产生高温电弧的原理熔炼金属,现在有直流电弧炉和交流电弧炉。利用电力电子装置控制电弧,可以提高电弧的稳定性,从而提高熔炼的质量。感应电炉也是熔炼的常用设备,感应电炉原理与感应加热相同,现在晶闸管中频感应电炉广泛应用在合金钢的冶炼生产过程中。

焊接是金属构件生产中必不可少的,广为应用在桥梁、建筑、造船、汽车等生产中。焊接使用的电焊机有直流和交流两种。直流电焊机实际上是一个交流异步电动机带动的直流发电机组,交流电焊机实际上是一个铁芯可移动调节的单相变压器。这两种电焊机都体积庞大、笨重,在工地上移动很不方便,并且效率很低（只有30%）。采用电力电子逆变技术制造的新型逆变焊机,经过高频调制,提高了能量传输密度,使电焊机重量可以减少到原来的几十分之一,并做成手提便携式,大大方便了工人使用,不仅提高劳动生产效率,并且焊接质量也可以大大提高,效率可以高达80%以上。

2. 能源电力

（1）输配发电

自交流电出现后,电力系统的公用电网主要是三相交流输电,随着电力输送的容量越来越大,电压等级越来越高,输电距离越来越远,高压直流输电（HVDC）有更大的优越性。直流输电（图1.15）是将发电厂发出的三相交流电升压后经过

图 1.15　高压直流输电

整流变为 500kV 以上的高压直流电,跨山越海远距离输送到用电地点,然后在变流站再变换为通常的工频交流电,经降压后与公用电网连接。直流输电可以减少线路损耗,提高输电效率。目前全世界已建成高压直流输电工程 50 余个,我国 1987 年建成了舟山跨海直流输电工程,之后建成葛洲坝到上海的 500kV 直流输电工程,输送功率达 1200MW,输电线路长 1046km。电力电子技术还应用在同步发电机的自励磁系统等方面。

(2) 电能质量控制

由于大量大功率电力电子装置的应用,它产生的谐波已成为电网谐波的主要来源,这些谐波分量会导致电力系统在某一频率上产生谐振,可能使电力电容器或电力变压器发生严重事故,电网谐波也造成通信的干扰。利用电力电子技术制造的有源滤波器 APF(active power filter)、静止无功发生器 SVG(static var generator)、有源功率因数校正器 APFC(active power factor corrector)等,可以治理电网的谐波,改善电网的功率因素,提高供电质量。

灵活输电技术 FACTS 是电力系统的一项新技术,FACTS 包括了一系列由大功率电力电子器件所组成的设备(或称控制器),其目的是提高输电系统的可控性、稳定性和利用率。其有代表性的装置有可控串联电容补偿(TCSC)、静止同步补偿器(STATCOM),以及综合潮流控制器(UPFC)等。

(3) 新能源

由于生化燃料煤炭石油的资源日益枯竭,新能源包括风能、太阳能、潮汐、地热发电已经是世界各国能源政策的重点。到 1997 年底,全世界风力发电已达 7669MW,光伏电池发电容量也达 600MW,风力、太阳能光伏电源的年增长率都在 20% 以上,前景极其可观。这些新能源取之不尽,用之不竭,并且没有污染排放,是绿色干净的能源,要使这些新能源产生的电能实用化,离不开各种电力电子设备:逆变器、充电器、起动器、稳压器等。

3. 交通运输

(1) 电力机车和城市轨道交通

电气化铁道,城市地铁、磁悬浮列车,快速干净发展迅速。在采用三相异步电动机的机车动车上,将单相交流电或直流电转变为可调频调压的三相交流电的牵引变流器是核心设备,它与一般工业变流器不同,要求调速范围宽,变流器的调频范围可从 0.4Hz 到 200Hz 以上,要有良好的稳态控制特性和快速动态响应能力。

要求变流器输出电压波形和电网电流波形接近正弦,功率因数高,牵引与再生制动可以频繁转换,对体积、重量和可靠性都有严格要求。除主传动外,机车动车的辅助电源和旅客列车也需要大量的电力电子变流器。

（2）汽车和舰船

现代舰船的电气化程度很高,舰船上有电力推进系统,大量的风机水泵、电热和制冷设备、照明和各种生活电器,这些系统和设备需要各种不同的电源,有的需要恒频恒压、有的需要调压、调频,对雷达声纳、通信导航等设备甚至需要高频脉冲电源。舰船的空间有限,工作条件恶劣,对电源变换装置的体积重量、可靠性的要求都很高。舰船的电力主要来自柴油或蒸汽发电机,也可能是蓄电池,需要电力电子变换器来满足各种不同性能电源的要求。

受人瞩目的电动汽车(EV),是减少污染排放,改善大气环境的重要措施。电动汽车的废气排放可以减少 90%,节能 50%,我国已经将电动汽车列入"九五"重大攻关项目。电动汽车的充电装置、电机传动和电子控制电路的电源、开关等都大量需要使用电力电子技术。

4. 灯光照明

常规的照明主要是白炽灯和荧光灯,发光效率低、耗电。新型的高压放电灯,如高压汞灯、高压钠灯,以及各种金属卤化物灯,不仅光色好,并且可以取得很明显的节电效果。各种气体放电的辉光灯和弧光灯都需要镇流器,常用的电感式镇流器不仅体积重量大,并且它自身要消耗灯具电能的 20%~25%,这些电能将变成热而白白浪费掉。现在用电力电子技术做成的电子镇流器,实际上是一个电子变频器(从 50Hz 变成 30kHz 以上),它不仅减少了镇流器的体积、重量,并且不需要易损坏的起辉器,使灯管的使用寿命大大延长,在高频供电下还能消除 50Hz 时的频闪和频响等问题,电力电子技术在绿色照明上大有用武之地。

5. 办公自动化和家电

在办公自动化和家电方面,电力电子使用更为广泛,变频空调,变频冰箱、普通电风扇的调速等都有电力电子技术的身影。办公自动化设备中计算机的电源,复印机的传动和光源都要使用电力电子器件。发展中的机器人,一身集中有数十个电机,这些电机的驱动都需要电力电子技术的支持。

6. 航空、航天

航空、航天器是高新科技集中的地方,在飞机上有大量的电源、仪表和导航设备,对机载设备的基本要求是可靠性高、维护性好,体积重量小、成本低和高性能。机载电源系统由主电源、辅助电源、备份电源、应急电源和二次电源等组成。主电源由航空发动机带动交流发电机得到 400Hz 的交流电。由于航空发动机转速随飞行状态而变化,交流发电机转速不能稳定,产生电流的频率也是变动的。过去一般采用液压恒速传动装置来保持发电机转速的稳定,现在用电力电子变换器取代了液压恒速传动装置,发电机由航空发动机带动,产生变频交流电,电力电子变换器将变频交流电转变为恒频 400 Hz 交流电,组成变速恒频电源。航空器的大量各种不同要求的电源,都需要大量的电力电子直流变换器、直流交流逆变器、电动机控制器和固态开关电器等。

综上所述,现代社会和高新科技都离不开电力电子技术的研究和支持,将来从发电厂和电网上得到的 50 Hz 交流电大都需要经过电力电子装置的二次处理,以满足各种设备、仪器和家用电器的要求,电力电子技术也与节能与高效率联系在一起,电力电子技术的应用、开发和研究具有广阔和辉煌的前景。

1.4   学习方法

"电力电子技术基础"是一门应用性很强的技术基础课,它与已学课程"电路"、"电子技术基础"和后续课程"电力拖动自动控制系统"等有着密切的联系。虽说它是技术基础课,在讲授和学习中以掌握几种基本变换,交流-直流、直流-直流、直流-交流和交流-交流的变换为主,但是要密切注意这些基本变换的应用,在基本变换基础上的新型变流器的开发,并锻炼学生的创新能力。

电力电子电路是一种开关电路,从本质上说是非线性的、不连续的,因此很难用连续系统的解析方法来研究,一般都用波形分析法和分段线性化处理的方法来研究和学习电力电子电路。波形分析法是在电压、电流波形的基础上,研究电力电子电路输入与输出的关系。分段线性化是在局部时段上,使用线性电路的解析研究方法。在学习中要掌握这些电力电子电路的分析方法。

现代仿真技术是研究电力电子电路的很好方法,本书在每章后都有电力电子电路的仿真举例,目的是通过举例使同学掌握仿真的基本方法,起举一反三的作用。本书的仿真主要使用 MATLAB 的 Simulink 平台,电力电子电路的仿真还有许多其他仿真软件,如 PSPICE 等,但由于篇幅的关系不能一一列举。但是仿真并不能完全代替波形分析和分段处理方法,两者应该互为补充,取长补短。学习仿真需要大量的上机,要求学生在课外多做练习,以掌握这种新的研究学习工具。

1.5   电力电子电路的仿真

电力电子电路由于电力电子器件的开关非线性,给电力电子电路的分析带来了一定的困难和复杂性,一般常用波形分析和分段线性化处理的方法来研究电力电子线路。现代计算机仿真技术为电力电子电路和系统的分析提供了崭新的方法,可以使复杂电力电子电路和系统的分析和设计变得更容易和有效,也是学习电力电子技术的重要手段。

仿真是在计算机平台上虚拟实际的物理系统,以数学模型代替实际的物理器件和电路。随着数字计算机的出现和普及,数值算法的完善,出现了大量通用的数字仿真语言及软件。现代仿真软件各种计算的程序已经模块化,使它更适合于广大工程技术人员的使用,成为科研、设计,以及学生学习的必备工具和好助手。

现在用于电力电子仿真的软件有多种,其中最具影响的当数 PSPICE 和 MATLAB。这两个软件都有很好的人机对话图形界面和内容丰富的模型库,在近几年的版本中都已经包含了电力电子器件和电机的模型,可以用于控制理论、电力电子电路和电力拖动控制系统的仿真。PSPICE 的电子元器件模型种类齐全,模型精细,使用它可以从事复杂精巧的大规模集成电路的设计和制造。MATLAB 的电力电子器件使用的是宏模型,主要只是反映器件的外特性,但是它有强大的控制功能,用于系统的仿真更方便,这两者可以说是各有千秋。本书的仿真采用 MATLAB/Simulink 仿真平台,这主要考虑是 MATLAB 不仅可以仿真电力电子电路,并且在控制理论和电力拖动自动控制系统等课程的学习中使用也比较多,使用 MATLAB 便于课程间的衔接,发挥仿真的优势。

1.5.1　MATLAB/Simulink 仿真平台

MATLAB 是一种科学计算软件,MATLAB 是"矩阵实验室"(Matrix Laboratory)的缩写,这是一种以矩阵为基础的交互式程序计算语言。早期的 MATLAB 主要用于解决科学和工程的复杂数学计算问题。由于它使用方便,输入便捷,运算高效,适应科技人员的思维方式,并且有绘图功能,有用户自行扩展的空间,特别受到用户的欢迎,使它成为在科技界广为使用的软件,也是国内外高校教学和科学研究的常用软件。

Simulink 系统的仿真环境是在 MATLAB 原来的工具箱(Toolbox)基础上拓展和开发的,它包括 Simulink 仿真平台和系统仿真模型库两部分,它是一个高级计算和仿真平台。

Simulink 作为面向电路和系统框图的仿真平台,它有如下特点:

(1) 以调用模块代替编写程序,以模块连成的框图表示电路和系统,点击模块即可以输入模块参数。以框图表示的电路或系统必须包括输入(激励源)、输出(观测仪器)和组成系统本身的模块。

(2) 系统仿真模型(即框图)完成后,设置了仿真参数,即可启动仿真。仿真开始时,软件首先自动进行被仿真电路和系统的初始化过程,将系统的框图转换为仿真的数学方程,建立仿真的数据结构并计算系统在给定激励下的响应。

(3) 系统运行的状态和结果可以通过波形和曲线观察,这和实验室中用示波器观察的效果几乎是一致的。

（4）仿真的数据可以用.mat为后缀的文件保存，并且可以用其他数据处理软件处理。

（5）如果仿真中系统模型有问题、不完整或仿真过程中出现计算不收敛的情况，软件会给出一定的出错提示信息，但是这提示不一定准确。

（6）以框图形式仿真控制系统是 Simulink 的最早功能，后来在 Simulink 的基础上又开发了数字信号处理、通信系统、电力系统、模糊控制等数十种模型库，但是 Simulink 的窗口界面是各种模型库共用的平台，在这平台上可以进行控制系统、电力系统、通信系统等各种系统的仿真。

在安装 MATLAB 软件后，在桌面上双击 MATLAB 快捷键图标 或者在开始菜单里选择 matlab 的选项，即可进入 MATLAB。进入 MATLAB，即打开了的MATLAB 环境（如图 1.16）。环境包括 MATLAB 标题栏、主菜单栏和常用工具栏。在默认显示状态时，在工具栏下有三个子窗口，左边上方窗口显示 MATLAB联机说明书目录或工作间的内容，两者可以通过子窗口下方的 Launch Pad 和Workspace 键切换。左边下方窗口显示已执行的命令（Command History）。右方的空白窗口是 MATLAB 的命令窗口，这是 MATLAB 的主要工作窗口，在这窗口中，在提示符"》"后逐行输入 MATLAB 命令，回车后命令就立即能得到执行。

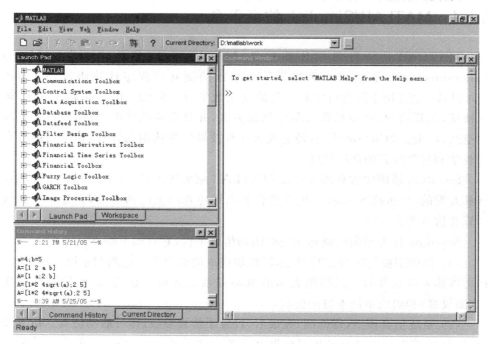

图 1.16　MATLAB 窗口

1. Simulink 的工作环境

从 MATLAB 窗口进入 Simulink 环境有几种方法(图 1.16):

(1) 在 MATLAB 的菜单栏上选择 File,在下拉菜单中的 New 项下选中 Model。

(2) 在 MATLAB 的工具栏上单击按钮 ,然后在打开的模型库浏览窗口菜单上单击快捷键 □(新建模型)。

(3) 在 MATLAB 的文本窗口中键入 Simulink 后回车,然后在打开的模型库浏览窗口的菜单上单击快捷键 □。

完成上述操作之一后,屏幕上出现 Simulink 的工作窗口(图 1. 17)。在 Simulink 窗口上方菜单栏里有 File(文件)、Edit(编辑)、View(查看)、Simulation(仿真)、Format(格式)、Tools(工具)和 Help(帮助)七项主要功能菜单。第三栏是菜单命令的等效快捷键。窗口下方有仿真状态的提示栏,在启动仿真后,在该栏可以提示仿真的进度和使用的仿真算法。窗口中部的空白部分是绘制仿真模型的平台。

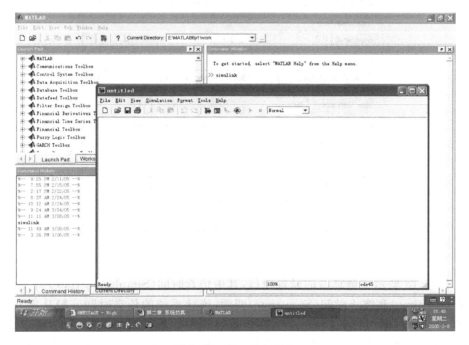

图 1.17　Simulink 窗口

2. Simulink 的仿真步骤

利用 Simulink 环境仿真一个系统的过程基本上可以分为如下几个步骤:

(1) 根据要仿真的系统和电路,在 Simulink 窗口的仿真平台上构建仿真模型。这过程要首先打开 Simulink 窗口和模型浏览器,将需要的典型环节模块提取到仿真平台上,然后将平台上的模块一一连接,形成仿真的系统框图。一个完整的仿真模型应该至少包括一个源模块(Sources)和一个输出模块(Sink)。

(2) 设置模块参数。完成模块提取和组成仿真模型后,需要给各个模块赋值。这时用鼠标双击模块图标,弹出模块参数对话框,并在对话框中输入模块参数,输入完成后单击 OK 键,对话框自动关闭,该模块的参数设置完成。

(3) 设置仿真参数。仿真参数是指仿真的步长、时间和选取仿真的算法等,这是仿真开始前必须确定的。设置仿真参数可点 Simulink 窗口菜单上的 Simulation,在下拉的子菜单中点 Simulation Parameters 命令或用键盘 Ctrl+E 键。这时弹出仿真参数设置的对话框如图 1.18。对话框中有 Solver、Workspace I/O、Diagnostics、Advanced 和 Real-Time Workshop 五大项内容,其中最常需设置的是解算器"Solver"。

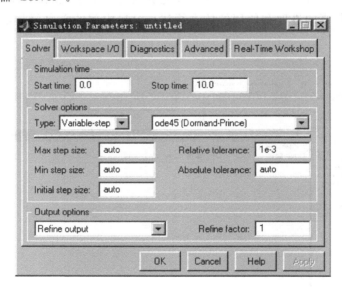

图 1.18　仿真参数设置对话框

图 1.18 展示了解算器的设置项目,其中仿真时间(Simulation time)有开始时间(Start time)和终止时间(Stop time)两项,连续系统的仿真时间一般从零开始,仿真的终止时间可以先预设一个,在仿真过程中如果预设的时间不足,可以即时修改,但是必须在仿真结束之前。算法选择(Solver options)中计算类型(Type)有可变步长(Variable-step)和固定步长(Fixed-step)两种,在两种算法下还有多种数值计算方法可供选择,在电力电子电路仿真中主要使用可变步长类算法。该栏中经常还要设置的有仿真误差,这有相对误差(Relative tolerance)和绝对误差(Absolute tolerance)两项,系统默认的相对误差是千分之一。选择合适的计算误差对仿真的速度和仿真计算能否收敛影响很大,尤其在仿真不能收敛时,适当放

宽或减小误差可以取得效果,绝对误差一般可取"自动(auto)"。

(4) 启动仿真。在模块参数和仿真参数设置完毕后即可以开始仿真,在菜单 Simulation 的子菜单中单击"Start"或用键盘 Ctrl+T 键即可进入仿真,更简单的方法是单击工具栏上的快捷键"▶"。在模型的计算过程中,窗口下方的状态栏会提示计算的进程,对简单的模型这仅在一瞬间就完成了。在仿真计算中途,如果要修改模块参数或仿真时间等,则可以用 Simulation 菜单中的"Pause"命令或快捷键 ▮▮ 暂停仿真。暂停之后要恢复仿真,则再次单击快捷键"▶"仿真就可以继续进行下去。如果中途要结束仿真可以单击快捷键"■"或使用 Simulation 菜单中的"Stop"命令来终止仿真。

(5) 观测仿真结果。在模型仿真计算完毕后重要的是观测仿真的结果,在 Simulink 中最常用的观测仪器是示波器(Scope),这时只要双击该示波器模块就可以打开示波器观察到以波形表示的仿真结果。

关于仿真的步骤和方法在第 3 章中结合整流电路的仿真再作详细介绍。

1.5.2　仿真的数值算法

在 Simulink 的仿真过程中选择合适的算法是很重要的,仿真算法是求常微分方程、传递函数、状态方程解的数值计算方法。Simulink 汇集了各种求解常微分方程数值解的方法,这些方法分为两大类,可变步长类算法和固定步长类算法。这里只简要介绍可变步长类算法(Variable-step)。可变步长算法在解算模型(方程)时能自动调整步长,并通过减小步长来提高计算的精度。在 Simulink 的算法中可变步长算法有如下几种。

1. ode45(Dormand-Prince)

这是基于显式 Rung-Kutta(4,5)和 Dormand-Prince 组合的算法,它是一种一步解法。对大多数仿真模型来说,首先使用 ode45 来解算模型是最佳的选择,所以在 Simulink 的算法选择中将 ode45 设为默认的算法。

2. ode23(Bogacki-Shampine)

基于显式 Rung-Kutta(2,3)、Bogacki 和 Shampine 相结合的算法,它也是一种一步算法。在容许误差和计算略带刚性的问题方面,该算法较 ode45 为好。

3. ode113(Adams)

这是可变阶数的 Adams-Bashforth-Moulton PECE 算法,是一种多步算法。ode113 需要知道前几个时间点的值,才能计算出当前时间点的值。

4. ode15s(stiff/NDF)

一种可变阶数的 Numerical differentiation formulas(NDFs)算法,当遇到带刚性(stiff)问题时或者使用 ode45 算法不行时,可以试试这种算法。

5. ode23s(stiff/Mod. Rosenbrock)

一种改进的二阶 Rosenbrock 算法,在解算一类带刚性的问题时用 ode15s 处理不行的话,可以试用 ode23s 算法。

6. ode23t(mod. stiff/Trapezoidal)

一种采用自由内插方法的梯形算法。如果模型有一定刚性,又要求解没有数值衰减可以使用这种算法。

7. ode23tb(stiff/TR-BDF2)

采用 TR-BDF2 算法,即在龙格-库塔法的第一阶段用梯形法,第二阶段用二阶的 backward differentiation formulas 算法,在容差比较大时,ode23tb 和 ode23t 都比 ode15s 为好。

8. discrete(No continuous states)

处理离散系统(非连续系统)的算法。

1.5.3　示波器(Scope)的使用和数据保存

Simulink 仿真的结果主要通过波形来观测,在 Simulink 模型库中有各种仪器仪表模块用来显示和记录仿真的结果,并且在仿真的模型图中必须有一个这样的模块,否则在启动仿真时会提示模型不完整。在这些仪器中示波器(Scope)是最经常使用的,示波器不仅可以显示波形,并且可以同时保存数据。下面简要介绍示波器模块的使用。

双击示波器模块图标即弹出示波器的窗口画面(图 1.19)。画面中间的坐标框是显示波形和曲线的区域,在画面上方有一排工具按钮。单击示波器画面上的示波器参数按钮可以弹出示波器参数的对话框(图 1.20)。在参数设置第一页(General),Number of axes 项用于设定示波器的 X-Y 坐标的数量,即示波器的输入信号端口的个数,其预置值为"1",也就是说该示波器可以用来观察一路信号,将其设为"2"则可以同时观察两路信号,并且示波器的图标也自动变为有两个输入端口,依次类推,这样一个示波器可以同时观察多路信号。第二项 Time range(时间范围),用于设定示波器时间轴的最大值,这一般可以选自动(auto)。第三项

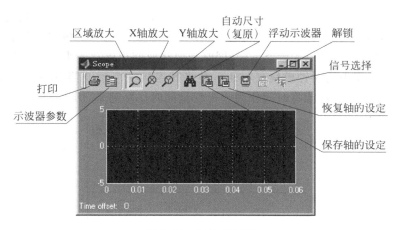

图 1.19　示波器画面

用于选择标签的贴放位置。第四项用于选择数据取样方式,其中 Decimation 方式是当右边栏设为"3"时,则每三个数据取一个,设为"5"时,则是五中取一,设的数字越大显示的波形就越粗糙,但是数据存储的空间可以减少。一般该项保持预置值"1",这样输入的数据都显示,画出的波形较光滑漂亮。该页中还有一项"Floating scope"选择,如果在它左方的小框中点击选中,则该示波器成为浮动的示波器,即没有输入接口,但可以接收其他模块发送来的数据。

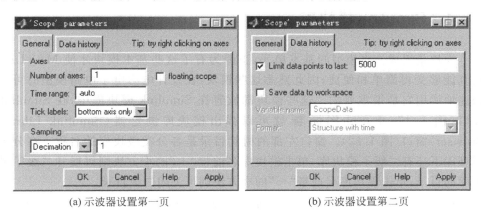

(a)示波器设置第一页　　　　　　(b)示波器设置第二页

图 1.20　示波器参数设置

示波器设置的第二页是数据页,这里有两项选择。第一项是数据点数,预置值是 5000,即可以显示 5000 个数据,若超过 5000 个数据,则删掉前面的保留后面的,也可以不选该项,这样全部数据都显示。如果选中了数据页的第二项 Save data to workspace,即将数据放到工作间(workspace)去,这样仿真的结果可以保存起来,并可以用 MATLAB 的绘图命令来处理,也可以用其他绘图软件画出更漂亮的图形。在保存数据栏下,还有两项设置,(1)保存的数据命名(Variable name),这时给数据起一个名,以便将来调用时识别。(2)选择数据的保存格式(Format),该处有三种选择:常用的是 Array 格式,用 Array 格式保存的变量,为了以后可以用 MATLAB 命令重画,同时需要将时间也保存起来,这可以调用一个Sources 模型库中的时钟模块(Clock),并将其连接一个示波器,用示波器的 Save data to workspace 功能将时间作为一个变量同时保存起来(图 1.21)。

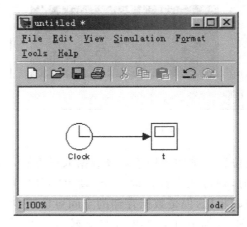

图 1.21　时间的保存

1.5.4　Simulink 模块库

　　模块是组成仿真模型的基本单元,正因为有了这些基本模块才使 MATLAB仿真能够变得简单和便捷,因此熟悉这些模块,在设计电力电子电路模型时可以快速地调用它是很重要的。这些模块都放置在 Simulink 模块库中,在 Simulink窗口(图 1.17)上单击图标 就可以弹出模块库浏览器(Simulink Library Browser)窗口(图 1.22)。窗口左部的树状目录是各分类模块库的名称。在分类模型库下还有二级子模块库,单击模块库名前带"+"的小方块则可展开二级子模块库的目录,单击模块库名前带"一"的小方块则可关闭二级目录。

　　模型库浏览器窗口的右部是用图标表示的二级子目录,图标前的带"+"小方块表明该图标下还有三级目录,在这里单击或直接单击图标则可以在窗口中展现三级目录下的模块图标。图 1.23 是打开 Simulink 的连续系统子模块库(continuous)后的窗口。在窗口右边展现了 continuous 子模块库中的 8 个典型环节的模块。

　　利用窗口中的滚动条可以搜索 Simulink 的所有模块库,随着 Simulink 版本的更新模块库内容在不断地增加,Simulink 模块库在软件安装时可以选择。由于模块库的内容极其丰富,关于与电力电子仿真有关的模型库,请见参考文献[13]。

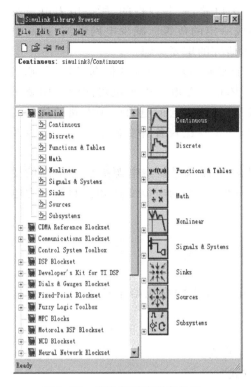

图 1.22　模块库浏览器窗口之一

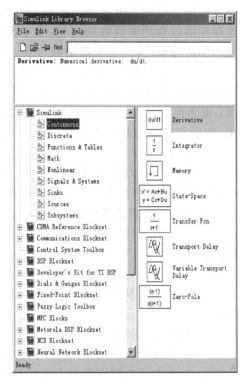

图 1.23　模块库浏览器窗口之二

小结

　　电力电子技术在其短短 50 余年的发展历程中已经取得了伟大的成就,电力电子器件从小功率到大功率,从半控型器件到全控型器件,从电流控制型到电压控制型,已经形成了一个庞大的系列。电力电子技术的应用已经遍及工业到民用和办公自动化,交通运输到航空航天和军事等各个方面。电力电子技术是一门综合了现代电子技术、控制技术和电力技术的新兴交叉学科,它具有广泛的应用前景,并已经产生了重大的技术和经济效益。

　　电力电子技术是研究电能形式变换的技术,这些变换的基本类型有:交流-直流、直流-直流、直流-交流和交流-交流的变换。现代电器、仪表、工业生产需要各种各样的电源,采用电力电子技术进行电能的变换,以小信号控制大功率,可以提高设备的性能,提高生产效率,并且可以节约能源减小污染,改善环境。

　　电力电子电路是一种开关电路,具有非线性的特点,研究电力电子电路主要采用波形分析和分段线性化处理的方法。现代仿真技术为电力电子电路的研究和分析提供了极其方便的工具。这些方法和工具是在电力电子技术学习中要重点掌握的。正因为电力电子电路是一种开关电路,是非线性的,所以电力电子装置存在谐波和功率因数的问题,给电网造成一定的危害。减少电网谐波,提高电网功率因数,改善供电质量是电力电子技术研究的重要课题。

本章以简单的开关电路介绍了电力电子变流的基本原理和概念,以后各章将介绍的电力电子电路是开关变流原理的具体化。在电力电子电路的学习中要重视:电力电子器件的自身特性和调制方式不同,而引起的电力电子电路结构的变化,和引起输出电压和电流的波形的变化,并重视比较各种变换电路的特点以及它们的应用场合。

随着新型电力电子器件的出现,现代科学技术对新型电源提出了更高的要求,电力电子技术在迅速发展中,高性能、环保、清洁的电能变换和控制为电力电子技术提供了广阔的舞台和发展前景。

思考题

1. 电力电子技术有哪些应用?电力电子技术的应用给工业生产带来哪些变化?
2. 电力电子技术的研究内容是什么?
3. 什么是整流和逆变,它们有什么应用意义?
4. 电力电子电路有哪些主要的控制方式?

实践题

考察你的周围有哪些电力电子技术的应用,这些应用带来了生活、环境或生产的什么变化?

第2章

电力电子器件

电力电子器件是组成变流电路的主要元件,电力电子器件的性能关系着变流电路的结构和特性,在学习变流电路及其应用之前首先需要了解电力电子器件。电力电子器件是建立在半导体原理基础上的,与其他半导体元件不同的是,它一般能承受较高的工作电压和较大的电流,并且主要工作在开关状态,因此在变流电路中也常简称为"开关"。电力电子器件的特点是可以用小信号控制器件的通断,从而控制大功率电路的工作状态,这意味着器件有很高的放大倍数。电力电子器件工作在开关状态时有较低的通态损耗,可以提高变流电路的效率,这对功率变换电路是很重要的。

按电力电子开关器件的可控性,电力电子器件可以分为不控型器件,半控型器件和全控型器件三类。

(1) 不控型器件如电力二极管,它没有控制极,只有阳极和阴极两个端子,在阳极和阴极间施加正向电压时管子导通,施加反向电压时管子关断。

(2) 半控型器件主要是具有闸流管特性的晶闸管系列器件(可关断晶闸管除外),它的特点是可以通过控制极(门极)信号控制器件的开通,但是其关断却取决于器件承受的外部电压和电流情况,不受门极信号控制。

(3) 全控型器件是指可以通过控制极信号控制导通和关断的器件,这类器件发展最快,典型的全控型器件有电力晶体管、电力场效应管和IGBT 等。

半控型器件和全控型器件常统称为可控开关,产生开关控制信号的电路称为触发电路(一般指晶闸管)或驱动电路(一般指全控型器件)。从器件对驱动(触发)信号的要求区分,电力电子器件(如图 2.1 所示)又可分为电流型驱动和电压型驱动两类,电流型驱动器件要求控制信号有一定的电流强度,这类器件有晶闸管、电力晶体管等;电压型驱动器件只要控制极施加一定的电压信号,而需要的控制电流很小(一般在毫安级），主要通过在控制极产生的电场来控制器件的导通和关断，因此也称为场控型器件。

图 2.1　电力电子器件

本章主要从应用的角度出发介绍电力电子器件的基本原理、主要参数和开关特性，同时也介绍器件驱动的基本要求和保护等内容。

2.1　电力二极管

电力二极管与普通二极管的原理相同，当两片 P 型半导体（空穴导电）和 N 型半导体（电子导电）结合在一起时，由于载流子电子和空穴的相互扩散，在两种半导体的结合界面上形成了 PN 结，PN 结产生的内电场阻止了半导体多数载流子的继续扩散，因此 PN 结也称之为阻挡层，将这两片半导体封装在绝缘的外壳内即组成了二极管（图 2.2）。在 P 型半导体上焊接的引出线称为阳极 A（anode），在 N 型半导体上焊接的引出线称为阴极 K（cathode）。

当二极管接正向电压，即阳极接外电源 E 的正极，阴极经负载接外电源 E 的负极（图 2.3（a）），这常称为二极管正偏，由正向电压产生的外电场使 PN 结的内电场削弱，阻挡层变薄乃至消失，大量的多数载流子越过 PN 结界面，形成正向电流，二极管导通。二极管导通时，正向电阻很小，其正向电流受外电阻 R 限制，管子两端的正向电压降 U_{AK} 一般小于 1V（硅二极管约 0.7V，锗二极管约 0.3V）。

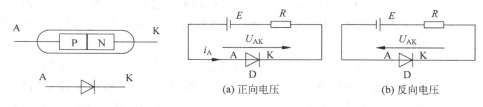

图 2.2　二极管结构和符号　　　　　图 2.3　二极管连接

当二极管接反向电压时，即阳极接外电源负极，阴极经负载接外电源的正极，这也常称为反偏（图 2.3（b）），由反向电压产生的外电场与 PN 结的内电场同向，阻挡层变厚,多数载流子难以越过 PN 结界面形成电流,这时二极管截止(关断)。在二极管截止时,反向电阻很大,仅有少量少数载流子在反向的外电场作用下漂移形成漏电流。

二极管的伏安特性如图 2.4 所示,当施加在二极管上的正向电压大于 U_{TO}(0.2~0.5V)时,二极管导通,其正向电流 I_A 取决于外电阻 R;当二极管受反向电压时,二极管仅有很小的反向漏电流(也称反向饱和电流)。当反向电压超过二极管能承受的最高反向电压 U_B(击穿电压)时将发生"雪崩现象",二极管被击穿而失去反向阻断能力,这时反向电流迅速增大(反向电流也受外电路电阻的限制),过大的反向电流将使二极管严重发热而永久性损坏(俗称烧坏)。

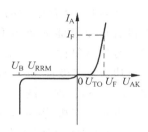

图 2.4　二极管伏安特性

电力二极管与普通二极管的不同是它能承受较高的反向电压和通过较大的正向电流,电力二极管经常使用在整流电路中,故也称为整流二极管(rectifier diode)。电力二极管的主要参数有额定电压,额定电流,结温等。

1. 反向重复峰值电压和额定电压

峰值电压是电力电子器件在电路中可能遇到的最高正反向电压值,重复峰值电压是可以反复施加在器件两端,器件不会因击穿而损坏的最高电压。二极管在正向电压时是导通的,因此以反向电压来衡量二极管承受最高电压的能力。

额定电压即是能够反复施加在二极管上,二极管不会被击穿的最高反向重复峰值电压 U_{RRM},该电压一般是击穿电压 U_B 的 2/3。在使用中额定电压一般取二极管在电路中可能承受的最高反向电压(在交流电路中是交流电压峰值),并增加一定的安全裕量。

2. 通态平均电流和额定电流

通态平均电流即额定电流是二极管在规定的管壳温度下,二极管能通过工频正弦半波电流的平均值 $I_{\text{F(AV)}}$。如此定义是因为二极管只能通过单方向的直流电流,直流电一般以平均值表示,电力二极管又经常使用在整流电路中,故在测试中以二极管通过工频交流(50Hz)正弦半波电流的平均值来衡量二极管的电流能力。二极管额定电流的选择可参考晶闸管参数的选择。

3. 结温

结温是二极管工作时内部 PN 结的温度,即管芯温度。PN 结的温度影响着半导体载流子的运动和稳定性,结温过高时二极管的伏安特性迅速变坏。半导体器件的最高结温一般限制在 150°~200°,结温和管壳的温度与器件的功耗、管子散热条件（散热器的设计）和环境温度等因素有关。

PN 结不仅在承受正反向电压时呈现不同的正反向电阻，并且还有不同的结电容。在 PN 结正偏时结电容很大，反偏时结电容很小。当二极管从导通转向截止时，结电容储存电荷的释放会影响二极管的截止速度，在高频工作时结电容对二极管恢复性能的影响不容忽视，因此除普通整流二极管外，在高频工作时需采用具有快恢复性能的快恢复二极管和肖特基二极管。

快恢复二极管（fast recovery diode，FRD）采用了掺金工艺，其反向恢复时间一般在 5μs 以下，目前快恢复二极管的额定电压和电流可以达到数千伏和数千安以上。

肖特基二极管（schottky barrier diode，SBD）的反向恢复时间在 10～40ns 之间，并且正向恢复时不会有明显的电压过冲，其开关损耗和通态损耗都比快恢复二极管小。肖特基二极管的不足是反向耐压较高的肖特基二极管其正向电压降也较高，通态损耗较大，因此常用在 200V 以下的低压场合，并且它的反向漏电流也较大，对温度变化也很敏感，在使用时要严格限制其工作温度。

2.2　晶闸管类器件

晶闸管（thyristor）早期称为可控硅（silicon controlled rectifier），1956 年在美国贝尔实验室诞生，1958 年开始商品化，并迅速在工业上得到广泛应用，它的出现标志了电子革命在强电领域的开始。晶闸管的特点是可以用小功率信号控制高电压大电流，它首先应用于将交流电转换为直流电的可控整流器中。在晶闸管出现之前，将交流电转化为直流电一般采用交流-直流发电机组或汞弧整流器，交流-直流发电机组设备庞大、噪音重，汞弧整流器的汞蒸汽是严重的环境污染源，并且这两者的电能转换效率都较低，自晶闸管出现后，晶闸管整流器则完全取代了机组和汞弧整流器。尽管现在出现了大量新型全控器件，但是晶闸管以其低廉的价格和高电压大电流能力仍在广泛应用。

现在除普通晶闸管之外还有快速晶闸管、双向晶闸管、逆导晶闸管、光控晶闸管等，形成了晶闸管类器件系列。

2.2.1　晶闸管

晶闸管是四层三端器件，它由 PNPN 四层半导体材料组成（图 2.5），在其上层 P_1 引出阳极 A（anode），在下层 N_2 引出阴极 K（cathode），在中间 P_2 层引出门极 G（gate），门极也称控制极。其外部封装有螺旋型、平板型以及模块型等（图 2.1），中小功率晶闸管则有单相和三相桥的组件。螺旋型

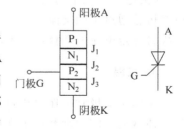

图 2.5　晶闸管结构和符号

封装一般粗引出线是阳极,细引出线是门极,带螺旋的底座是阴极。平板型封装的上下金属面分别是阳极和阴极,中间引出线是门极(图 2.1)。

1. 晶闸管工作原理

晶闸管的四层 PNPN 半导体形成了三个 PN 结 J_1、J_2、J_3,在门极 G 开路无控制信号时,给晶闸管加正向电压(阳极 A＋,阴极 K－),因为 J_2 结反偏,不会有正向电流通过;给晶闸管加反向电压(阳极 A－,阴极 K＋),则 J_1 和 J_3 结反偏,也不会有反向电流通过,因此在门极无控制信号时,无论给晶闸管加正向电压或反向电压,晶闸管都不会导通而处于关断状态。但是若在晶闸管受正向电压时,在门极和阴极之间加正的控制信号或脉冲,晶闸管就会迅速从断态转向通态,有正向电流通过,其原理可以用一个双三极管模型来说明。

将晶闸管中间两层剖开,则晶闸管就成为两个集基极互相连接的 PNP 型(T_1)和 NPN 型三极管(T_2)(图 2.6(a))。现将晶闸管的阳极和阴极连接电源 E_A,使晶闸管受正向电压,在门极和阴极间连接电源 E_G(图 2.6(b)),在开关 S 未合上前,三极管 T_1 和 T_2 因为没有基极电流都不会导通,晶闸管处于关断状态。若将开关 S 合上,则 T_2 管获得了基极电流 I_G,经 T_2 放大,T_2 集极电流 $I_{C2}＝\alpha_2 I_G$(α_2 为 T_2 管电流放大倍数);因为 I_{C2} 同时是 T_1 的基极电流,T_1 在获得基极电流后开始导通,其集极电流 $I_{C1}＝\alpha_1 I_{C2}＝\alpha_1 \alpha_2 I_G$($\alpha_1$ 为 T_1 管电流放大倍数),因为 I_{C1} 又同时是 T_2 的基极电流,现 $I_{C1}＞I_G$,因此 T_2 集极电流进一步上升也使 T_1 的基极电流 I_{C2} 更大,再经 T_1 放大,T_1 集极将向 T_2 提供更大的基极电流,如此进行,在 T_1 和 T_2 两个三极管中产生了正反馈,正反馈的结果是 T_1 和 T_2 很快进入饱和状态,使原来关断的晶闸管现在变为导通。

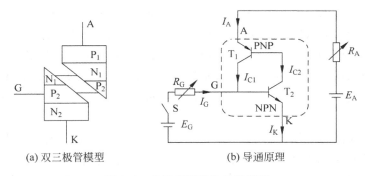

(a) 双三极管模型　　　　　　(b) 导通原理

图 2.6　晶闸管模型和导通原理

从上述双三极管模型分析的晶闸管导通过程中可以看到:

(1) 由于两个三极管之间存在着正反馈,尽管初始门极电流 I_G 很小,但两个三极管在极短时间内可以达到饱和,使晶闸管导通。

(2) 在两个三极管之间的正反馈形成后,因为 $I_{C1}\gg I_G$,因此即使开关 S 断开,即没有门极电流 I_G,晶闸管的导通过程也将继续进行直到完全开通,因此晶闸管门极可以使用脉冲信号触发。

(3) 如果将电源 E_A 反向,则 T_1 和 T_2 管都反偏,即使门极有触发电流 I_G,晶闸管也不会导通。

2. 晶闸管的伏安特性

以图 2.6(b)电路可以测量晶闸管的伏安特性(图 2.7)。

(1) 正向特性

在门极电流 $I_G=0$ 时,给晶闸管施加正向电压,因为晶闸管没有触发不导通,只存在少量的漏电流。现在调节电源 E_A,使 E_A 从 0 增加,晶闸管两端电压 U_{AK} 也不断上升,当 U_{AK} 增加到一定值 U_{bo} 时,晶闸管会被正向击穿,这时电流 I_A 迅速增加即晶闸管导通,但这时晶闸管导通是不正常的导通称为击穿。击穿时管压降 U_{AK} 很小,电流 I_A 很大,使晶闸管发生正向击穿的临界电压 U_{bo} 称为转折电压。

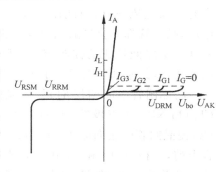

图 2.7　晶闸管伏安特性

若给门极触发电流 I_G,并通过电阻 R_G 调节门极电流的大小,在门极电流较小时(I_{G1}),随 E_A 增加 U_{AK} 上升,但在 $U_{AK}<U_{bo}$ 时就可以发生电压和电流的转折现象。如果继续提高门极触发电流 $I_{G3}>I_{G2}>I_{G1}$,则发生转折的晶闸管端电压 U_{AK} 将进一步降低,若有足够的门极触发电流,则在很小的阳极电压下晶闸管就可以从关断变为导通,这时晶闸管的正向特性和二极管的正向特性相似。晶闸管导通后其管压降 U_{AK} 迅速下降为 1V 左右,而 I_A 则取决于外电路电阻 R_A 的限制。

一般晶闸管采取脉冲触发以降低门极损耗,在晶闸管导通时,I_A 必须大于一定值 I_L 才能保证触发脉冲消失后,晶闸管能可靠导通,该电流 I_L 称为擎住电流。在晶闸管导通后,如果调节电阻 R_A,使阳极电流 I_A 下降,在 $I_A<I_H$ 时晶闸管就会从导通转向关断,该电流 I_H 称为维持电流,一般 $I_H<I_L$。

(2) 反向特性

如果给晶闸管施加反向电压(电源 E_A 反接),从晶闸管等效模型中可以看到两个三极管被反向偏置,因此无论给晶闸管门极以正脉冲还是负脉冲,晶闸管都不会导通。但是若反向电压过高 $|-U_{AK}|>U_{RSM}$,晶闸管将发生反向击穿现象,这时反向电流会急剧增加使晶闸管损坏,这是需要避免的。晶闸管的反向特性与二极管反向特性相似。

从晶闸管的工作原理和伏安特性可以得到晶闸管的导通条件为:晶闸管受正向电压,并且有一定强度(大小和持续时间)的正触发脉冲。晶闸管导通后阳极电流要大于擎住电流 I_L,晶闸管才能可靠导通。晶闸管的关断条件为:晶闸管受反向电压或者阳极电流下降到维持电流 I_H 以下。

3. 主要参数

电力电子器件的额定参数都是在规定条件下测试的,这些规定条件有结温、环境温度、持续时间和频率等,其主要参数可以在手册和产品样本上得到。

1) 电压参数

(1) 断态重复峰值电压 U_{DRM}。断态重复峰值电压是在门极无触发时,允许重复施加在器件上的正向电压峰值,该电压规定为断态不重复峰值电压 U_{DSM} 的 90%,而断态不重复峰值电压 U_{DSM} 由厂家自行规定,U_{DSM} 应低于器件的正向转折电压 U_{bo}。

(2) 反向重复峰值电压 U_{RRM}。反向重复峰值电压是允许重复施加在器件上的反向电压峰值,该电压规定为反向不重复峰值电压 U_{RSM} 的 90%。反向不重复峰值电压应低于器件的反向击穿电压,所留裕量由厂家自行规定。

(3) 额定电压。产品样本上一般取断态重复峰值电压和反向重复峰值电压中较小的一个作为器件的额定电压。在选取器件时要根据器件在电路中可能承受的最高电压,再增加 2～3 倍的裕量来选取晶闸管的额定电压,以确保器件的安全运行。

2) 电流参数

通态平均电流和额定电流。通态平均电流 I_{AV} 的规定是在环境温度为 40℃ 和在规定冷却条件下,稳定结温不超过额定结温时,晶闸管允许流过的最大正弦半波电流的平均值。晶闸管以通态平均电流标定为额定电流。

决定器件电流能力的是温度,当温度超过规定值时管子将因发热损坏,而器件温度与通过器件的电流有效值相关,并且在实际应用中,晶闸管通过的电流不一定是正弦半波,可能是矩形波或其他波形的电流,因此当通过晶闸管的电流不是正弦半波时,选择额定电流就需要将实际通过晶闸管电流的有效值 I_T 折算为正弦半波电流的平均值,其折算过程如下:

通过晶闸管正弦半波电流的平均值

$$I_{AV} = \frac{1}{2\pi}\int_0^\pi I_m \sin\omega t\, d(\omega t) = \frac{1}{\pi}I_m \tag{2.1}$$

正弦半波电流的有效值

$$I_T = \sqrt{\frac{1}{2\pi}\int_0^\pi I_m^2(\sin\omega t)^2 d(\omega t)} = \frac{1}{2}I_m \tag{2.2}$$

由式(2.1)和式(2.2),正弦半波电流有效值与平均值关系为

$$I_T = \frac{\pi}{2}I_{AV} = 1.57 I_{AV} \tag{2.3}$$

由式(2.3)按实际波形电流有效值与正弦半波有效值相等的原则,在已经得到通过晶闸管实际波形电流的有效值 I_T 后,通过晶闸管的通态平均电流为

$$I_{AV} = \frac{I_T}{1.57} \tag{2.4}$$

在选择晶闸管额定电流时,在通态电流平均值 I_{AV} 的基础上还要增加(1.5～2)

倍的安全裕量,即 $I_{\text{T(AV)}} = (1.5 \sim 2)I_{\text{AV}}$。

3) 门极参数

晶闸管的门极参数主要有门极触发电压和触发电流,门极触发电压一般小于 5V,最高门极正向电压不超过 10V。门极触发电流根据晶闸管容量在几毫安至几百毫安之间。

4) 动态参数

(1) 开通时间和关断时间

晶闸管的开通和关断都不是瞬间能完成的,开通和关断都有一定的物理过程,并需要一定的时间。尤其在被通断的电路中有电感时,电感将限制电流的变化率,使相应的开关时间延长。开通和关断过程中阳极电流的变化如图 2.8 所示。

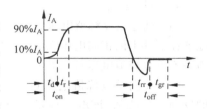

图 2.8　晶闸管开通和关断过程

在晶闸管被触发时,阳极电流开始上升,当电流上升到稳态值 10% 的这段时间称为延迟时间 t_{d},电流从 10% 上升到稳态电流 90% 的这段时间称为上升时间 t_{r}。晶闸管的导通时间 t_{on} 则为延迟时间和上升时间之和,$t_{\text{on}} = t_{\text{d}} + t_{\text{r}}$,普通晶闸管的延迟时间约为 $0.5 \sim 1.5\mu\text{s}$,上升时间为 $0.5 \sim 3\mu\text{s}$。

晶闸管在受反向电压关断时,阳极电流逐步衰减为零,并且出现反向恢复电流使半导体中的载流子复合,恢复晶闸管的反向阻断能力,从出现反向恢复电流到反向恢复电流减小到零这段时间称为反向阻断恢复时间 t_{rr}。晶闸管恢复反向阻断能力后,晶闸管还需要恢复对正向电压的阻断能力,而正向电压阻断能力恢复的这段时间称为正向阻断恢复时间 t_{gr}。如果在 t_{gr} 时间内,晶闸管正向阻断能力还没有完全恢复就给晶闸管加上正向电压,晶闸管可能误导通(即没有触发而发生的导通)。由于在阻断过程中载流子复合过程比较慢,因此在关断过程中应对晶闸管施加足够长时间的反向电压,以保证晶闸管可靠关断。晶闸管的关断时间 $t_{\text{off}} = t_{\text{rr}} + t_{\text{gr}}$,约为数百 μs。

(2) $\text{d}v/\text{d}t$ 和 $\text{d}i/\text{d}t$ 限制

晶闸管在断态时,如果加在阳极上的正向电压上升率 $\text{d}v/\text{d}t$ 很大,晶闸管 J_2 结的结电容会产生很大的位移电流,该电流经过 J_3 结时,就相当于给晶闸管施加了门极电流,会使晶闸管误导通,因此对晶闸管正向电压的 $\text{d}v/\text{d}t$ 需要作一定的限制,避免误导通现象。

晶闸管在导通过程中,开通是从门极区逐步向整个结面扩大的,如果电流上升率 $\text{d}i/\text{d}t$ 很大,就会在较小的开通结面上通过很大的电流,引起局部结面过热使晶闸管烧坏,因此在晶闸管导通过程中对 $\text{d}i/\text{d}t$ 也要有一定的限制。

2.2.2　双向晶闸管

双向晶闸管(triode AC switch,TRIAC 或 bidirectional triode thyristor)是一

种在正反向电压下都可以用门极信号来触发导通的晶闸管。它有两个主极 T_1 和 T_2，一个门极 G，原理上它可以视为两个普通晶闸管的反并联(图 2.9)。

双向晶闸管的伏安特性如图 2.10 所示，在双向晶闸管受正向电压(主极 T_1 为"+"，T_2 为"-")时，无论门极电流 I_G 是正或负，双向晶闸管都会正向导通，有主极正向电流流过；在双向晶闸管受反向电压(T_1 为"-"，T_2 为"+")时，无论门极电流是正或负，双向晶闸管都反向导通，有主极反向电流流过。因此双向晶闸管有四种触发方式。

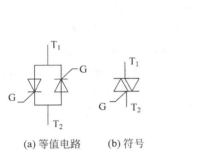

(a) 等值电路　(b) 符号

图 2.9　双向晶闸管

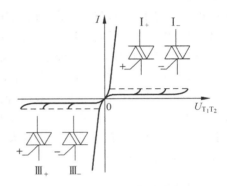

图 2.10　双向晶闸管伏安特性

方式 1：正向电压时门极以正脉冲触发，双向晶闸管工作在第一象限，称为 I+ 触发方式。

方式 2：正向电压时门极以负脉冲触发，双向晶闸管工作在第一象限，称为 I- 触发方式。

方式 3：反向电压时门极以正脉冲触发，双向晶闸管工作在第三象限，称为 III+ 触发方式。

方式 4：反向电压时门极以负脉冲触发，双向晶闸管工作在第三象限，称为 III- 触发方式。

四种触发方式中 I- 和 III- 两种触发方式灵敏度较高，是经常采用的触发方式。双向晶闸管常用作交流无触点开关和交流调压，可编程序控制器 PLC 的交流输出也常用小功率双向晶闸管作为固态继电器。因为双向晶闸管主要使用在交流电路中，因此它的额定电流不以普通晶闸管的通态平均电流定义，而以通过电流的有效值定义。双向晶闸管承受 dv/dt 的能力较低，使用中要在主极 T_1 和 T_2 间并联 RC 吸收电路。

2.2.3　门极可关断晶闸管 GTO

门极可关断晶闸管(gate turn-off thyrisyor，GTO)是一种通过门极加负脉冲可以关断的晶闸管，一只 GTO 器件是由几十乃至上百个小 GTO 单元组成，因此

GTO 是一个集成的功率器件。这些集成的小 GTO 具有公共的阳极,它们的阴极和门极也在内部并联起来,这样的设计是为便于用门极信号来关断。GTO 的电路符号如图 2.11 所示,在门极引出线上加"＋"字,表示门极可关断。

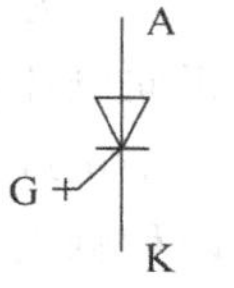

1. GTO 的关断原理

图 2.11　GTO 符号

GTO 的工作原理仍然可以用图 2.6 的晶闸管双三极管模型来说明,其导通原理与普通晶闸管相同,不同是在关断过程。在导通的 GTO 还受正向电压时,在门极加负脉冲,使门极电流 I_G 反向,这样双三极管模型中 T_2 管基极的多数载流子被抽取,T_2 基极电流下降,使 T_2 集极电流 I_{C2} 随之减小,而这引起 T_1 管基极电流和集极电流 I_{C1} 的减小,T_1 集极电流的减小又引起 T_2 基极电流的进一步下降,产生了负的正反馈效应,使等效的三极管 T_1 和 T_2 退出饱和状态,阳极电流下降直至 GTO 关断。从 GTO 的关断过程中可以看到,在 GTO 门极加的负脉冲越强,即反向门极电流 I_G 越大,抽取的 T_2 管基流越多,抽取的速度越快,GTO 的关断时间就越小。

2. GTO 的主要参数

(1)最大可关断阳极电流 I_{ATO}。这是 GTO 通过门极负脉冲能关断的最大阳极电流,并且以此电流定义为 GTO 的额定电流,这与普通晶闸管以最大通态电流为额定电流是不同的。

(2)电流关断增益 β_{off}。最大可关断阳极电流与门极负脉冲电流最大值之比是 GTO 的电流关断增益

$$\beta_{off} = \frac{I_{ATO}}{I_{GM}} \tag{2.5}$$

电流关断增益是 GTO 的一项重要指标,一般 GTO 电流关断增益 β_{off} 较小,只有 5~10 倍左右,一只 1000A 的 GTO 需要 200~100A 的门极负脉冲来关断,这显然对门极驱动电路设计提出了很高的要求。

目前 GTO 主要使用在电气轨道交通动车的斩波调压调速中,其额定电压和电流可达 6000V、6000A 以上,容量大是其特点。GTO 还经常与二极管反并联组成逆导型 GTO,逆导型 GTO 在需要承受反向电压时需要注意另外串联电力二极管。

2.2.4　其他晶闸管类器件

1. 快速晶闸管

快速晶闸管(fast switching thyristor,FST)的原理和普通晶闸管相同,其特点是关断速度快,普通晶闸管的关断时间为数百微秒,快速晶闸管关断时间为数

十微秒,高频晶闸管可达 $10\mu s$ 左右,因此快速晶闸管主要使用在高频电路中。

2. 逆导型晶闸管

逆导型晶闸管(reverse conducting thyristor,RCT)是一种将晶闸管反并联一个二极管后制作在同一管芯上的集成器件,其电路结构和符号如图 2.12 所示。逆导型晶闸管的正向特性与晶闸管相同,反向特性与二极管相同,在受正向电压且门极有正触发脉冲时逆导型晶闸管正向导通,在受反向电压时逆导型晶闸管反向导通。由于晶闸管与反并联二极管在同一管芯上,不需要外部连线,体积小,逆导型晶闸管的通态管压降更低,关断时间也更短,在较高结温下也能保持较好的正向阻断能力。逆导型晶闸管常使用在大功率的斩波电路中。

3. 光控晶闸管

光控晶闸管(light triggered thyristor,LTT)是一种用光触发导通的晶闸管,其工作原理类似于光电二极管。光控晶闸管的等效电路和电路符号如图 2.13 所示。光控晶闸管的伏安特性与普通晶闸管相同,小功率的光控晶闸管没有门极,只有阳极和阴极,通过芯片上的透明窗口导入光线触发,大功率光控晶闸管门极是光缆,光缆上装有发光二极管或半导体激光器。由于采用光触发既保证了主电路和控制电路间的电气绝缘,又有更好的抗电磁干扰能力,目前主要应用在高电压大功率场合,如高压直流输电和高压核聚变装置等。

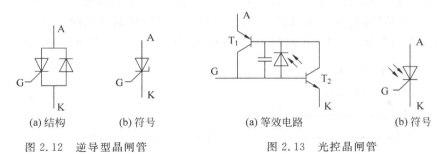

(a)结构　　　　　(b)符号　　　　　　　　(a)等效电路　　　　　　　(b)符号

图 2.12　逆导型晶闸管　　　　　　　图 2.13　光控晶闸管

2.3　全控型电力电子器件

全控型电力电子器件除前面已经介绍的可关断晶闸管之外,目前主要应用的有电力晶体管、电力场效应管、IGBT 等,这类器件都可以通过控制极信号控制器件的导通和关断,并且较晶闸管类器件的开关频率高,驱动功率小,使用方便,因此广泛应用在斩波器、逆变器等电路中,全控型器件是发展最快最有前景的电力电子器件。

2.3.1　电力晶体管 GTR

电力晶体管(giant transistor,GTR)是一种耐压较高电流较大的双极结型晶体管(bipolar junction transistor,BJT),它的工作原理与一般双极结型晶体管相同,电路符号也相同(图 2.14(a))。GTR 和一般晶体管有相类似的输出特性(图 2.15),根据基极驱动情况可分为截止区,放大区和饱和区,GTR 一般工作在截止区和饱和区,即工作在开关状态,在开关的过渡过程中要经过放大区。在基极电流 i_b 小于一定值时 GTR 截止,大于一定值时 GTR 饱和导通,工作在饱和区时集电极和发射极之间的电压降 U_{ce} 很小。在无驱动时,集电极电压超过规定值时 GTR 会被击穿,但是若集电极电流 I_C 没有超过耗

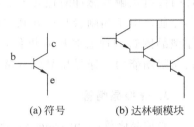

(a)符号　(b)达林顿模块

图 2.14　电力晶体管

散功率的允许值时管子一般还不会损坏,这称为一次击穿,但是发生击穿后 I_C 超过允许的临界值时,U_{ce} 会陡然下降,这称为二次击穿,发生二次击穿后管子将永久性损坏。

GTR 的主要参数有:(1)最高工作电压,包括发射极开路时集基极间的反向击穿电压 BU_{cbo},基极开路时集射极间反向击穿电压 BU_{ceo};(2)集电极最大允许电流 I_{CM};(3)集电极最大耗散功率 P_{CM} 等。为了提高 GTR 的电流能力,大功率 GTR 都做成复合结构,这称为达林顿管(图 2.14(b))。GTR 的开关时间在几毫秒之内,目前在大多数场合 GTR 已经为性能更好的电力场效应管和 IGBT 取代。

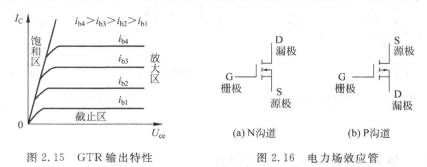

图 2.15　GTR 输出特性　　　　图 2.16　电力场效应管

2.3.2　电力场效应晶体管

电力场效应晶体管(power-MOSFET)是一种大功率的场效应晶体管,作为场效应晶体管有源极 S(source)、漏极 D(drain)和栅极 G(gate)三个极(图 2.16),它可分为两大类:(1)结型场效应管:结型场效应管利用 PN 结反向电压对耗尽层厚

度的控制来改变漏极、源极之间的导电沟道宽度,从而控制漏、源极间电流的大小。(2)绝缘栅型场效应管:绝缘栅型场效应管利用栅极和源极之间电压产生的电场来改变半导体表面的感生电荷改变导电沟道的导电能力,从而控制漏极和源极之间的电流。在电力电子电路中常用的是绝缘栅金属氧化物半导体场效应晶体管 MOSFET(metal oxide semiconductor field effect transistor)。

1. 工作原理

MOSFET 按导电沟道可分为 P 沟道(载流子为空穴)和 N 沟道(载流子为电子)两种(图 2.17),当栅极电压为零时漏源极间就存在导电沟道的称为耗尽型。对于 N 沟道器件,栅极电压大于零时才存在导电沟道的称为增强型;对于 P 沟道器件,栅极电压小于零时才存在导电沟道的称为增强型,

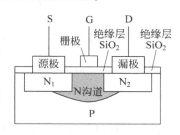

图 2.17　MOSFET 原理图

在电力场效应晶体管中主要是 N 沟道增强型。图 2.17 是 N 沟道增强型 MOSFET 的结构示意图,它以杂质浓度较低的 P 型硅材料为衬底,在上部两个高掺杂的 N 型区上(自由电子多)分别引出源极和漏极,而栅极和源极、漏极由绝缘层 SiO_2 隔开故称为绝缘栅极。两个 N 型区与 P 区形成了两个 PN 结,在漏极和源极间加正向电压 U_{DS} 时 PN_1 结反偏故 MOSFET 不导通。但当在栅极接上正向电压 U_{GS} 时,由于绝缘层 SiO_2 不导电,在电场作用下绝缘层下方会感应出负电荷,使 P 型材料变成 N 型,形成导电沟道(图中阴影区),U_{GS} 越高导电沟道就越宽,因此在漏源极间加正向电压 U_{DS} 后 MOSFET 就导通。应用的电力场效应晶体管具有多元化集成结构,即每个器件由许多小 MOSFET 胞元组成,因此电力场效应晶体管有高的电压电流能力。要注意的是电力 MOSFET 的漏极安置在底部,并且有 VVMOSFET(V 型沟槽)和 VDMOSFET(双扩散 MOS)两种结构,由于结构上的特点使它们内部存在一个寄生二极管,在受反向电压(漏极 D"—",源极 S"+")时,寄生二极管将导通,因此在感性电路中使用时可以不必在电力 MOSFET 外部反并联续流二极管,但如果续流电流较大还需要另外并联较大容量的快速二极管。

2. 主要特性和参数

1) 转移特性

这是反映漏极电流 I_D 与栅源极电压 U_{GS} 关系的曲线(图 2.18(a)),U_T 是 MOSFET 的栅极开启电压也称阈值电压。转移特性的斜率称为跨导 g_m,
$g_m = \dfrac{\Delta I_D}{\Delta U_{GS}}$。

2) 输出特性

图 2.18(b)是 MOSFET 的输出特性,在正向电压(漏极 D"+",源极 S"—")

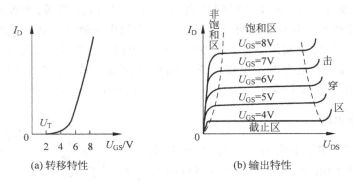

图 2.18   MOSFET 正向特性

时加正栅极电压 U_{GS}，有电流 I_D 从漏极流向源极，场效应管导通。其输出特性可分四个区，在非饱和区漏极电流 I_D 与漏源极电压 U_{DS} 几乎成线性关系，I_D 增加 U_{DS} 相应增加。因为一定栅极电压 U_{GS} 时导电沟道宽度是有限的，随 U_{DS} 继续增加漏源电流 I_D 却增长缓慢，特性进入饱和区，这时导电沟道的有效电阻随 U_{DS} 增加而线性增加。如果 U_{DS} 上升到一定值时会发生雪崩击穿现象，器件将损坏。栅极电压 U_{GS} 低于开启阈值电压 U_T，器件不导通，这是截止区。

3）主要参数

（1）通态电阻 R_{on}。指在确定的栅压 U_{GS} 时，MOSFET 从非饱和区进入饱和区时的漏源极间等效电阻，通态电阻 R_{on} 受温度变化的影响很大，并且耐压高的器件 R_{on} 也较大，管压降也较大，因此它不易制成高压器件。

（2）开启电压 U_T。应用中常将漏极短接条件下 I_D 为 1mA 时的栅极电压定义为开启电压。

（3）漏极击穿电压 BU_{DS}。避免器件进入击穿区的最高极限电压，是 MOSFET 标定的额定电压。

（4）栅极击穿电压 BU_{GS}。一般栅源电压 U_{GS} 的极限值为 $\pm 20V$。

（5）漏极连续电流 I_D 和漏极峰值电流 I_{DM}。这是 MOSFET 的电流额定值和极限值，使用中要重点注意。

（6）极间电容。极间电容包括栅极电容 C_{GS}、栅漏电容 C_{GD}、漏源电容 C_{DS}。MOSFET 的工作频率高，极间电容的影响不容忽视。厂家一般提供的是输入电容 C_{iss}、输出电容 C_{oss}、反向转移电容 C_{rss}，它们和极间电容的关系为

$$C_{iss} = C_{GS} + C_{GD}$$
$$C_{rss} = C_{GD}$$
$$C_{oss} = C_{DS} + C_{GD}$$

（7）开关时间。包括开通时间 t_{on} 和关断时间 t_{off}，开通时间和关断时间都在数十纳秒左右。

2.3.3　绝缘栅双极型晶体管 IGBT

绝缘栅双极型晶体管(insulated gate bipolar transistor,IGBT)是一种复合型器件,它的输入部分为 MOSFET,输出部分为双极型晶体管,因此它兼有 MOSFET 高输入阻抗、电压控制、驱动功率小、开关速度快、工作频率高(IGBT 工作频率可达 $10\sim50\mathrm{kHz}$)的特点和 GTR 电压电流容量大的特点,克服了 MOSFET 管压降大和 GTR 驱动功率大的缺点,目前 IGBT 已有 3000V/1500A 的产品。

1. 等效电路和工作原理

IGBT 的等效电路和符号如图 2.19 所示。IGBT 有门极 G、集电极 C 和发射极 E 三个极,等效电路中 PNP 型三极管 T_1 是 IGBT 的输出部分,T_1 通过 MOSFET 管控制,其中 T_2 是 IGBT 内部的一个寄生 NPN 型三极管。

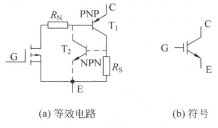

(a) 等效电路　　　(b) 符号

图 2.19　IGBT

在无门极信号时($U_{GE}=0$)MOSFET 管截止,相当于 T_1 管基区的调制电阻 R_N 无穷大,T_1 管无基极电流而处于截止状态,IGBT 关断。如果在门极与发射极间加控制信号 U_{GE},改变了 MOSFET 导电沟道的宽度,从而改变了调制电阻 R_N 值,使 T_1 获得基流,T_1 集极电流增大;如果 MOSFET 栅极电压足够高,则 T_1 饱和导通,IGBT 迅速从截止转向导通,如果撤除门极信号($U_{GE}=0$),IGBT 将从导通转向关断。

IGBT 和 MOSFET 有相似的转移特性,和 GTR 有相似的输出特性(图 2.20),转移特性是集极电流 I_C 与门射极电压 U_{GE} 的关系,输出特性分饱和区、有源区和阻断区(对应 GTR 的饱和区、放大区和截止区),在有源区内 I_C 与 U_{GE} 呈近似的线性关系(见转移特性),工作在开关状态的 IGBT 应避免工作在有源区,在有源区器件

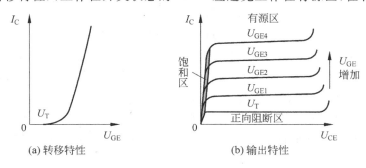

(a) 转移特性　　　(b) 输出特性

图 2.20　IGBT 正向特性

的功耗会很大。在 $U_{GE} < U_T$ 时 IGBT 阻断,没有集极电流 I_C。

2. 擎住效应

由于在 IGBT 内部存在一个寄生三极管 T_2,在 IGBT 截止和正常导通时,R_S 上压降很小,三极管 T_2 没有足够的基流不会导通,如果 I_C 超过额定值,T_2 基射间的体区短路电阻 R_S 上压降过大,寄生三极管 T_2 将导通,T_2 和 T_1 就形成了一个晶闸管的等效结构,即使撤除 U_{GE} 信号,IGBT 也继续导通使门极失去控制,这称为擎住效应。如果外电路不能限制住 I_C 的上升,则器件可能损坏。同样情况还可能发生在集电极电压过高,T_1 管漏电流过大,使 R_S 上压降过大而产生擎住效应。另外 IGBT 在关断时,若前级 MOSFET 关断过快,使 T_1 管承受了很大的 dv/dt,T_1 结电容会产生过大的结电容电流,也可能在 R_S 上产生过大电压而发生擎住效应。为防止关断时可能出现的动态擎住效应,IGBT 需要限制关断速度,这称为慢关断技术。

3. 主要参数

(1) 最大集射极电压 U_{CES}。这是 IGBT 的额定电压,超过该电压 IGBT 将可能击穿。

(2) 最大集电极电流。包括通态时通过的直流电流 I_C 和 1ms 脉冲宽度的最大电流 I_{CP}。最大集极电流 I_{CP} 是根据避免擎住效应确定的。

(3) 最大集电极功耗 P_{CM}。

(4) 开通时间和关断时间。

IGBT 的开关特性如图 2.21 所示,其中上图为门极驱动电压波形,中图为集极电流波形,下图为开关时集射极电压波形。导通时间 $t_{on} = t_d + t_r$(t_d—电流延迟时间,t_r—电流上升时间),关断时间 $t_{off} = t_{doff} + t_f$(t_{doff}—关断电流延迟时间,t_f—电流下降时间)。在 IGBT 导通时集射极电压 U_{CE} 变化分为 t_{fv1} 和 t_{fv2} 两段,在集极电流上升到 I_{CM} 的 90% 时,U_{CE} 开始下降,t_{fv1} 对应导通时 MOSFET 电压的下降过程,t_{fv2} 段对应 MOSFET 和 T_1 同时工作时的 U_{CE} 下降过程。因为 U_{CE} 下降时 MOSFET 的栅漏电容增加和 T_1 管经放大区到饱和区要有一个过程,这两个原因使 U_{CE} 下降过程变缓。电流下降时间 t_f 又分为 t_{fi1} 和 t_{fi2} 两段,t_{fi1} 对应 MOSFET 的关断过程;MOSFET 关断后,因为 IGBT 这时不受

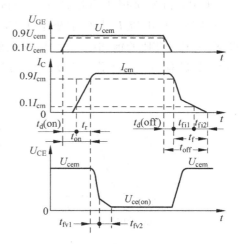

图 2.21　IGBT 开关过程

反向电压,N 基区的少数载流子复合缓慢,使 I_C 下降变慢(t_{f2} 段),造成关断时电流的拖尾现象,使 IGBT 的关断时间大于电力 MOSFET 的关断时间。

IGBT 的特点是开关速度和开关频率高于 GTR,略低于电力 MOSFET;输入阻抗高,属电压驱动,这与 MOSFET 相似,但通态压降小于电力 MOSFET 是其优点。

2.3.4　其他新型全控型器件和模块

1. 静电感应晶体管 SIT

静电感应晶体管(static induction transistor)是一种结型场效应晶体管,它在一块高掺杂的 N 型半导体两侧加上了两片 P 型半导体,分别引出源极 S、漏极 D 和栅极 G(图 2.22)。在栅极信号 $U_{GS}=0$ 时,源极和漏极之间的 N 型半导体是很宽的垂直导电沟道(电子导电),因此 SIT 称为正常导通型器件(normal-on)。在栅源极加负电压信号 $U_{GS}<0$ 时,P 型和 N 型层之间的 PN 结受反向电压形成了耗尽层,耗尽层不导电,如果反向电压足够高耗尽层很宽,垂直导电沟道将被夹断使 SIT 关断。

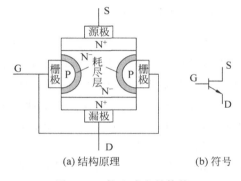

(a) 结构原理　　　(b) 符号

图 2.22　静电感应晶体管

静电感应晶体管也是多元结构,它工作频率高、线性度好、输出功率大,并且抗辐射和热稳定性好,但是它正常导通的特点在使用时稍有不便,目前在雷达通信设备、超声波功率放大、开关电源和高频感应加热等方面有广泛应用。

2. 静电感应晶闸管 SITH

静电感应晶闸管(static induction thyristor)在结构上比 SIT 增加了一个 PN 结,在内部形成了两个三极管,这两个三极管起晶闸管的作用。其工作原理与 SIT 类似,通过控制极电场调节导电沟道的宽度来控制器件的导通和夹断,因此 SITH 又称场控晶闸管,它的三个引出极被称为阳极 A、阴极 K 和门极 G(图 2.23)。因为 SITH 是两种载流子导电的双极型器件,具有通态电压低、通流能力强的特点,它很多性能与 GTO 相似,但开关速度较 GTO 快是大容量的快速器件,SITH 制造工艺复杂,通常是正常导通型(也可制成正常关断型),一般关断 SIT 和 SITH 需要几十伏的负电压。

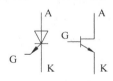

图 2.23　SITH 符号

3. 集成门极换流晶闸管 IGCT

集成门极换流晶闸管(integrated gate-commutated thyristor)是 20 世纪 90 年代出现的新型器件,它结合了 IGBT 和 GTO 的优点。它在 GTO 的阴极串联一组 N 沟道 MOSFET,在门极上串联一组 P 沟道 MOSFET,当 GTO 需要关断时门极 P 沟道 MOSFET 先开通,主极电流从阴极向门极换流,紧接着阴极 N 沟道 MOSFET 关断,全部主电流都通过门极流出,然后门极 P 沟道 MOSFET 关断使 IGCT 全部关断。IGCT 的容量可以与 GTO 相当,开关速度在 10 kHz 左右,并且可以省去 GTO 需要的复杂缓冲电路,不过目前 IGCT 的驱动功率仍很大,IGCT 在高压直流输电(HVCD)、静止式无功补偿(SVG)等装置中将有应用前途。

4. 集成功率模块

电力电子器件的模块化是器件发展的趋势,早期的模块化仅是将多个电力电子器件封装在一个模块里,例如整流二极管模块和晶闸管模块是为了缩小装置的体积给用户提供方便(图 2.1)。随着电力电子高频化进程,GTR、IGBT 等电路的模块化就减小了寄生电感,增强了使用的可靠性。现在模块化在经历标准模块、智能模块(intelligent power module,IPM)到被称为是“all in one”的用户专用功率模块(ASPM)的发展,力求将变流电路所有硬件(包括检测、诊断、保护、驱动等功能)尽量以芯片形式封装在模块中,使之不再有额外的连线,可以大大降低成本,减轻重量,缩小体积,并增加可靠性。

2.4　电力电子器件的驱动和保护

2.4.1　电力电子器件的驱动

电力电子器件的驱动是通过控制极加一定的信号使器件导通或关断,产生驱动信号的电路称为驱动电路(晶闸管类器件称为触发电路),驱动电路的性能对变流电路有重要影响。各种不同电力电子器件有不同的驱动要求,但总的来说是对驱动信号的电压、电流、波形和驱动功率的要求,以及驱动电路的抗扰和与主电路的隔离等要求。驱动电路与主电路的隔离是很重要的,驱动电路是低压电路,一般在数十伏以下,而主电路电压可以高达数千伏以上,如果二者之间有电的直接联系,主电路高压将对低压驱动电路产生威胁,因此二者之间需要电气隔离,隔离的主要方法是用脉冲变压器的磁隔离或采用光耦器件的光隔离(图 2.24)。下面按晶闸管和全控型器件(除 GTO)两类介绍器件的驱动要求。

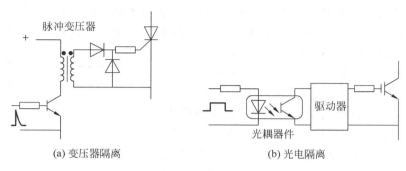

脉冲变压器

(a) 变压器隔离　　　　　　　　(b) 光电隔离

光耦器件

驱动器

图 2.24　脉冲隔离

1. 晶闸管类器件的触发要求

晶闸管是电流型驱动器件,采用脉冲触发,其门极触发脉冲电流的理想波形如图 2.25 所示。触发波形分强触发 t_2 和平台 t_3 两部分,强触发是为了加快晶闸管的导通速度,普通要求时也可以不需要强触发。强触发时电流峰值 I_{GM} 可达额定触发电流的 5 倍,宽度 $t_2 > 50 \mu s$;平台部分 t_3 电流可略大于额定触发电流以保证晶闸管可靠导通。触发脉冲要求前沿陡,脉冲宽度 t_4 因变流电路的要求不同而异,例如三相桥式整流电路有宽脉冲和双脉冲触发两种,脉冲宽度要求不同,一般晶闸管的导通时间约 6ms,因此脉冲宽度至少要大于 6ms。在晶闸管关断时,可以在门极上加 5V 左右的负电压以保证晶闸管可靠关断和有一定抗干扰能力。

可关断晶闸管 GTO 在关断时门极需要很大的负电流,其门极电路的设计要求较高,图 2.26 是推荐的门极电压电流波形。

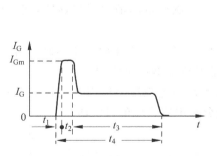

图 2.25　晶闸管触发电流波形

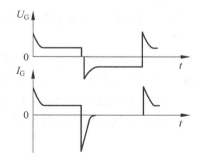

图 2.26　GTO 触发电压电流波形

2. 全控型器件的驱动要求

全控型器件(除 GTO)分电流型驱动(GTR)和电压型驱动(场控型器件),其驱动电流或电压的波形基本如图 2.27 所示,一般驱动脉冲前沿要求比较陡(小于 $1 \mu s$),关断时在控制极加一定负电压,以保证快速开通和可靠关断。GTR 开通时基极驱动电流应使其工作在准饱和区,不进入放大区和深度饱和区,在放大区管压降高损耗大,深度饱和影响关断速度。常见的 GTR 驱动模块有 THOMSON 公司的 UAA4002,三菱公司的 M57215BL 等。

电力 MOSFET 的驱动电压一般取 10～15V,IGBT 取 15～20V,关断时控制极加−5～−15V 电压。常用的电力 MOSFET 驱动模块有三菱公司的 M57918,其输入电流信号幅值为

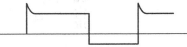

图 2.27　全控器件的驱动波形

16mA,输出最大脉冲电流达＋2A 和−3A,输出驱动电压＋15V 和−10V。IGBT 驱动模块有三菱公司的 M579 系列(M57962L、M57959L),富士公司的 EXB 系列(如 EXB840、EXB841、EXB850、EXB851),西门子 2ED020I12 等。

2.4.2　电力电子器件的保护

电力电子器件承受过电压和过电流的能力较低,一旦电压电流超过额定值,器件极易损坏造成损失,需要采取保护措施。电力电子装置的过电压和过电流,是由于外部或内部的状态突变造成的,例如雷击,线路开关(断路器)的分合,电力电子器件的通断都引起了电路状态的变化,电路状态的变化将引起电磁能量的变化,从而激发很高的 Ldi/dt 产生过电压。电力电子装置负载过大(过载),电动机"堵转",以及短路等故障会引起装置的过电流。这里主要介绍过电压和过电流保护的方法。

1. 过电压保护

避免过电压产生要在电路状态变化时为电磁能量的消散提供通路,其主要措施有(图 2.28):

(1) 在变压器入户侧安装避雷器(图中 A),在雷击发生时避雷器阀芯击穿,雷电经避雷器入地,避免雷击过电压对变压器及变流器产生影响。

(2) 变压器附加接地的屏蔽层绕组或者在副边绕组上适当并连接地电容(图中 B),以避免合闸瞬间变压器原副边绕组分布电容产生的过电压。

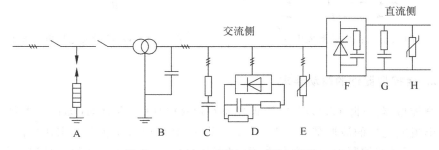

图 2.28　电力电子装置的过电压保护

（3）非线性器件保护。非线性器件有雪崩二极管、金属氧化物压敏电阻、硒堆和转折二极管等，这些器件在正常电压时有高阻值，在过电压时器件被击穿产生泄电通路，过电压消失后能恢复阻断能力，其中压敏电阻（图中 E）是常用的过电压保护措施，在三相线路上压敏电阻可作星形或三角形连接。

（4）阻容保护（图中 C）。利用电容吸收电感释放的能量，电阻限制电容电流，阻容吸收装置比较简单实用。在三相线路上三相阻容吸收装置可作星形或三角形连接。图 2.28 中 D 是带不控整流器的阻容吸收装置，其中与电容并联的电阻用以消耗电容吸收的电能。

（5）电力电子器件开关过电压保护。晶闸管电路可以在晶闸管上并联 RC 吸收电路（图中 F），全控器件则采用缓冲电路。

（6）整流装置的直流侧一般采用阻容保护和压敏电阻作过电压保护（图中 G 和 H）。

2. 过电流保护

电力电子装置的过电流保护如图 2.29 所示，下面介绍其中各主要部件的功能。

（1）快速熔断器。快速熔断器采用银质材料的熔断体，熔断点的电流值较普通熔断器准确，一旦电流超过规定值可以快速切断电路。快速熔断器与器件直接串联，过电流时对器件的保护作用最好，也可以串联在变流电路的交流侧或直流侧，这时对电力电子器件的直接保护作用减小。

（2）过电流继电器。通过电流互感器检测电流，一旦过电流发生，则通过电流继电器使接触器断开切断电源，从而避免过电流影响的扩大。在小容量装置中也采用带过电流跳闸功能的自动空气开关。

（3）电子保护电路。一般过电流继电器的电流保护值容差较大，继电器的反应速度也较慢，采用电子过电流保护装置，一旦检测到过电流可以准确快速地切断故障电路，或者使触发器（或驱动器）停止脉冲输出，使开关器件关断避免器件损坏，这是较好的保护方式。

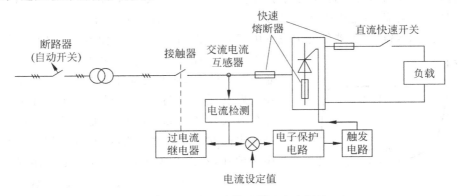

图 2.29　电力电子装置的过电流保护

（4）直流快速开关。大功率直流回路电感储存大量电磁能量,切断直流回路时电磁能量的释放会在开关触点间形成强大电弧,因此切断大功率直流回路需要用直流快速开关,其断弧能力强可以在数毫秒内切断电路。

因为过电流时器件极易损坏,过电流发生时需要及时切断有关电路避免故障的扩大。过电流继电器和电子保护在故障排除后易于恢复现场,而熔断器保护则需要更换熔断体,因此过电流故障发生时应尽量使电子保护和继电器保护首先动作,熔断器主要作短路保护。全控型器件电路一般工作频率较高,很难用快速熔断器保护,通常采用电子保护电路。过电压过电流保护元器件参数的计算和选择可以参考《电工手册》,各种保护方法也可以根据需要选用,例如小功率装置可以只用压敏电阻和阻容吸收电路作过电压保护,以快速熔断器作过电流保护。另外电力 MOSFET 在保管存放时要注意静电防护,MOSFET 有高输入阻抗,极上容易积累静电荷引起静电击穿,因此器件要保存在金属容器中不能使用塑料容器,焊接或测试时电烙铁、仪器和工作台要良好接地。

3. 缓冲电路

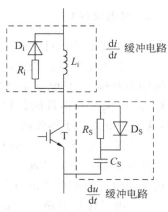

图 2.30　缓冲电路

缓冲电路(snubber circuit)又名吸收电路,是全控器件常用的保护方式。其作用是抑制电力电子器件的内因过电压和过电流及 du/dt、di/dt,同时减小器件的开关损耗。图 2.30 中 C_S 和 R_S、D_S 组成基本的关断缓冲电路,在器件关断时,电容 C_S 经二极管 D_S 充电,不仅分流了器件 T 的关断电流,并且利用电容电压不能突变的原理限制了器件关断时的 du/dt;在器件导通时,C_S 经 R_S 和 T 放电恢复初始状态,为下次缓冲作准备。L_i 和 D_i、R_i 组成 di/dt 缓冲(抑制)电路,在器件导通时小电感 L_i 限制了开关器件的电流上升率 di/dt,D_i、R_i 用于在器件关断时为 L_i 提供续流回路,使 L_i 储能在 R_i 上消耗。

缓冲电路在开关器件开关过程中限制了 di/dt 和 du/dt,使器件电压电流均不能突变,从而避免了大电流和高电压的同时短暂重叠(overlap),使开关损耗减小,图 2.31 是无抑制电路和缓冲电路与有抑制电路和缓冲电路的器件开关轨迹。如图电路开关损耗的减小是由抑制电路和缓冲电路吸收的,吸收的损耗又在电阻上消耗,器件开关损耗减小,但是总体损耗并未减少,因此将吸收能量反馈电源或负载是新型缓冲技术发展的思路。

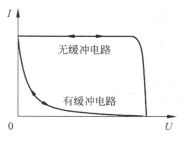

图 2.31　开关轨迹

2.4.3　电力电子器件的串并联

现在尽管有了各种大容量的电力电子器件,但是在许多高电压大电流场合仍不能满足要求,这就要采取串并联措施,通过器件串联以提高电压能力,通过器件并联以提高电流能力。电力电子器件串并联时一般都采用相同型号的器件以保证器件的参数一致,使串联时每个器件承受的电压一致,在并联时通过相同的电流。但是由于器件制造中的离散性,并不能保证器件的参数完全相同,因此串联器件的电压分配可能不均匀,受电压高的可能超过耐压而损坏,在并联时使器件电流分配不均匀,通过电流大的可能超过额定值而损坏,因此器件在串联时要注意均压问题,并联时要注意均流问题,现以晶闸管为例介绍串并联时均压和均流可采取的措施(图 2.32)。

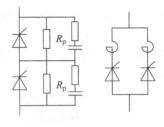

图 2.32　晶闸管串并联

1. 串联晶闸管的均压

(1) 静态均压。由于晶闸管关断时等效断态电阻不等而造成各管受压分配不均,这时的均压称为静态均压。静态均压可以在各晶闸管上并联阻值相同的电阻 R_p,使并联电阻后各管等效阻值基本相同而达到均压目的,R_p 应小于晶闸管的断态电阻。

(2) 动态均压。串联晶闸管由于开通和关断时间不一致,先关断或后导通的可能承受全部高电压而损坏,动态均压措施是在管子上并联电阻电容电路,利用电容限制开关时电压的变化速度达到动态均压要求。

2. 并联晶闸管的均流

并联晶闸管由于通态电阻不等或开通和关断时间不一致也可能造成静态不均流和动态不均流问题,为了达到均流目的可以在各晶闸管上串联均流电抗器,采用强触发措施并保持触发的一致性也有助于动态均压和均流。

功率 MOSFET 导通时有正的温度系数,结温升高后其等效电阻变大电流减小,因此多个器件并联时能自动调节均分峰值电流,但是为了并联器件的动态均流,仍要注意选择开启电压 U_T、跨导 g_m、输入电容 C_{iss}、通态电阻 R_{on} 相近的器件,也可以在源极回路串入小电感来作动态均流。IGBT 在 $1/2\sim1/3$ 额定电流以上区段也有正的温度系数,因此也有一定的自动均流能力。

2.5　MATLAB 的电力电子器件模型

MATLAB/Simulink/Power System Blockset 模型库中包含了常用的电力电子器件模型和整流、逆变电路模块以及相应的驱动模块,使用这些模块可以方便地构建和编辑电力电子电路并进行仿真。

2.5.1　电力电子器件模型和参数

　　MATLAB 模型库中有二极管、晶闸管、GTO、MOSFET 和 IGBT 等电力电子器件的仿真模块(图 2.33),其中晶闸管有复杂和简单两种模块,另外还有一个理想开关模块(ideal switch),基本上能满足电力电子电路的仿真需要。MATLAB 电力电子器件使用的是宏模型,它较 SPICE 元器件模型简单,它只要求元器件的外特性与实际器件基本相符,而没有考虑元器件内部复杂的结构,正因为如此 MATLAB 仿真电力电子电路时开销的系统资源较少,出现仿真不收敛的几率也较少。

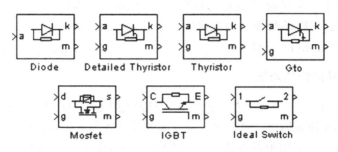

图 2.33　开关器件模块图标

　　开关特性是电力电子器件的主要特性,MATLAB 电力电子器件模型主要模拟电力电子器件的开关特性,并且不同电力电子器件模型都具有类似的结构(图 2.34)。模型主要由可控开关 SW、电阻 R_{on}、电感 L_{on}、直流电压源 V_f 的串联电路和开关逻辑单元组成,不同电力电子器件的区别在开关逻辑不同,开关逻辑决定了各种器件的开关特性。模型中的电阻 R_{on} 和直流电压源 V_f 分别用来反映电力电子器件的导通电阻和导通时的门槛电压。串联电感限制了器件开关过程中的电流升降速度,模拟器件导通或关断时的变化过程。MATLAB 的电力电子器件一般都没有考虑器件断态时的漏电流。

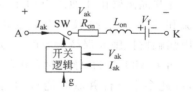

图 2.34　开关器件模型

　　MATLAB 的电力电子器件模型连接在电路中时要有电流的回路,但是器件的驱动仅仅是取决于门极信号的有无,没有电压型和电流型驱动的区别,也不需要形成驱动信号的回路,由于这个特点使 MATLAB 电力电子器件模型在与控制系统连接的时候很方便,便于复杂系统的仿真。

　　电力电子器件在使用中一般都并联有缓冲电路,因此在 MATLAB 电力电子器件模型中也已经并联了简单的 RC 串联缓冲电路,缓冲电路的 RC 值可以在参数表中设置,更复杂的缓冲电路则需要另外建立。有的器件模型还反并联了二极管(如 MOSFET),在使用中要注意。

　　MATLAB 的电力电子器件模型中含有电感,因此有电流源的性质,在没有连接缓冲电路时不能直接与电感或电流源相连接,也不能开路工作。含电力电子模型的电路或系统仿真时,仿真算法一般宜采用刚性积分算法,如 ode23tb、ode15s,这样可以得到较快的仿真速度。

　　电力电子元件的模块上都带有一个测量输出端 m,通过 m 端可以观测元器件承受的电压和电流,不仅使观察测量方便,并且可以为选择元件的耐压和电流提供依据。

　　用鼠标双击模块图标可以打开模块参数的对话框,不同开关模块的参数如表 2.1 所示。

表 2.1　电力电子器件模块参数

参　　　数	单位	二极管	晶闸管	GTO	MOSFET	IGBT	理想开关
导通电阻 R_{on}	欧[姆],Ω	有	有	有	有	有	有
电感 L_{on}	亨[利],H	有	有	有	有	有	—
门槛电压 V_f	伏[特],V	有	有	有	—	有	—
内部二极管电阻	欧[姆],Ω	—	—	—	有	—	—
初始电流 I_c	安[培],A	有	有	有	有	有	—
擎住电流 I_l	安[培],A	—	有	—	—	—	—
电流下降时间 T_f	秒,s	—	—	有	—	有	初始状态
电流拖尾时间 T_t	秒,s	—	—	有	—	有	导通为"0"
关断时间	秒,s	—	有	—	—	—	关断为"1"
缓冲电阻 R_s	欧[姆],Ω	有	有	有	有	有	有
缓冲电容 C_s	法[拉],F	有	有	有	有	有	有

2.5.2　桥式电路模块

　　为了仿真三相变流电路方便,模型库提供了三相不控桥、三相可控桥和一个多功能桥的模块(图 2.35),这里重点介绍多功能桥模块。

　　多功能桥模块(Universal Bridge)是一个特殊的模块,主要用于 PWM 控制,它既可以用于整流也可用于逆变,并且桥臂个数和开关器件都可以选择。双击该模块打开对话框(图 2.36),在对话框中第 1 栏选择模块桥臂的相数,有 1、2、3 三种相数可供选择;第 2 栏用于选择模块是交流输入还是交流输出,如果是选择交流输入(ABC as input terminals),则输出就是直流,模块用于整流;如果选择是交流输出(ABC as output terminals),则输入端就需要连接直流,模块用于逆变。对

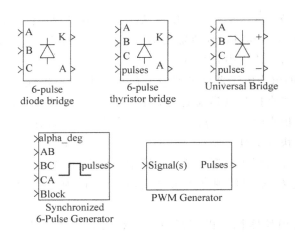

图 2.35　桥式电路和触发模块

话框的第 5 栏选择变流器使用的开关种类,有二极管、晶闸管、GTO、MOSFET、IGBT 和理想开关六种可供选择。如果在最后一栏选择了测量项则可以用多路测量仪 multimeter 观测开关器件的电压和电流波形。开关器件的参数同样可在对话框中设置。

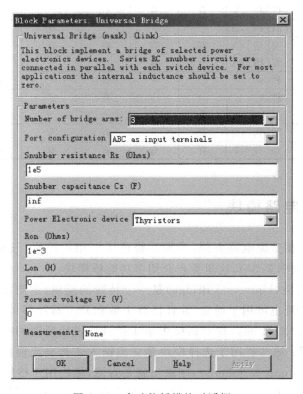

图 2.36　多功能桥模块对话框

2.5.3　驱动单元

MATLAB 的电力系统模型库提供了两种驱动模块,一种是针对晶闸管三相桥的,另一种适用于全控器件的多功能桥。MATLAB 电力电子器件模型的驱动与实际物理器件的驱动要求不同,开关模型的驱动仅仅是在于门极信号的有无,因此 MATLAB 驱动模块是原理性的宏模型。

1. 同步六脉冲发生器

同步六脉冲发生器(Synchronized 6-Pulse Generator)用于产生三相桥式整流电路晶闸管的触发脉冲,在一周期内,它产生六个触发信号,每个触发信号的间隔是 60°。六脉冲发生器模块有五个输入端,一个输出端(图 2.35)。输入端 alpha 用于给定移相控制角的大小,控制角的单位是"度"。控制角既可以是固定值,也可以是变化值。固定的控制角可以用常数模块来设定,变化的控制角一般由控制电路产生。输入端 AB、BC、CA 用于接入同步信号,同步信号与整流器主电路的三相电源有相应的相位关系,这一般用同步变压器来调整。输入端 Block 用于控制触发脉冲的输出,在该端置"0"则有脉冲输出,如果置"1"则没有脉冲输出整流器不工作,该端可以用作过电流保护和直流电动机可逆调速系统中整流器的工作状态选择等。三相桥式整流电路有宽脉冲触发和双脉冲触发两种,两种触发方式可以在对话框中选择,选中对话框(图 2.37)中 double pulse 项则为双脉冲触发,否则为宽脉冲触发方式,同时在框中还可以设定脉冲的宽度和重复频率。在宽脉冲触发时,脉冲宽度要大于 60°,双脉冲触发时脉冲宽度设 1°即可。六个晶闸管触

图 2.37　六脉冲发生器对话框

发脉冲信号由模块的输出端 pulses 输出,使用时只要将该输出端与三相桥式整流电路模块(图 2.34)的脉冲输入端 pulses 连接即可。

模型库中还有十二脉冲发生器(Synchronized 12-pulse Generator)用于产生十二相整流器的触发脉冲,十二相整流器可由两组三相桥式整流电路串联或并联组成。

2. PWM 脉冲发生器

PWM 脉冲发生器(PWM Generator)是一个多功能模块,它可以为 GTO、MOSFET、IGBT 等自关断器件组成的半桥、单相桥和三相桥式变流电路提供驱动信号,并且还可以用于双三相桥式电路(12 脉冲)的驱动,这可以在模块对话框模式一栏(Generator Mode)中选择(图 2.38)。

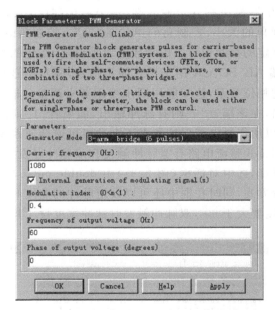

图 2.38　PWM 脉冲发生器对话框

PWM 脉冲发生器脉宽调制的原理是以三角波(载波)与调制波比较,在三角波与调制波的相交点处产生脉冲的前后沿。三角波的频率可以在对话框中设置,且三角波的幅值固定为 1。调制波有两种产生方式,一种是由 PWM 脉冲发生器自动生成,另一种在脉冲发生器输入端由外部输入。单击对话框的内调制信号生成栏前的方块,则选中了内调制信号生成模式,对话框出现了调制度、输出电压频率和输出电压相位三项参数设置栏。在采用内调制信号生成模式时,调制波固定为正弦波,即 SPWM 调制方式,设置的调制度、输出电压频率和输出电压相位三项参数实际上是内部产生的调制正弦波的参数。选中内调制信号生成方式后,模块的输入端不用连接。当选择外部输入调制信号时,调制波的频率和相位则由外部输入的信号波形决定,但是外部输入的信号波形幅值不能大于 1。

MATLAB 的仿真模块为电力电子电路的仿真提供了很大方便,本书的变流电路基本上都可以用这些模块连接组成,复杂的电路还可以通过打包形成新的分支电路模块,使电路的模型简洁明了,具体电路的仿真将结合以后各章作相应介绍。

小结

本章介绍了目前常用电力电子器件的原理、特性和主要参数,并介绍了器件的驱动、保护和串并联等有关内容。在应用中电力电子器件的额定电压和电流,开关频率和开关时间是要注意的,晶闸管主要使用在工频变换电路中,电力MOSFET 和 IGBT 则适用于高频变换。各种器件有不同的驱动要求,现在许多电力电子器件的驱动和一些变流电路的控制电路都已经模块化和商品化,为电力电子器件的应用提供了极大的方便,驱动电路也可自行设计,尤其是有特殊驱动或控制要求时更需要另行设计。电力电子装置在工作中有许多不确定的过电压和过电流因素,因此器件的保护很重要,这关系着装置的可靠和安全运行,其中阻容保护是最基本的。

由于电力电子器件不是理想的开关,器件的导通和关断需要满足一定条件,变流器的换流与这些条件有关,因此需要掌握好。电力电子器件有导通损耗和开关损耗,这些损耗在高频工作时不可忽视,器件自身的损耗引起器件发热和性能下降,因此电力电子器件在使用中要注意散热条件并安装散热器,采用缓冲电路和第 8 章将介绍的软开关技术是减少开关损耗的重要措施。为满足电力电子器件的开关条件和减少开关损耗的措施往往使电力电子电路变得很复杂,也是学习中电路分析的难点,需要注意。

电力电子器件在迅速发展中,新型器件的出现将大大提高变流装置的性能,扩大了它的应用范围,电力电子器件的集成化智能化使器件的应用更为方便,要注意新型器件和模块的发展动态,从而使这项高新技术更好地为国民经济建设作贡献。

练习和思考题

1. 晶闸管的导通和关断条件是什么?

2. 计算如图波形电流的有效值? 若晶闸管通过如图电流,设 $I_m = 100A$,试计算晶闸管通态电流平均值并选择晶闸管的额定电流。

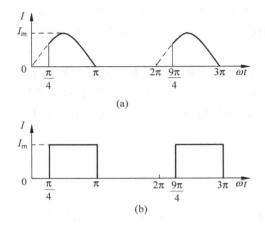

(a)

(b)

3. 什么是电压型驱动和电流型驱动？这两种驱动各有什么特点？

4. 比较分析晶闸管、GTO、GTR、电力 MOSFET 和 IGBT 的优缺点。

5. 产生电力电子器件过电压和过电流的主要原因有哪些？有哪些主要保护措施？

6. 全控器件缓冲电路的作用是什么，它有什么优缺点？

实践题

1. 通过手册或互联网检索下列电力电子器件参数：IRKT(HL)26(晶闸管 IR 公司)，BSM200GA120DN2(IGBT 西门子)，2SK1020(MOSFET 富士)等。

2. 检索学习驱动器 EXB840 的使用说明。

第3章 交流-直流变换——整流器

交流-直流变换的功能是将交流电转换为直流电,谓之整流。实现整流的方法很多,直流发电机的电刷和换向器是典型的机械式整流器,现在广泛应用的整流器则是由电力电子器件组成的变换电路来实现,称为整流电路。一般整流电路由交流电源、整流器和负载三部分组成(图3.1)。

图 3.1 整流电路组成

交流电源:在电网电压合适的时候可以直接取自电网,但是更多的是通过变压器得到。通过变压器不仅可以改变交流电压,并且有与电网隔离的作用。按交流电源的相数区分,整流器有单相整流器、三相整流器,及更多相数的整流器。

整流器:由电力电子器件组成的实现交流-直流变换的基本电路。按使用的电力电子器件性质区分,有不控整流器和可控整流器等。

负载:整流电路的负载是各种各样的,常见的工业负载如果按性质区分,主要有电阻性 R 负载、电阻电感性 RL 负载、反电动势 E 负载等。其中属于电阻性负载的典型应用有白炽灯、电焊、电解电镀、电阻炉等。阻感性负载有电磁铁、直流电机和同步电机的励磁绕组等。反电动势负载主要有蓄电池和直流电动机的电枢等。

本章主要介绍单相和三相可控整流电路的工作原理,不控整流电路可以视为可控整流的特例。重点将分析在不同负载下整流器的工作状态和波形,以及整流输出电压、电流与控制角的关系。在分析中一般忽略电力电子器件的管压降和漏电流,并且要注意电力电子器件的导通和关断条件,以及在不同负载下各种整流器波形的特点和比较。

3.1　单相可控整流电路

　　将单相交流电变换为直流的电路称为单相整流电路,采用可控电力电子器件的整流电路可以调节直流输出电压的大小,因此称为可控整流电路。本节主要介绍晶闸管器件组成的可控整流电路。晶闸管的特点是:在晶闸管承受正向电压,并且门极有正的驱动信号时晶闸管导通,一旦晶闸管导通,只要通过管子的电流不为零(低于维持电流),即使撤去驱动信号,晶闸管还继续导通,只有在晶闸管电流下降到维持电流以下或者晶闸管承受反向电压时晶闸管才关断。这一特点使晶闸管仅需要脉冲触发,并且可以利用交流电网电压换流。

3.1.1　单相半波可控整流电路

　　在一个开关组成的变流电路(图1.1(a))中,开关元件采用晶闸管,即组成了晶闸管单相半波可控整流电路。单相半波可控整流电路虽然简单,但是它包含了整流电路的许多基本概念,这里主要介绍电阻和电感两种负载的工作情况。为了叙述方便,按惯例,以英文小写字母 u、i 表示电压、电流的瞬时值,以大写字母 U、I 表示交流电压、电流的有效值和直流电压、电流的平均值。

1. 电阻性负载

　　晶闸管单相半波整流电路电阻负载电路如图3.2(a)所示。图中整流电路由整流变压器 T 供电。

　　1) 电路工作原理

　　设变压器副边电压 $u_2 = \sqrt{2} U_2 \sin\omega t$(图3.2(b)),在电压 u_2 的正半周 $0 \sim \pi$ 区间里(图3.2(c)),晶闸管承受正向电压,如果在这范围里给晶闸管门极施加触发脉冲(图3.2(d)),则晶闸管导通,电阻 R 中有电流通过。在电压 u_2 的负半周 $\pi \sim 2\pi$ 区间里,晶闸管承受反向电压,负载电流也为零,晶闸管关断。因此在交流电压的一个周期里,半波整流电路的工作过程可以划分为下面几个阶段(图3.2(c))。

　　阶段 1($0 \sim \omega t_1$):晶闸管承受正向电压,但是门极没有触发脉冲,晶闸管处于关断状态,负载 R 中没有电流通过,晶闸管承受的电压是电源电压 $u_{VT} = u_2$(图3.2(e))。

　　阶段 2($\omega t_1 \sim \pi$):在 ωt_1 时,晶闸管被触发,且由于承受正向电压,晶闸管导通,之后虽然触发脉冲消失,但是晶闸管仍保持导通状态,直到 $\omega t = \pi$ 时为止。在晶闸管的导通区间,如果忽略晶闸管导通时的管压降,则晶闸管两端电压为零 $u_{VT} = 0$,且有 $u_d = u_2$,其中 u_d 既是整流器的输出电压,也是负载电阻 R 两端的电压,并且在晶闸管导通时,经过晶闸管 VT 和电阻 R,以及变压器副边的电流为

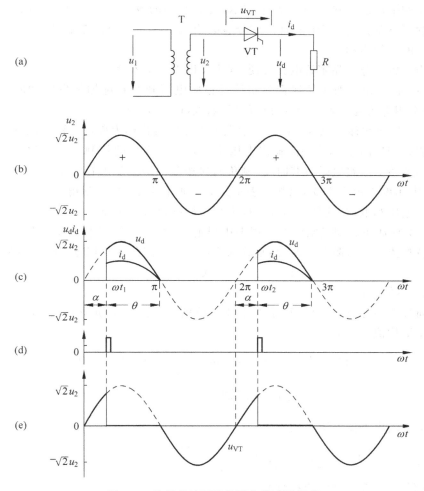

图 3.2　单相半波可控整流电路电阻负载

$$i_{d} = \frac{u_{2}}{R} = \frac{u_{d}}{R} = \frac{\sqrt{2}U_{2}\sin\omega t}{R} \quad \alpha \leqslant \omega t \leqslant \pi \tag{3.1}$$

在 $\omega t = \pi$ 时，$u_{2} = 0$，同时回路电流 i_{d} 也下降为零，晶闸管关断。

阶段 $3(\pi \sim 2\pi)$：在这段区间里，由于交流电压进入负半周，晶闸管受反向电压并保持关断状态，负载端电压和电流都为零，晶闸管承受的是交流电源的负半周电压(图 3.2(e))。

在 $\omega t \geqslant 2\pi$ 以后的周期里，重复上述过程，从图 3.2(c)可以看到，通过晶闸管和负载电阻的电压、电流波形是只有单一方向的波动的直流电，改变晶闸管被触发的时刻 ωt_{1}，整流器输出电压 u_{d}、电流 i_{d} 的波形也随之变化，其平均值也同时改变，因此在电源正半周内，改变晶闸管的触发时刻，可以调节晶闸管输出直流电压和电流的平均值。并且变压器副边电流也是相同的波动直流电,既含有直流成分也包含了交流成分,其中的直流成分容易引起变压器磁路的饱和使铁芯发热,对变压器的运行不利。

为了以后分析晶闸管电路方便,现定义以下几个术语:

(1)控制角。即从晶闸管开始承受正向电压到对它施加触发脉冲的这段时间,通常用电角度 α 表示,其单位可以是弧度(rad)或度(°)。

(2)移相和移相范围。改变控制角 α 大小的过程称为移相。移相范围是指通过移相改变控制角 α,使整流输出电压从零到最大变化的控制角 α 变化范围。在单相半波整流电路电阻负载时,控制角的移相范围即是晶闸管承受正向电压的时间,以电角度表示为180°,以弧度表示为 π。通过移相改变控制角 α 可以调节整流器输出电压和电流,这种控制方式称为相位控制,简称"相控"。

(3)导通角。即晶闸管在一周期中导通的时间,一般用电角度 θ 表示。在单相半波整流电路电阻负载时,晶闸管的导通角与控制角和移相范围的关系是

$$\theta = 180° - \alpha \text{ 或 } \theta = \pi - \alpha.$$

2)参数计算

通过上述分析,可以计算单相半波可控整流电路电阻负载时,整流器输出直流电压平均值 U_d 为

$$U_d = \frac{1}{2\pi} \int_{\alpha}^{\pi} \sqrt{2} U_2 \sin\omega t \, \mathrm{d}(\omega t) = \frac{\sqrt{2}}{\pi} U_2 \frac{1 + \cos\alpha}{2}$$

$$= 0.45 U_2 \frac{1 + \cos\alpha}{2} \tag{3.2}$$

整流输出直流电流平均值 I_d 为

$$I_d = \frac{1}{2\pi} \int_0^{2\pi} i_d \mathrm{d}(\omega t) = \frac{1}{2\pi} \int_{\alpha}^{\pi} \frac{\sqrt{2} U_2 \sin\omega t}{R} \mathrm{d}(\omega t) = \frac{U_d}{R} \tag{3.3}$$

式中:U_2——交流电压的有效值。

从式(3.2)和式(3.3)可看到,在 $\alpha = 0$ 时,整流电压最高,电阻上可以得到最大的电流;在 $\alpha = \pi(\alpha = 180°)$ 时,整流电压为零,负载电阻的电流也为零,调节控制角 α,可以调节整流输出电压和电流,实现可控整流。

2. 电阻-电感负载

如果在单相半波整流电路的负载侧接上电阻电感负载(图3.3(a)),由于电感是储能元件,在电感电流增加时,电感产生的电动势 $\left(e_L = -L \frac{\mathrm{d}i_L}{\mathrm{d}t}\right)$ 极性将阻止电流的上升;在电感电流下降时,电感电动势 e_L 的极性将阻止电流的下降(图3.3(a)),e_L 的大小和极性与电流变化率 $\frac{\mathrm{d}i_L}{\mathrm{d}t}$ 有关,这使电感中电流不能突变,这是电感负载的特点。

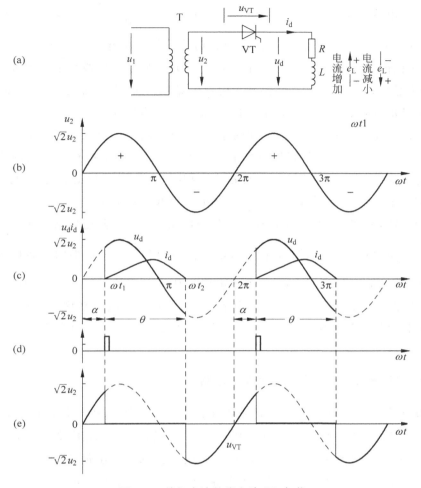

图 3.3　单相半波整流电路 RL 负载

晶闸管单相半波整流电路阻感负载时的工作过程,可以分为下面几个阶段:

阶段 1($0\sim\omega t_1$):交流电压 u_2 进入正半周,晶闸管承受正向电压,但是门极尚未触发,晶闸管处于关断状态,负载 RL 中没有电流通过,晶闸管承受的电压是电源电压 $u_{VT}=u_2$(图 3.3(e))。

阶段 2($\omega t_1\sim\pi$):在 ωt_1 控制角为 α 时,晶闸管被触发,因为晶闸管承受正向电压,晶闸管导通。由于电感反电动势的作用,电流从零开始上升,电感开始储能。随着 u_2 的上升和下降,电流 i_d 也从 0 上升到最大值,然后开始减小。在电流减小时,电感释放储能,电感电动势 e_L 也改变极性(图 3.3(a))。到 $\omega t=\pi$ 时,$u_2=0$,但是电感尚有储能,电流 i_d 不为零。

阶段 3($\pi\sim\omega t_2$):这时 u_2 进入负半周,但是晶闸管并不会随 u_2 变负而关断,

这是因为电感储能还没有释放完,尽管 i_d 减小,但 $\left| L\dfrac{di_d}{dt} \right| - |u_2| > 0$,是电感电动势 e_L 克服了 u_2 的负半周电压,使晶闸管仍然承受正向电压而继续导通。到 ωt_2 时,电感储能释放完,i_d 减小为 0,晶闸管才自动关断,这一阶段结束。在这一阶段中,因为晶闸管仍在导通,忽略晶闸管的管压降,$u_d = u_2$,因此整流输出 u_d 也随 u_2 出现了负值(图 3.3(c)),在晶闸管导通期间晶闸管电压 $u_{VT} = 0$。

阶段 4($\omega t_2 \sim 2\pi$):在这段区间内晶闸管受反向电压处于关断状态 $u_{VT} = u_2$。

在 $\omega t \geqslant 2\pi$ 以后的周期里,重复上述过程。电感性负载时整流电路的特点是整流电压 u_d 出现负的部分,在 u_d 与 i_d 方向相同时,电源 u_2 输出电能,电能一部分在电阻上消耗,一部分由电感转化为磁场能储存起来;在 u_d 与 i_d 方向相反时,电感输出电能,一部分在电阻上消耗,一部分回馈电源 u_2,并经变压器送回电网。当负载角 $\varphi \left(\varphi = \arctan \dfrac{\omega L}{R} \right)$ 越趋近于 $\dfrac{\pi}{2}$,电感储能越多,u_d 正负半周的面积就越接近相等,平均电压 U_d 就接近 0。由于电感负载的上述特点,在大电感时(φ 接近 $\pi/2$),无论 α 多大,整流输出平均电压都很小,出现输出电压平均值很小,但是整流电路仍有较大电流输出的矛盾。为解决此问题,一般在单相半波整流 RL 负载的两端并联一个续流二极管。

3. 带续流二极管的单相半波整流电路

带续流二极管的单相半波整流电阻电感负载电路如图 3.4 所示。在 u_2 正半周 ωt_1 时,触发晶闸管 VT 导通,则 $u_d = u_2$,负载 RL 有电流通过;在 $\omega t \geqslant \pi$ 后,因为电感电流下降,电感电动势改变方向,使二极管 VD 导通,这时 VT 受 u_2 反向电压而关断,电感 L 经二极管 VD 续流,将电感储能在电阻 R 中消耗。经过晶闸管和续流二极管的电流 i_{VT},i_{VD} 分别如图 3.4(c)和图 3.4(d)所示。负载电压 u_d 的波形没有负半周(图 3.4(b)),u_d 波形与纯电阻负载时波形(图 3.2(c))相同,因此整流器输出电压平均值也与电阻负载时相同。

$$U_d = 0.45 U_2 \frac{1 + \cos\alpha}{2}$$

晶闸管的移相范围为 $0 \sim \pi$,导通角为 $\theta = \pi - \alpha$。

关于该电路的电流计算一般采用工程近似的方法。即设负载电流平均值

$$I_d \approx \frac{U_d}{R} \tag{3.4}$$

则通过晶闸管电流的平均值 I_{dVT} 和有效值 I_{VT}

$$I_{dVT} = \frac{\pi - \alpha}{2\pi} I_d \tag{3.5}$$

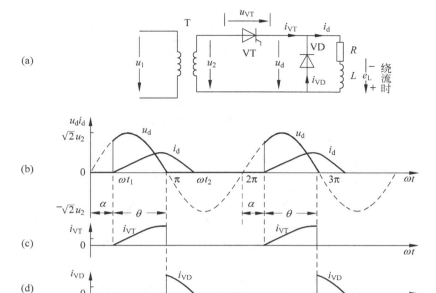

图 3.4　带续流二极管的单相半波整流电路

$$I_{VT} = \sqrt{\frac{1}{2\pi}\int_{\alpha}^{\pi} I_d^2 d(\omega t)} = I_d\sqrt{\frac{\pi-\alpha}{2\pi}} \tag{3.6}$$

通过二极管电流的平均值 I_{dVD} 和有效值 I_{VD}

$$I_{dVD} = \frac{\pi+\alpha}{2\pi} I_d \tag{3.7}$$

$$I_{VD} = \sqrt{\frac{1}{2\pi}\int_{\pi}^{\pi+\alpha} I_d^2 d(\omega t)} = I_d\sqrt{\frac{\alpha}{2\pi}} \tag{3.8}$$

　　单相半波整流电路是最简单的可控整流电路,在一个周期中,整流输出电压只有一个波头,脉动大。变压器也只有半个周期有电流输出,变压器的利用率不高,并且变压器副边电流是脉动的直流电,铁芯会产生直流磁化现象,使铁芯易于发热,因此单相半波整流电路仅使用在要求不高的交直流变换场合。

3.1.2　单相桥式全控整流电路

　　晶闸管单相桥式全控整流电路如图 3.5 所示,现以电阻和阻感负载两种情况分析。

1. 电阻负载

1) 工作原理

该电路的特点是:要有电流通过负载 R,必须有晶闸管 VT_1 和 VT_3 或 VT_2

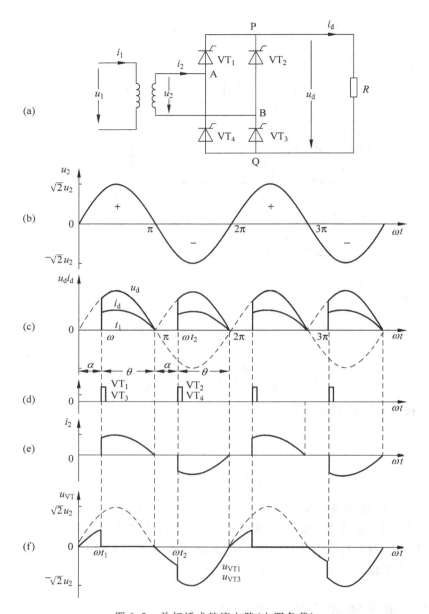

图 3.5　单相桥式整流电路(电阻负载)

和 VT_4 同时导通,由于晶闸管的单向导电性能,尽管 u_2 是交流,但是通过负载 R 的电流 i_d 始终是单方向的直流电,其工作过程可分如下几个阶段:

阶段 $1(0\sim\omega t_1)$:这阶段中 u_2 在正半周,A 点电位高于 B 点电位,晶闸管 VT_1 和 VT_2 反向串联后与 u_2 连接,VT_1 承受正向电压为 $u_2/2$(图 3.5(f)),VT_2 承受 $u_2/2$ 的反向电压;同样 VT_3 和 VT_4 反串与 u_2 连接,VT_3 承受 $u_2/2$ 的正向电压

（图 3.5(f)），VT$_4$ 承受 $u_2/2$ 反向电压。虽然 VT$_1$ 和 VT$_3$ 受正向电压，但是尚未被触发导通，负载没有电流通过，所以 $u_d=0$，$i_d=0$（图 3.5(c)）。

阶段 2($\omega t_1 \sim \pi$)：在 ωt_1 时同时触发 VT$_1$ 和 VT$_3$，由于 VT$_1$ 和 VT$_3$ 受正向电压而导通，有电流经变压器 A 点→VT$_1$→R→VT$_3$→变压器 B 点形成回路。在这段区间里，$u_d=u_2$，$i_d=i_{VT1}=i_{VT3}=i_2=u_d/R$（图 3.5(c)，(e)）。由于 VT$_1$ 和 VT$_3$ 导通，忽略管压降，$u_{VT1}=u_{VT3}=0$（图 3.5(e)），而 VT$_2$ 和 VT$_4$ 承受的电压为 $u_{VT2}=u_{VT4}=u_2$。

阶段 3($\pi \sim \omega t_2$)：从 $\omega t=\pi$ 开始 u_2 进入了负半周，B 点电位高于 A 点电位，VT$_1$ 和 VT$_3$ 由于受反向电压而关断（同时通过晶闸管电流也减小为 0），这时 VT$_1$ ~ VT$_4$ 都不导通，各晶闸管承受 $u_2/2$ 的电压，但 VT$_1$ 和 VT$_3$ 承受的是反向电压（图 3.5(e)），VT$_2$ 和 VT$_4$ 承受正向电压，负载没有电流通过，$u_d=0$，$i_d=i_2=0$。

阶段 4($\omega t_2 \sim 2\pi$)：在 ωt_2 时 u_2 电压为负，VT$_2$ 和 VT$_4$ 承受正向电压，触发 VT$_2$ 和 VT$_4$ 即导通，有电流自 B 点→VT$_2$→R→VT$_4$→A 点，$u_d=u_2$，$i_d=i_{VT2,VT4}=i_2=u_d/R$。由于 VT$_2$ 和 VT$_4$ 导通，VT$_1$ 和 VT$_3$ 承受 u_2 的负半周电压（图 3.5(f)）。至此一个周期工作完毕，下一个周期重复上述过程，单相桥式整流电路两次脉冲间隔为 180°。

2）参数计算

（1）整流输出平均电压 U_d：由于 u_d 一个周期中有两个波头，单相桥式整流电路输出的直流平均电压 U_d 是单相半波整流的两倍。

$$U_d = \frac{2}{2\pi}\int_\alpha^\pi \sqrt{2}U_2\sin\omega t\, \mathrm{d}(\omega t) = \frac{2\sqrt{2}U_2}{\pi}\frac{1+\cos\alpha}{2} = 0.9U_2\frac{1+\cos\alpha}{2} \quad (3.9)$$

在 $\alpha=0°$ 时，U_d 最高，$U_d=0.9U_2$；在 $\alpha=180°$ 时，$U_d=0$，因此控制角的移相范围为 $0° \leqslant \alpha \leqslant 180°$。

（2）整流输出平均电流 I_d：

$$I_d = \frac{2}{2\pi}\int_\alpha^\pi \frac{\sqrt{2}U_2\sin\omega t}{R}\mathrm{d}(\omega t) = \frac{0.9U_2}{R}\frac{1+\cos\alpha}{2} = \frac{U_d}{R} \quad (3.10)$$

（3）通过晶闸管电流的平均值 I_{dVT} 和有效值 I_{VT}：

因为 VT$_1$、VT$_3$ 和 VT$_2$、VT$_4$ 互相轮流导通，因此通过每个晶闸管的平均电流是整流输出的负载平均电流 I_d 的一半。

$$I_{dVT} = \frac{1}{2}I_d \quad (3.11)$$

$$I_{VT} = \sqrt{\frac{1}{2\pi}\int_\alpha^\pi \left(\frac{\sqrt{2}U_2}{R}\sin\omega t\right)^2 \mathrm{d}(\omega t)} = \frac{\sqrt{2}U_2}{R}\sqrt{\frac{1}{2\pi}\sin2\alpha + \frac{\pi-\alpha}{\pi}} \quad (3.12)$$

在求得晶闸管电流有效值 I_{VT} 后，按发热相等的原则，可以将 I_{VT} 折算为正弦半波的平均值，从而选择晶闸管额定电流 I_{NVT}：

$$I_{NVT} = (1.5 \sim 2)\frac{I_{VT}}{1.57} \quad (3.13)$$

在单相桥式整流电路中,晶闸管承受的最高正向电压为$\dfrac{\sqrt{2}U_2}{2}$,最高反向电压为$\sqrt{2}U_2$,所以晶闸管的额定电压U_{NVT}取:

$$U_{NVT} = (2 \sim 3)\sqrt{2}U_2 \tag{3.14}$$

(4) 通过变压器副边电流的有效值I_2和变压器容量S:

通过变压器副边电流i_2的波形如图3.5(e),根据波形可以计算副边电流的有效值:

$$I_2 = \sqrt{\dfrac{2}{2\pi}\int_\alpha^\pi \left(\dfrac{\sqrt{2}U_2}{R}\sin\omega t\right)^2 \mathrm{d}(\omega t)}$$

$$= \dfrac{U_2}{R}\sqrt{\dfrac{1}{2\pi}\sin 2\alpha + \dfrac{\pi - \alpha}{\pi}} = \sqrt{2}\,I_{VT} \tag{3.15}$$

在不考虑变压器损耗时,变压器容量$S = U_2 I_2$。

例3.1　单相桥式全控整流电路接电阻负载,交流电源电压$U_2 = 220\text{V}$,要求输出的直流平均电压在$50 \sim 150\text{V}$范围内连续可调,并且在这范围内,要求输出的直流平均电流都能达到10A。试计算控制角的变化范围、晶闸管的导通角和确定电源容量,并选择晶闸管。

解　由式(3.9)　　　　　$\cos\alpha = \dfrac{2U_d}{0.9U_2} - 1$

在$U_d = 50\text{V}$时　　　$\cos\alpha = \dfrac{2 \times 50}{0.9 \times 220} - 1 = -0.5$　$\alpha = 120°$

在$U_d = 150\text{V}$时　　　$\cos\alpha = \dfrac{2 \times 150}{0.9 \times 220} - 1 = 0.51$　$\alpha = 59°$

控制角的调节范围为$59° \sim 120°$。

晶闸管的导通角$\theta = 180° - \alpha$,所以当输出电压从50V到150V变化时,晶闸管的导通角也从$60° \sim 121°$变化。因为在电压的变化范围中都要求整流输出平均电流$I_d = 10\text{A}$,从式3.10和式3.12中消去U_2/R,可得通过晶闸管电流有效值I_{VT}与整流输出电压平均值I_d的关系为

$$I_{VT} = \dfrac{1}{\sqrt{2}}\dfrac{2I_d}{0.9(1 + \cos\alpha)}\sqrt{\dfrac{1}{2\pi}\sin 2\alpha + \dfrac{\pi - \alpha}{\pi}}$$

在$\alpha = 59°$　$I_{VT} = \dfrac{1}{\sqrt{2}}\dfrac{2 \times 10}{0.9(1 + \cos 59°)}\sqrt{\dfrac{1}{2\pi}\sin 2 \times 59° + \dfrac{180° - 59°}{180°}} = 9.4\text{A}$

$\alpha = 120°$　$I_{VT} = \dfrac{1}{\sqrt{2}}\dfrac{2 \times 10}{0.9(1 + \cos 120°)}\sqrt{\dfrac{1}{2\pi}\sin 2 \times 120° + \dfrac{180° - 120°}{180°}} = 13.9\text{A}$

从上式可以看到,负载平均电流相同时,控制角越大,导通角越小,通过晶闸管的电流有效值越大,因此本题选择晶闸管时,应该按电压较低,控制角较大时情况计算晶闸管额定电流

$$I_{NVT} = (1.5 \sim 2)\dfrac{I_{VT}}{1.57} = (1.5 \sim 2)\dfrac{13.9}{1.57} = 13.3 \sim 17.7(\text{A})$$

晶闸管额定电压

$$U_{\mathrm{NVT}} = (2 \sim 3)\sqrt{2}U_2 = (2 \sim 3)\sqrt{2} \times 220 = 622 \sim 933(\mathrm{V})$$

变压器副边电流

$$I_2 = \sqrt{2}\,I_{\mathrm{VT}} = \sqrt{2} \times 13.9 = 19.7\mathrm{A}$$

电源容量　　　　　$S = U_2 I_2 = 220 \times 19.7 \approx 4.3\mathrm{kVA}$

2. 电阻电感负载

1) 工作原理

单相桥式全控整流电阻电感负载电路如图 3.6(a)所示。下面分电感较小和电感较大两种情况分析。

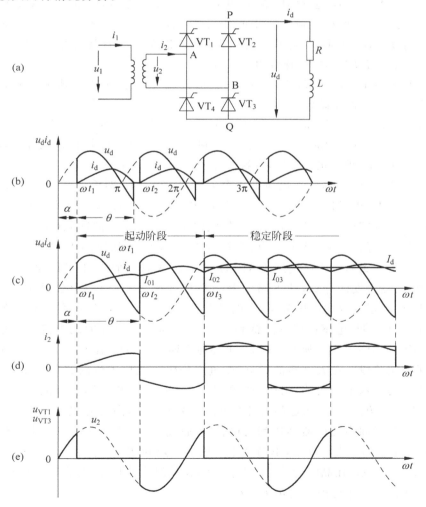

图 3.6　单相桥式整流电路(阻感负载)

（1）电感 L 较小，电流不连续时

如果负载电感量较小，电路的工作情况如图 3.6(b)所示。在 ωt_1 时，触发 VT_1 和 VT_3，VT_1 和 VT_3 导通，电流 i_d 从 0 开始增加。在 $\omega t = \pi$ 时，由于电感储能尚未释放完，电流 $i_d \neq 0$，VT_1 和 VT_3 继续导通使 u_d 出现负半周。到 $\omega t = \alpha + \theta$ 时，电感储能释放完毕，$i_d = 0$，VT_1 和 VT_3 关断。在 $\omega t = \pi + \alpha$ 时，触发 VT_2 和 VT_4，这时承受正向电压的 VT_2 和 VT_4 导通，电流 i_d 又从 0 开始增加。同样在 $\omega t = 2\pi$ 时，由于电感储能的释放，使 VT_2 和 VT_4 继续导通，直到电感储能释放完，VT_2 和 VT_4 关断。单相桥式整流小电感负载时，电流 i_d 波形与单相半波整流电感负载时的 i_d 波形(图 3.3(c))相比，在一个周期中，增加了一个波头，电流的脉动减小，电流的平均值增加，并且晶闸管的导通角 θ 随控制角 α 和负载角 φ 的变化而变化。由于电感较小，电感的储能少，电流 i_d 波形是不连续的。但是如果 L 的电感量增加，负载角 φ 变大，晶闸管的导通角 θ 也变大，VT_1、VT_3 和 VT_2、VT_4 导通之间的间隔将变小，以致两次导通的电流 i_d 波形可以连续起来，这就是大电感时的情况。

（2）电感 L 较大，电流连续时

如果整流电路的负载电感较大，i_d 波形将连续，电路的工作情况可分为电流上升和电流稳定两个阶段。

在电流的上升阶段，$\omega t_1(\omega t = \alpha)$ 时，触发 VT_1 和 VT_3 导通，i_d 从 0 开始上升，由于电感较大，到 $\omega t_2(\omega t = \pi + \alpha)$ 时，i_d 达到 I_{01}(图 3.6(c))，由于 u_2 已经进入负半周，VT_2 和 VT_4 承受正向电压，有触发脉冲即导通。VT_2 和 VT_4 导通后，电路的 P 点电位将高于 A 点，Q 点电位低于 B 点，VT_1 和 VT_3 即承受反向电压而关断，原来经由 VT_1 和 VT_3 的电流 i_d 改经 VT_2 和 VT_4 通过，这就是 VT_2 和 VT_1 换流(也称换相)，同时 VT_4 和 VT_3 换流，使电路进入第 2 个导通区间($\omega t_2 \sim \omega t_3$)。在第 2 个导通区间 i_d 将从 VT_1、VT_3 关断和 VT_2、VT_4 开通时的 I_{01} 继续上升，电感的储能增加。到 ωt_3 时 i_d 达到 I_{02}，因为 u_2 已进入第二个周期，VT_1 和 VT_3 承受正向电压，受触发即导通，使电路的 P 点电位高于 B 点，Q 点电位低于 A 点，使 VT_2 和 VT_4 承受反向电压关断，实现了 VT_1、VT_3 与 VT_2、VT_4 的换流。如此经过几个导通周期，电感储能达到饱和，即每个导通周期开始时的电流与终止时的电流相等。如图 3.6(c)所示，在第 3 个导通周期 $\omega t_3 \sim \omega t_4$，有 $I_{02} = I_{03}$，负载电流 i_d 进入了稳定阶段。在大电感情况下，i_d 进入稳定阶段后电流的波动很小，在工程上可以视为是水平直线(图 3.6(c)中的 I_d)。在稳定工作阶段，两组晶闸管交替导通，每组导通角为 180°，通过晶闸管的电流是宽为 180°，高为 I_d 的矩形方波。在一周期的正负半周中变压器副边都有电流 i_2 通过，变压器的利用率较半波整流提高，并且 i_2 中不含直流分量，不易产生变压器发热问题。晶闸管承受的电压波形如图 3.6(e)所示，在晶闸管导通时 $U_{VT} = 0$，在晶闸管关断时，则承受电源电压 u_2，因此承受的最高正反向电压均为 $\sqrt{2}U_2$。

从图 3.6(c)中可以看到，如果控制角 $\alpha = 90°$，整流输出电压 u_d 的正负半周面积将相等,整流输出电压的平均值为 0。并且若 $\alpha>90°$,在 u_2 的半周范围内,触发 VT_1、VT_3 或 VT_2、VT_4,晶闸管能够导通,但是晶闸管的导通角减小,而 u_d 的正负半周面积相等,u_d 的平均值都为 0,因此电感性负载时,控制角的有效移相控制范围为 $0°\leqslant\alpha\leqslant90°$。

2) 电感较大电流连续时的参数计算

(1) 输出直流平均电压

$$U_d = \frac{1}{\pi}\int_{\alpha}^{\pi+\alpha}\sqrt{2}U_2\sin\omega t\,\mathrm{d}(\omega t) = \frac{2\sqrt{2}}{\pi}U_2\cos\alpha = 0.9U_2\cos\alpha \qquad (3.16)$$

在 $\alpha=0$ 时,U_d 最高,$U_d=0.9U_2$,在 $\alpha=\pi/2$ 时,$U_d=0$,控制角的有效移相范围为 $\pi/2$。

(2) 输出直流平均电流

由于在电流进入稳态后,电流可视为恒定不变,忽略了电流的脉动成分,相当于在恒定直流下,电感不起作用 $L\dfrac{\mathrm{d}i}{\mathrm{d}t}=0$,因此输出的负载直流平均电流 I_d 为

$$I_d = \frac{U_d}{R} \qquad (3.17)$$

(3) 通过晶闸管的平均电流和电流有效值

由于两组晶闸管交替导通,各工作 1/2 周期,因此通过晶闸管的平均电流为

$$I_{dVT} = \frac{I_d}{2} \qquad (3.18)$$

通过晶闸管的电流有效值为

$$I_{VT} = \sqrt{\frac{1}{2\pi}\int_{\alpha}^{\pi+\alpha}I_d^2\,\mathrm{d}(\omega t)} = \frac{1}{\sqrt{2}}I_d \qquad (3.19)$$

(4) 通过变压器副边电流有效值

因为变压器副边在正负半周里都有电流,因此

$$I_2 = \sqrt{\frac{2}{2\pi}\int_{\alpha}^{\pi+\alpha}I_d^2\,\mathrm{d}(\omega t)} = \sqrt{2}\,I_{VT} = I_d \qquad (3.20)$$

3.1.3　单相桥式半控整流电路

在单相桥式全控整流电路中,每次都有两个晶闸管同时导通,实际上从控制电流通路来说,只需要一个晶闸管就可以,另一个晶闸管可以用二极管代替,这就组成了单相桥式半控整流电路(图 3.7(a))。单相桥式半控整流电路一般以二极管 VD_3 和 VD_4 替换下桥臂的晶闸管 VT_3 和 VT_4,原因是上桥臂的晶闸管 VT_1 和 VT_2 有公共的阴极端,便于连接触发信号。

(1) 工作过程分析

单相桥式半控整流电路在电阻负载时的工作情况,与单相桥式全控整流电路

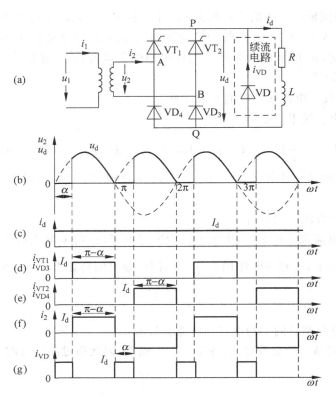

图 3.7　单相桥式半控整流电路

完全一致,故不再重复,这里仅研究大电感负载时的工作过程,并且先不考虑图 3.7(a)中的续流电路。

阶段 1($\alpha\sim\pi$)　在 $\omega t=\alpha$ 时,触发 VT_1 导通,电流 i_d 从变压器 A 端→VT_1→RL→VD_3→变压器 B 端,$u_d=u_2$。

阶段 2($\pi\sim\pi+\alpha$)　在 $\omega t\geqslant\pi$ 后,u_2 进入负半周,变压器 A 端电位变"−",B 端电位变"+",因此二极管 VD_3 承受反向电压关断,VD_4 承受正向电压导通,VD_4 与 VD_3 自然换流。由于 VD_4 和 VD_3 换流时,VT_1 尚在导通中,有电流 i_d 从变压器 A 端→VT_1→RL→VD_4→A 端,使 $u_d=0$。在这阶段中是电感 L 经 VT_1 和 VD_4 释放储能。

阶段 3($\pi+\alpha\sim2\pi$)　在 $\omega t=\pi+\alpha$ 时,触发 VT_2,由于 VT_2 承受正向电压而导通,VT_2 导通使 VT_1 承受反向电压而关断,这时 i_d 的通路是:从变压器 B 端→VT_2→RL→VD_4→变压器 A 端,$u_d=u_2$。

阶段 4($2\pi\sim2\pi+\alpha$)　在 $\omega t\geqslant2\pi$ 后,u_2 又进入正半周,变压器 A 端电位变"+",B 端电位变"−",因此二极管 VD_3 与 VD_4 自然换流,由于 VT_2 还在导通中,因此 i_d 从 B 端→VT_2→RL→VD_3→B 端,$u_d=0$,电感 L 经 VT_2 和 VD_3 释放

储能。

经过上述过程,整流器输出电压波形如图 3.7(b)所示,u_d 波形与纯电阻负载时相同。在大电感负载时,电流脉动较小,i_d 波形可以视为水平直线(图 3.7(c))。

不加续流二极管 VD 的半控整流电路,在晶闸管触发正常时可以工作,但是一旦电路发生故障,应该被触发的晶闸管没有导通,则可能发生"失控现象"。例如:在上述阶段 3 中,若 VT$_2$ 未能被触发导通,则由于电感的续流,VT$_1$ 和 VD$_4$ 要继续导通下去,直到 $\omega t = 2\pi$ 后,u_2 进入正半周,VD$_3$ 和 VD$_4$ 自然换流,u_2 又经 VT$_1$ 和 VD$_3$ 对电感充电,到 $\omega t = 3\pi$ 后,VD$_4$ 和 VD$_3$ 又自然换流,电感又经 VT$_1$ 和 VD$_4$ 放电(VT$_1$ 因为没有断流,不需要触发而继续导通)。如此进行,即使 VT$_1$ 没有触发脉冲也始终导通不会关断,而 VD$_4$ 和 VD$_3$ 交替换流,发生这种情况,称为"失控现象"。

为了避免因为触发故障引起的失控现象,一般半控整流电路,在负载两端并联反向连接的续流二极管 VD(图 3.7(a))。并联续流二极管后,在 $\pi \sim \pi + \alpha$,$2\pi \sim 2\pi + \alpha$ 区间,电感 L 经 VD 续流,使通过晶闸管的电流为 0,晶闸管可以关断。在触发电路发生故障时,不再会出现晶闸管关不断的现象。连接续流二极管单相桥式半控整流电路的晶闸管和二极管电流波形如图 3.7(d)~(g)所示。

(2) 电路计算

带续流二极管的单相桥式半控整流电路输出电压波形与单相桥式全波整流电阻负载时相同,因此直流平均电压 U_d 的表达式也相同(式(3.13)),控制角移相范围为 180°。

从电流波形(图 3.7(d)~(g))可得,通过晶闸管 VT$_1$、VT$_4$ 和二极管 VD$_3$、VD$_4$ 的电流有效值为

$$I_{VT1,VT2} = I_{VD3,VD4} = \sqrt{\frac{\pi - \alpha}{2\pi}}\,I_d \tag{3.21}$$

通过续流二极管电流有效值为

$$I_{VD} = \sqrt{\frac{\alpha}{2\pi}}\,I_d \tag{3.22}$$

变压器副边电流有效值为

$$I_2 = \sqrt{\frac{\pi - \alpha}{\pi}}\,I_d \tag{3.23}$$

单相桥式半控整流电路的晶闸管和二极管还有另一种接法(图 3.8)。在这种连接中,两个晶闸管串联,且串联的 VD$_2$ 和 VD$_3$ 可以起到图 3.7 中续流二极管 VD 的作用。但是 VT$_1$ 和 VT$_4$ 的阴极没有公共接点,其触发电路需要互相隔离。

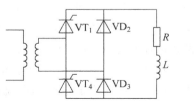

图 3.8 单相桥式半控整流第 2 种电路

3.1.4　单相全波可控整流电路

单相全波可控整流电路(图 3.9(a))是一种采用双输入电源的半桥式变流器(图 1.2),与单相桥式整流电路相比,它使用了副边带中心抽头的单相变压器,只需要 2 个晶闸管。单相全波可控整流电路相当于两个单相半波整流电路的并联,故也称单相双半波可控整流电路,其中晶闸管 VT_1 在电压 u_2 的正半波工作,VT_2 在电压 u_2 的负半波工作。

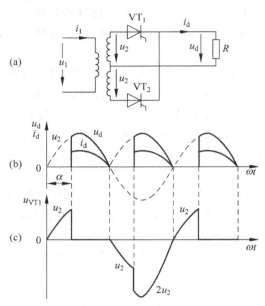

图 3.9　单相全波可控整流电路

单相全波可控整流电路的整流效果与单相桥式全控可控整流电路相同。图 3.9(b)是电阻负载时整流输出电压和电流的波形,在 VT_1 导通时,变压器副边上部绕组有正向电流通过,在 VT_2 导通时,变压器副边下部绕组有反向电流通过,因此变压器铁芯没有直流磁化现象。变压器原边电流波形也与单相桥式整流电路一样(图 3.5(e)和 3.6(d))。与单相桥式可控整流电路不同的是,在两个晶闸管都关断时,晶闸管承受副边电压 u_2,若有一个晶闸管导通,另一个晶闸管则要承受两倍的副边电压 $2u_2$(图 3.9(c)),在选择晶闸管时晶闸管的耐压要较高。

单相整流电路输出直流电压可以调节,且结构简单,使用元器件较少,但是输出功率小,并且输出电压和电流的脉动都较大,因此主要使用在小功率和对输出要求不高的场合。在大功率整流和对输出电压和电流平稳性要求较高的场合,应使用三相以及更多相的整流电路。

3.2 三相可控整流电路

三相整流电路比单相整流电路输出功率大,电压高,直流电压的脉动小,并且对三相电网的负荷分配平衡,因此广泛使用。本节主要介绍三相半波和三相桥式可控整流电路。对于更多相效果的整流电路,如双反星形整流电路,十二脉波整流电路等可以看作三相半波和三相桥式可控整流电路的并联,将在第 8 章变流电路的组合中介绍。

3.2.1 三相半波可控整流电路

在三相变压器副边三相绕组上,各串联一个晶闸管(图 3.10(a)),然后与负载连接即组成三相半波可控整流电路。图中三个晶闸管的阴极连接在一起,称为共阴极接法,也可以将三个晶闸管反向,将晶闸管的阳极连接在一起(图 3.12),称为共阳极接法。三相可控整流电路常使用△/丫型连接的三相变压器,变压器原边采用△型连接,可以避免 3 的整倍数次谐波电流流入电网,因为 3 的整倍数次谐波是同相位的,在△型连接的原边绕组中可以形成通路而不流入电网。变压器副边采用丫型连接是为取得公共零点,因此也可以称为三相零式整流电路。

1. 电阻负载

在分析三相整流电路时,首先要确定自然换流点,即 $\alpha=0°$ 的位置。晶闸管导通的原则是承受正向电压,因此共阴极接法时,三相电压中哪一相电压最高,该相晶闸管具备导通条件,在该相晶闸管导通后,其他两相的晶闸管会承受反向电压而关断。如图 3.10(b)所示,在 ωt_1 时,$u_a=u_c$,如果在 ωt_1 前有 VT_3 导通,在 ωt_1 后触发 VT_1,因为 $u_a > u_c$,VT_1 立即导通,而 VT_3 将受 u_{ac} 的反向电压关断,显然 ωt_1 是 VT_1 能被触发导通的最早时刻,故定义为 VT_1 管 $\alpha=0°$ 的位置。同理可以分别判定 VT_2 和 VT_3 管 $\alpha=0°$ 的位置。$\alpha=0°$ 的位置称为自然换流点是源于不控的二极管整流电路,如果将电路中的晶闸管换为二极管,则相邻二相的二极管在

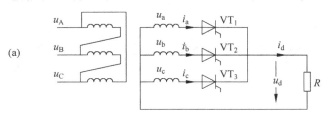

图 3.10 三相半波可控整流电路(电阻负载)

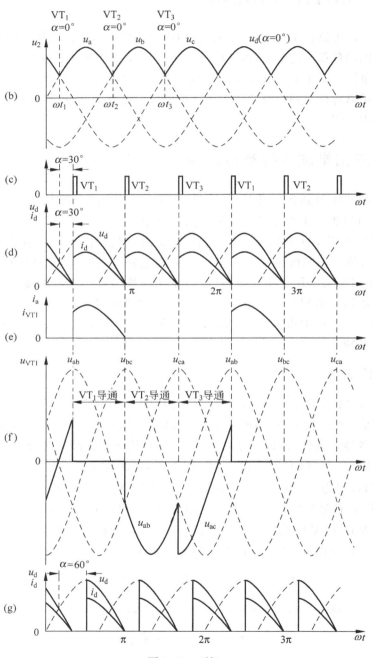

图 3.10　（续）

$\alpha=0°$的位置自动换流,故得名自然换流点。共阴极三相半波整流电路的自然换流点在相电压过零后的$30°$,也就是三相相电压在正半周的交点位置上。

1) $0°\leqslant\alpha\leqslant30°$

在$\alpha=0°$时,依次触发VT_1、VT_2和VT_3(3.10(c)),整流输出电压u_d波形如图3.10(b)所示,这相当于采用二极管三相半波不控整流电路的情况,u_d波形是电压u_a、u_b和u_c在正半周的包络线。整流电流$i_d=u_d/R$,三个晶闸管的触发间隔为$120°$,且各导通$120°(\theta=120°)$。

在$\alpha>0°$后,晶闸管的触发时刻后移,相应晶闸管的导通角减小,u_d包围的面积减小,整流器输出的直流平均电压将下降。并且后一个晶闸管触发导通,将迫使前一个晶闸管关断,例如VT_2导通后,因为$u_b>u_a$,VT_1将承受反向电压而关断,这是晶闸管整流电路属于电源换相的原因。

在$\alpha=30°$时,u_d和i_d波形如图3.10(d)所示,显然这是u_d和i_d波形连续的临界状态。图3.10(e)是晶闸管VT_1和变压器副边a相的电流,通过晶闸管和变压器副边的电流是单向的脉动电流,含有直流分量和交流分量。VT_1承受的电压波形如图3.10(f)所示,在VT_1导通时$u_{VT1}=0$,在VT_2导通时$u_{VT1}=u_a-u_b=u_{ab}$,在VT_3导通时$u_{VT1}=u_a-u_c=u_{ac}$,因此晶闸管承受的最高反向电压为电源线电压的峰值,在选择晶闸管额定电压时,要按线电压U_{2l}的峰值$U_{2lm}=\sqrt{2}U_{2l}=\sqrt{6}U_2$计算。

2) $30°<\alpha\leqslant150°$

在$30°<\alpha\leqslant150°$范围内,随着导通一相的相电压u_2下降过零,该相晶闸管关断,u_d和i_d波形将出现断续,直到下一相的晶闸管触发导通。图3.10(g)是$\alpha=60°$电流断续时的整流电压和电流波形。

3) 参数计算

整流输出平均电压:

$0°\leqslant\alpha\leqslant30°$,电流连续时

$$U_d = \frac{3}{2\pi}\int_{\frac{\pi}{6}+\alpha}^{\frac{5\pi}{6}+\alpha}\sqrt{2}U_2\sin\omega t\,d(\omega t) = \frac{3\sqrt{6}}{2\pi}U_2\cos\alpha$$
$$= 1.17U_2\cos\alpha \tag{3.24}$$

$30°<\alpha\leqslant150°$,电流断续时

$$U_d = \frac{3}{2\pi}\int_{\frac{\pi}{6}+\alpha}^{\pi}\sqrt{2}U_2\sin\omega t\,d(\omega t) = \frac{3\sqrt{2}}{2\pi}U_2\left[1+\cos\left(\frac{\pi}{6}+\alpha\right)\right]$$
$$= 1.17U_2\frac{1+\cos\left(\frac{\pi}{6}+\alpha\right)}{2} \tag{3.25}$$

通过式(3.24)和式(3.25)可得,在$\alpha=0°$时,U_d最高,$U_d=U_{d0}=1.17U_2$,$\alpha=150°$时,$U_d=0$,电阻性负载时晶闸管的移相范围为$150°$。

整流输出平均电流:

$$I_d = \frac{U_d}{R} \tag{3.26}$$

通过晶闸管电流有效值和变压器副边电流：在 $\alpha = 0°$ 时，通过晶闸管的电流最大，因此

$$I_{VTm} = I_2 = 0.586 I_d \tag{3.27}$$

2. 电阻电感负载

三相半波整流电路在阻感负载时与纯电阻负载时的不同在于 $\alpha > 30°$ 的工作情况。在电阻负载时，$\alpha > 30°$ 晶闸管的导通角已经小于 $120°$，因此负载电压和电流出现断续。而阻感负载时，由于电感的续流作用，使导通角增加，只要导通角达到 $120°$，前后导通的晶闸管电流就能连接起来，使负载电流连续。并且三相半波整流电路在一周期中是三个晶闸管依次导通，比单相整流电路的电流更容易连续，因此在多相整流电路中，主要只讨论电感较大，电流连续的情况。

1) $0° \leqslant \alpha \leqslant 30°$

在 $\alpha \leqslant 30°$ 时，三相半波整流电路整流输出电压的波形与电阻负载时相同（图 3.10(d)），这时后面触发导通的晶闸管，使前一个晶闸管承受反向电压关断。因为负载电流连续且波动不大，可以近似为稳定不变的直流 I_d。

2) $30° < \alpha \leqslant 90°$

在 $\alpha > 30°$ 后，在 $u_2 = 0$ 时由于电感的续流作用，原导通的晶闸管要在电感电动势的作用下继续导通，电感较大时晶闸管的导通就延续到下一个晶闸管的触发时刻，因此整流电压 u_d 随 u_2 的变化出现负值。图 3.11(b) 是 $\alpha = 60°$ 时的 u_d 波形，并且随着 α 的继续增加，u_d 负值的面积将随之增加。在 $\alpha = 90°$ 时 u_d 波形的正负面积相等，整流输出平均电压 $U_d = 0$。因此三相半波整流电路在阻感负载时，控制角的移相范围是 $90°$。

在大电感负载时，整流器输出电压波形连续，其平均值计算与电阻负载电流连续时的计算式 (3.24) 相同，即

$$U_d = 1.17 U_2 \cos\alpha \quad 0 \leqslant \alpha \leqslant 90° \tag{3.28}$$

由于负载电流连续，三个晶闸管依次导通，因此通过晶闸管和变压器副边绕组的电流是宽为 $120°$ 的矩形波（图 3.10(d)~(f)）。所以

$$I_d = \frac{U_d}{R} \tag{3.29}$$

$$I_2 = I_{VT} = \frac{1}{\sqrt{3}} I_d \tag{3.30}$$

3. 三相半波整流电路的共阳极接法

三相半波整流电路的共阳极接法电路如图 3.12(a) 所示，该电路与共阴极电路的不同在于：晶闸管的阴极与变压器副边绕组连接，因此它在副边电压 u_2 的负

半周工作,相应的自然换流点也在三相电压负半周的交点位置上(图 3.12(b))。图中给出了 $\alpha = 30°$ 时的 u_d、i_d 波形,其电阻负载或阻感负载的换流工作情况与共阴极电路相同,读者可以自行分析。

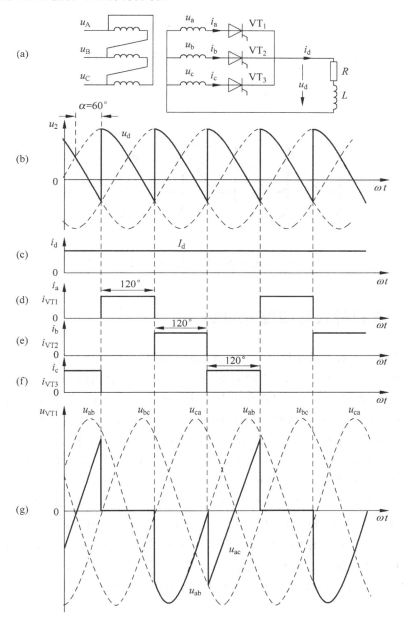

图 3.11　三相半波可控整流电路(阻感负载)

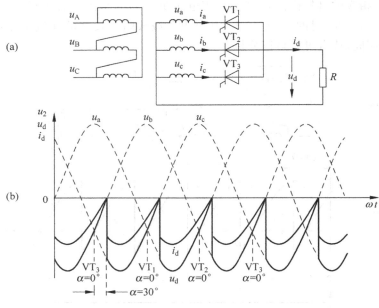

图 3.12　三相半波可控整流电路(共阳极连接)

3.2.2　三相桥式可控整流电路

　　三相桥式可控整流电路是六个晶闸管组成的开关变流电路(图 3.13(a))。该电路既可以看作在单相桥的基础上增加了一相桥臂(单相桥如果电源使用线电压,则可以视为二相),也可以看作由两组共阴极连接和共阳极连接的三相半波电路串联组成,因此三相桥式可控整流电路兼有单相桥和三相半波电路的特点。

　　(1)三相桥有上下两组桥臂,因此它既可以在电源电压的正半周工作,也可以在电源电压的负半周工作,这与单相桥相同,并且由于晶闸管的单向导电性能,通过负载的电流是单方向的直流电。

　　(2)三相桥相当于两个三相半波电路的串联,因此上桥臂共阴极连接的三个晶闸管 VT_1、VT_3 和 VT_5 相隔 120°依次导通,下桥臂共阳极连接的三个晶闸管 VT_4、VT_6 和 VT_2 相隔 120°依次导通。其换流原理与三相半波电路相同。因为同相上下两个晶闸管的触发间隔为 180°,因此六个晶闸管的导通顺序为 $VT_1 \rightarrow VT_2 \rightarrow VT_3 \rightarrow VT_4 \rightarrow VT_5 \rightarrow VT_6 \rightarrow VT_1$,这称为顺相序触发,并两次触发脉冲的间隔为 60°。

　　(3)三相桥必须上桥臂和下桥臂各有一个晶闸管同时导通,并且上桥臂和下桥臂的晶闸管必须在不同相上才可能形成电源和负载之间的电流通路。例如上桥臂 VT_1 导通时,必须有 VT_2(或 VT_6)导通,才可能有电流自变压器 A 端

经 VT_1→负载→VT_2(或 VT_6)→变压器 C 端(或 B 端),因此在这两个晶闸管导通时,负载两端的电压等于电源的线电压 u_{ac}(或 u_{ab}),所以三相桥式整流电路的输出电压波形一般在电源线电压的基础上进行分析。

(4)由于三相桥式可控整流电路是两个三相半波整流电路的组合,其换流原理与三相半波整流电路相同,因此三相桥式可控整流电路的自然换流点与三相半

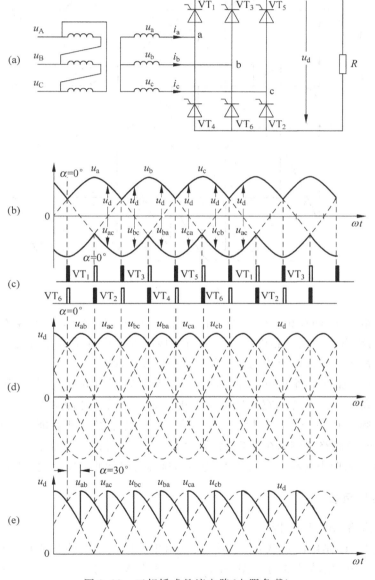

图 3.13 三相桥式整流电路(电阻负载)

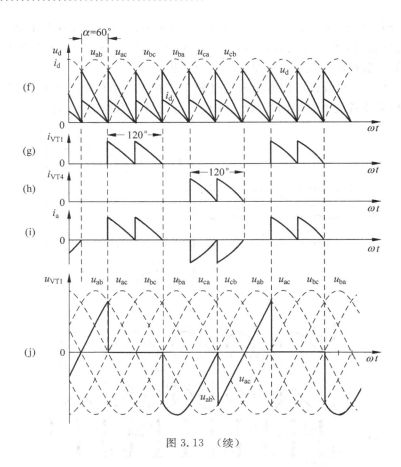

图 3.13　(续)

波整流电路一样,即在相电压过零后的 30°位置上(图 3.13(b))。如果在线电压上
分析,因为线电压领先于相电压 30°,则自然换流点在线电压过零后的 60°位置上,
也就是六相线电压在正半周的交点位置上(图 3.13(d))。

　　(5) 为了保证上桥臂和下桥臂各有一个晶闸管同时导通,晶闸管触发的脉冲
宽度必须大于 60°,这称为宽脉冲触发方式。如果使用窄脉冲触发时,必须同时给
上一号晶闸管补一个脉冲,以保证上一号晶闸管若已经关断后能再次触发导通,
以形成电流的通路。例如在 VT_1 后,触发 VT_2 时,同时再给 VT_1 补一个脉冲,也就
是 VT_1 在一周期中被触发二次,间隔为 60°,这称为双脉冲触发方式(图 3.13(c))。

1. 电阻负载

1) 整流输出电压分析

　　图 3.13(b)是电阻负载 $\alpha=0°$ 时,在三相相电压基础上的整流输出电压波形。
图 3.12(c)是触发脉冲的时序图,在 $\alpha=0°$ 时触发 VT_1,同时给 VT_6 补一个脉冲,
VT_1、VT_6 同时导通,$u_d=u_a-u_b=u_{ab}$。60°后触发 VT_2,同时给 VT_1 补一个脉冲

（双脉冲触发方式）。因为这时 c 点电位低于 b 点，VT_2 触发导通后，VT_6 承受反向电压关断，VT_2 与 VT_6 换流，在 VT_1 和 VT_2 导通时，负载 R 两端电压 $u_d = u_a - u_c = u_{ac}$。在 VT_3 触发（同时给 VT_2 补一个脉冲）后，由于 $u_b > u_a$，b 点电位高于 a 点，因此触发 VT_3 导通后，VT_1 承受反向电压关断，VT_3 和 VT_1 换流，VT_3 和 VT_2 同时导通，整流电压 $u_d = u_b - u_c = u_{bc}$。在 VT_4 触发（同时给 VT_3 补一个脉冲）后，由于 u_a 和 u_c 都是负值，且 u_a 更负于 u_c，因此 VT_2 承受反向电压关断，VT_4 和 VT_2 换流，VT_3 和 VT_4 同时导通，整流电压 $u_d = u_b - u_a = u_{ba}$。依次类推，可以画出以相电压表示的整流输出电压波形（图 3.13（b）），u_d 波形是三相相电压上下包络线之间的距离。显然以这种方式分析整流电压是不方便的，因此三相桥式整流电路一般在线电压基础上分析整流输出电压（图 3.12（d））。从线电压上的 u_d 波形可以看到，u_d 波形作周期性波动，一周期共有 6 个波头，三相半波整流电路，一个周期只有 3 个波头，因此三相桥式整流电路的整流输出电压的波动更小。

$\alpha = 30°$ 和 $\alpha = 60°$ 的 u_d 波形如图 3.13（e）、（f），图中标出了线电压的相序，六相线电压在正半周的交点是 $\alpha = 0°$ 的位置。对线电压 u_{ab} 而言，下标 a 在前，b 在后，表明相电压 $u_a > u_b$，触发后应是 a 相上桥臂的 VT_1 导通，和 b 相下桥臂的 VT_6 同时导通，$u_d = u_{ab}$。同理对线电压 u_{ac} 而言，下标 a 在 c 之前，表明 $u_a > u_c$，触发后应是 a 相上桥臂的 VT_1 和 c 相下桥臂的 VT_2 同时导通，$u_d = u_{ac}$，如此进行可以在线电压上画出 u_d 波形。并且从波形可以看到，随着控制角 α 增大，波形的锯齿形缺口越来越大，整流平均电压 U_d 将减小。从图 3.12（f）也可以看出，若 $\alpha = 120°$ 则 $u_d = 0$，其平均值 U_d 也为 0，所以三相桥在电阻负载时控制角的移相范围是 120°。

2）整流输出电流分析

因为负载电流 $i_d = u_d/R$，从图 3.13（f）可以看到，随着控制角 $\alpha > 60°$，在 u_d 波形下降为 0 时，i_d 也下降为 0，导通的两个晶闸管将关断，所以在 $\alpha > 60°$ 后，整流电压、电流波形是断续的。因此在再次触发时，必须同时触发不同相上的相邻序号的两个晶闸管才能形成电流回路，双脉冲触发在电流断续时发挥了作用。

图 3.12（g）、（h）分别是 $\alpha = 60°$ 时，通过晶闸管 VT_1 和 VT_4 的电流波形，图 3.12（i）是通过变压器副边 a 相的电流波形，在晶闸管 VT_1 导通时，变压器 a 相有正向电流通过，在 VT_4 导通时，a 相有反向电流通过，因此 a 相电流是正负对称的交流电，其他两相的电流情况相同，不同的仅是相位互差 120°。

3）晶闸管承受的电压

图 3.13（j）是晶闸管 VT_1 承受电压的波形，在 VT_1 导通时，$u_{VT1} = 0$，在 VT_3 导通时，$u_{VT1} = u_{ab}$，在 VT_5 导通时，$u_{VT1} = u_{ac}$，这与三相半波电路时相同，晶闸管承受的最高反向电压为 $\sqrt{2} U_{2l} = \sqrt{6} U_2$。

4）整流输出平均电压和电流

因为三相桥式电路相当于两个三相半波电路的串联，因此，在电阻负载电流连续时，三相桥式电路整流平均电压是三相半波电路的一倍。

$$U_d = 2 \times 1.17 U_2 \cos\alpha = 2.34 U_2 \cos\alpha \qquad (3.31)$$

$$0° \leqslant \alpha \leqslant 60°$$

$$I_{\mathrm{d}} = \frac{U_{\mathrm{d}}}{R} \tag{3.32}$$

在 $60° < \alpha \leqslant 120°$ 时电流断续,应根据波形计算整流输出电压和电流的平均值(略)。

2. 阻感负载(电流连续时)

三相桥式整流电路输出电压一周期有 6 个波头,在阻感负载时,电流很容易连续,因此只研究电流连续的情况。在 $0° \leqslant \alpha \leqslant 60°$ 时,整流电压的波形与电阻负载时相同(图 3.13(d)、(e)、(f)),输出电流 i_{d} 脉动很小可以视为恒定不变的直流电 I_{d}。图 3.14 是 $\alpha = 30°$ 时的电压电流波形。

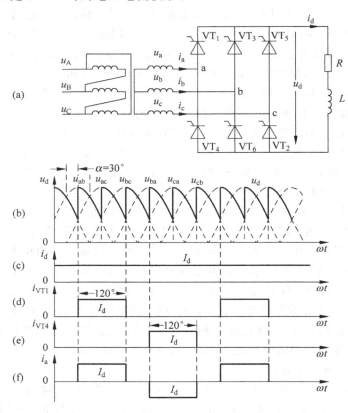

图 3.14　三相桥式整流电路(阻感负载 1)

在 $\alpha > 60°$ 后,由于电感的续流作用,u_{d} 波形要出现负值,但电压波形连续。图 3.15(a)是 $\alpha = 90°$ 时的电压波形,这时 u_{d} 波形正负半周面积相同,直流平均电压 $U_{\mathrm{d}} = 0$,因此大电感负载时,控制角的移相范围为 $90°$。图 3.15(b)是 VT_1 承受的电压波形。

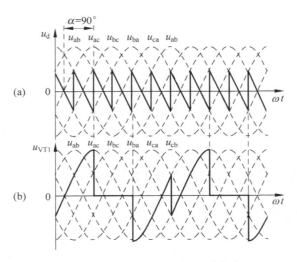

图 3.15　三相桥式整流电路(阻感负载 2)

电路计算：因为三相桥式整流电路电感负载电压、电流波形连续，所以 U_d 和 I_d 计算同式(3.31)和式(3.32)。但是因为每个晶闸管导通 $120°$，所以

$$I_{VT} = \frac{1}{\sqrt{3}} I_d \qquad (3.33)$$

$$I_2 = \sqrt{2}\, I_{VT} = \sqrt{\frac{2}{3}}\, I_d \qquad (3.34)$$

3. 谐波和功率因数

1）整流电路的谐波

从单相和三相整流电路的分析可以看到，整流电路变压器原、副边的电流(i_1 或 i_2)都不是正弦波，含有 $50\,Hz$ 的基波和 $3、5、7、11、13\cdots$ 等次的谐波。整流电路直流侧的电压波形不是平直的直流，电阻负载的电流也不是平直的直流，含有谐波成分。无论电压或电流的谐波都将对电源和负载产生影响。

2）整流电路的功率因数

以三相桥式电路 RL 负载为例(图 3.14)

负载平均功率(有功功率)

$$P_d = R I_d^2 = U_d I_d = \frac{3\sqrt{6}}{\pi} U_2 \cos\alpha \times I_d \qquad (3.35)$$

整流器输入视在功率

$$S = 3 U_2 I_2 = 3 \times U_2 \times \sqrt{\frac{2}{3}}\, I_d \qquad (3.36)$$

整流器功率因数

$$\lambda = \frac{P_{\mathrm{d}}}{S} = \frac{3}{\pi}\cos\alpha = 0.96\cos\alpha \tag{3.37}$$

从式(3.37)可以看到,整流器功率因数与控制角 α 有关,式中的 0.96 是 RL 负载整流器输出电流的谐波因数。即使在纯电阻 $\alpha = 0$ 时,整流器的功率因数也不是 1,因为有电流谐波存在,仅有单相桥式整流纯电阻负载 $\alpha = 0$ 时例外。尤其在整流器深控状态(α 较大),整流器的功率因数很低。

关于整流电路和其他变流电路的功率因数和谐波,在第 9 章作进一步介绍。

3.3　不控整流电路和电容性负载

在可控整流电路中,可以通过控制角控制和调节直流电压,在许多交流-直流的变换中,不需要调节电压,因此可以使用不控整流电路。不控整流电路因为不需要触发装置,电路结构简单,应用也很广泛。在前述的单相和三相可控整流电路中,以二极管替代晶闸管,即组成单相或三相的不控整流电路。

在电阻或阻感负载时,不控整流电路的工作情况,相当于可控整流电路 $\alpha = 0°$ 时的状态,因此可以看作为可控整流的特例,这里不再赘述。但是随着现代交-直-交变频装置的大量使用,其交流-直流变换环节,经常使用不控整流器,并且为了使输出直流电压更平稳,在直流侧采用大电容滤波,因此本节主要研究不控整流电路带电容性负载时的工作情况。

3.3.1　带电容滤波的单相不控整流电路

不控单相桥式整流器带电容滤波的电路如图 3.16(a),可以建立不控整流器输出侧的电路方程:

$$u_{\mathrm{d}} = U_{C0} + \frac{1}{C}\int_0^t i_C \,\mathrm{d}t \tag{3.38}$$

$$i_C = C\frac{\mathrm{d}u_{\mathrm{d}}}{\mathrm{d}t} \tag{3.39}$$

$$i_R = \frac{u_{\mathrm{d}}}{R} \tag{3.40}$$

在不考虑等效负载时(或者负载开路),电路是单纯的不控单相桥为电容充电,在整流器二极管(VD_1、VD_3 或 VD_2、VD_4)导通时,整流器输出电压为

$$u_{\mathrm{d}} = u_C = u_2 = \sqrt{2}U_2\sin(\omega t + \delta) \tag{3.41}$$

δ 为初相角。如果设 $\delta = 0°$,电容初始电压 $U_{C0} = 0$,解上述方程得

$$i_C = \sqrt{2}\,\omega C R U_2\cos\omega t \tag{3.42}$$

由于电容是在零状态起动,因此在 $\omega t = 0°$ 时,电容充电电流最大 $I_{Cm} = \sqrt{2}\,\omega C R U_2$,随电容电压的提高,电容充电电流减小,到 $\omega t = 90°$ 时,电容电压达到最

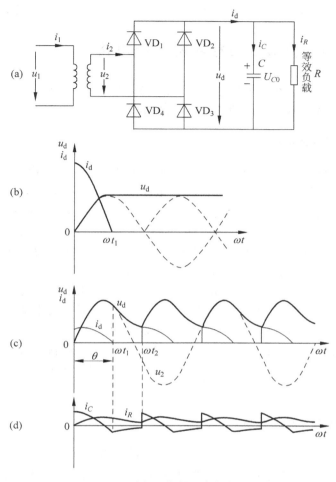

图 3.16 单相不控桥电容负载电路

高值 $u_C = u_d = U_{2m} = \sqrt{2}U_2$，且 $i_d = i_C = 0$，二极管截止，由于电容没有放电回路，在 $\omega t > 90°$ 后，电容电压将保持最高值 $\sqrt{2}U_2$（图 3.16(b)）。

如果电路带负载起动，则不控整流桥在给电容充电的同时也给等效负载 R 提供电流（图 3.16(c)），电容充电的最大电流显著减小，并且在 ωt_1 时，由于 $u_2 < u_C$，整流桥二极管截止，由电容单独向负载提供电流，电容电压下降，下降速度取决于电阻 R 大小。到 ωt_2 时，由于 $u_2 > u_C$，整流桥再次导通，并向电容和负载提供电流，电容再次充电，u_d 同时提高，且 $u_d = u_C = u_2$，图 3.15(d) 是电容和等效负载的电流波形。在这过程中，整流桥二极管的导通角 θ 随电容和负载的参数而变化，负载越大（R 较小），在 $\omega t_1 \sim \omega t_2$ 期间电容向负载提供的电流越大，电容放电很快，电容电压下降很快，u_C 越接近 u_2，二极管导通角 θ 也越大，u_d 的波动也越大。如果等效负载中还含有一定电感，则滤波电容 C 和 RL 组成了一个振荡回路，工作情况将更复杂,但总的来说接上滤波电容 C 后,输出电压 u_d 的变化将趋平缓。

3.3.2　带电容滤波的三相不控整流电路

三相不控桥式整流电路带电容滤波的电路如图 3.17(a)所示,该电路有整流器输出电流 i_d 连续和断续两种情况,下面分别介绍。

1. 整流器输出电流断续

在整流器负载较轻时(相当于等效电阻 R 较大),整流器输出电流 i_d 断续。在 ωt_1 时,电源线电压开始大于电容器两端电压 $u_{ab} > u_C = u_d$,二极管 VD_1、VD_6 导通,电容充电,电容器电压跟随电源电压变化 $u_C = u_d = u_{ab}$,不控整流器的输出电流 i_d 包含电容充电电流 i_C 和负载电流 i_R 两部分。到 ωt_2 时,由于负载较轻,电容电压 $u_C = u_d$ 的下降速度小于 u_{ab} 的下降速度,因此 $u_C = u_d > u_{ab}$,使 VD_1 和 VD_6 承受反向电压关断,这时由电容放电维持负载 R 的电流(图 3.17(d)),直到下一次 VD_1 和 VD_2 导通的区间。从图 3.17(c)可见整流器输出电流 i_d 是断续的,电容电流 i_C 的正半周是电容充电,负半周是电容放电。轻载时负载电流 i_R 的波动很小(图 3.17(d)),图 3.17(e)~(g)是电源三相的电流波形。由于三相桥式整流电路,整流器输出电压一周期有六个波头,因此 $u_C = u_d$ 的波动较小,在轻载时,电容电压 u_C 的波动程度取决于负载大小,负载大 u_C 波动大,负载小波动小,如果是空载,$U_d = u_{Cm} = \sqrt{2} \times \sqrt{3} U_2 = \sqrt{6} U_2$。

2. 整流器输出电流连续

如果整流器负载较大(R 较小),则在电容的放电区间,i_C 较大,电容两端电压下降较快,二极管的导通角 θ 增加,当 θ 达到 $60°$ 时,电流 i_d 就连续起来。这时整流器输出电压波形是六相线电压在正半周的包络线(图 3.18(a))。而整流器输出

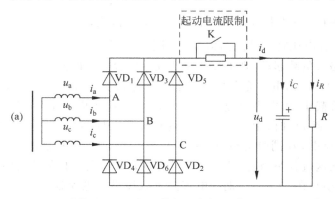

图 3.17　三相不控桥电容负载(轻载)

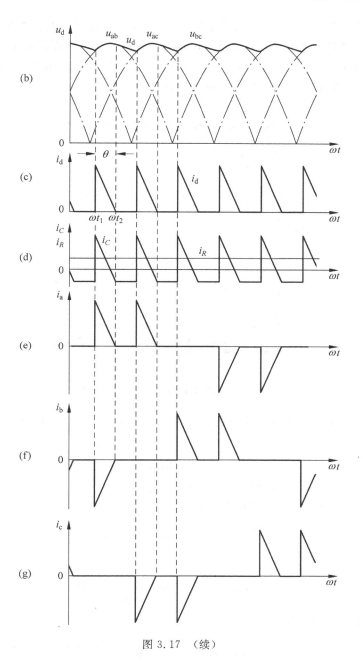

图 3.17 （续）

电流 i_d 包含电容充电电流和负载电流两部分；电容在每一个导通区间,在电源线电压达到峰值之前,电容充电,在电源线电压达到峰值之后,电容按指数规律放电,与电源共同向负载提供电流（图 3.18(c)）。如果整流装置是在电容初始电压为 0 的状态起动,在起动瞬间电容的充电电流很大（图 3.18(b)）,可以达到稳态电流的数倍乃至数十倍,可能造成整流器损坏。该起动电流与电容大小、起动时电源电压和负载都有关,为了限制过大的起动电流,一般在整流器输出端串电阻或电感来限制起动电流(图 3.17(a)),并且在起动完毕后,闭合电阻上的并联开关 K,短接电阻,避免在正常运行时电阻消耗过多的电能。

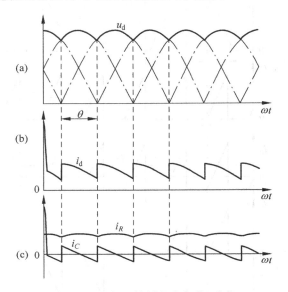

图 3.18　三相不控桥电容负载(重载)

整流器输出电流连续与断续的临界点是导通角 $\theta = 60°$,如果设二极管导通时电源线电压为

$$u_{21} = \sqrt{6}U_2 \sin(\omega t + \delta)$$

式中:U_2——交流电源相电压;δ——初相角。

在整流器二极管导通期间,电容充电电流

$$i_C = C\frac{\mathrm{d}u_C}{\mathrm{d}t} = C\frac{\mathrm{d}u_{21}}{\mathrm{d}t} = \sqrt{6}U_2\omega C\cos(\omega t + \delta) \tag{3.43}$$

负载电流

$$i_R = \frac{u_{\mathrm{d}}}{R} = \frac{u_{21}}{R} = \frac{\sqrt{6}U_2\sin(\omega t + \delta)}{R} \tag{3.44}$$

则不控整流器输出电流

$$i_{\mathrm{d}} = i_C + i_R = \sqrt{6}U_2\omega C\cos(\omega t + \delta) + \frac{\sqrt{6}U_2\sin(\omega t + \delta)}{R} \tag{3.45}$$

在 $\omega t = \theta$ 时整流器二极管截止关断,$i_{\mathrm{d}} = 0$,将此条件代入式(3.45),可得导通角与电路参数的关系为

$$\tan(\theta + \delta) = -\omega RC$$
$$\theta = \pi - \delta - \arctan(\omega RC) \tag{3.46}$$

设 $\delta=\dfrac{\pi}{3}$，在电流连续时 $\theta=\dfrac{\pi}{3}$，代入式(3.46)，可得三相不控桥式整流电容滤波时，电流连续的临界条件为

$$\omega RC = \sqrt{3} \tag{3.47}$$

在 $\omega RC<\sqrt{3}$ 电流连续时，整流器输出的直流电压波形是线电压的包络线，其平均值就是三相桥式不控整流器的输出电压：$U_{d}=U_{C}=2.34U_{2}$。根据式(3.47)，可按等效负载 R 选择滤波电容的值。在空载时($R=\infty$)，整流输出电压为线电压的峰值 $U_{dm}=U_{Cm}=\sqrt{6}\,U_{2}=2.45U_{2}$，在负载变化时，整流输出电压在 $2.34U_{2}$ 和 $2.45U_{2}$ 间变化，电压的波动不大，有较好的整流特性，因此带电容滤波的三相不控整流电路得到广泛应用。

3.4　整流电路反电动势负载

整流电路连接蓄电池和直流电动机的电枢这类负载时(图 3.19)，一般蓄电池和电动机的电动势 E 与整流器输出电流方向相反，故称为反电动势负载。在考虑负载的内阻 R 时，也称为 $R\text{-}E$ 负载。对直流电动机电枢，在考虑电枢电阻同时，往往需要考虑电枢回路的电感，所以称为 $R\text{-}L\text{-}E$ 负载。为反电动势负载供电的整流电路可以是全控、半控或不控的整流电路，下面主要对常见的由全控桥式整流电路供电的反电动势负载进行分析。

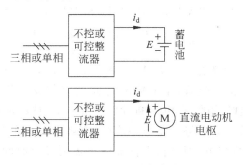

图 3.19　反电动势负载

3.4.1　$R\text{-}E$ 负载

由晶闸管单相全控桥式整流电路供电的 $R\text{-}E$ 负载电路如图 3.20(a)。由于在负载回路存在反电动势 E，晶闸管的导通就受到反电动势 E 的影响。在 $\omega t\leqslant\delta$ 之前(图 3.20(b))，因为 $u_{2}\leqslant E$，触发 VT_{1} 和 VT_{3} 时，VT_{1} 和 VT_{3} 受反向电压($u_{VT}=E-u_{2}$)，晶闸管不能导通；只有在 $u_{2}>E$ 后，触发 VT_{1} 和 VT_{3}，VT_{1} 和 VT_{3} 才能导通，因此晶闸管控制角应大于 δ。

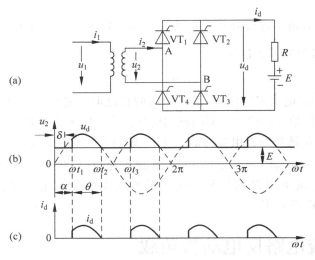

图 3.20　单相桥反电动势负载

由

$$\sqrt{2}U_2\sin\delta = E$$

所以

$$\delta = \arcsin\frac{E}{\sqrt{2}U_2} \tag{3.48}$$

设在 ωt_1 时触发 VT$_1$ 和 VT$_3$($\alpha \geqslant \delta$),VT$_1$ 和 VT$_3$ 导通,则 $u_d = u_2 = \sqrt{2}U_2\sin\omega t$,

$$i_d = \frac{u_d - E}{R} = \frac{\sqrt{2}U_2\sin\omega t - E}{R} \tag{3.49}$$

到 $\omega t \geqslant \omega t_2$ 时,因为又有 $u_2 \leqslant E$,VT$_1$ 和 VT$_3$ 关断,$u_d = E$,$i_d = 0$。在 ωt_3 后,触发 VT$_2$ 和 VT$_4$,重复前述过程,整流输出电压、电流波形如图 3.20(b)和(c)所示。整流输出电流波形是断续的,在电流断续区间 $u_d = E$,整流输出平均电压将较纯电阻负载时提高。如果反电动势是蓄电池充电,则随着充电的进行反电动势 E 逐步提高,充电电流也不断减小,因此蓄电池充满电需要较长时间。

3.4.2　R-L-E 负载

1. 电感较小,负载电流不连续时

如果在反电动势负载回路中包含了电感,由于电感电势的作用,使负载回路的电流不能突变,电感电势的作用使晶闸管的导通时间延长,导通角 θ 较纯电阻负载时增加,但是如果电感较小,电流 i_d 仍是断续的。图 3.21 是三相半波整流电路带 RLE 负载,电感较小负载电流不连续时的波形。在电流不连续时,控制角必须大于 δ,晶闸管才能正常触发导通。对三相半波整流电路,由

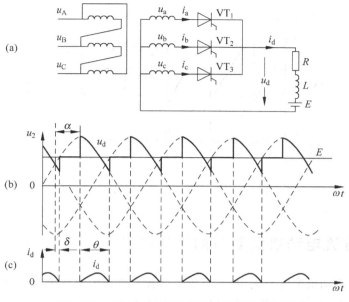

图 3.21 三相半波整流 RLE 负载(电感较小)

$$\sqrt{2}U_2\sin\left(\frac{\pi}{6}+\delta\right)=E$$

得

$$\delta=\arcsin\frac{E}{\sqrt{2}U_2}-\frac{\pi}{6} \qquad (3.50)$$

从图 3.21(b)的 u_d 波形可以看到,在 $u_d>E$ 时是电源向 R-L-E 负载提供电流,在 $u_d<E$ 时是电感释放储能,维持晶闸管继续导通,并向电阻 R 和反电势 E 提供电流,在电感续流期间 $u_d=u_2<E$。在续流结束晶闸管关断后 $u_d=E$。

2. 电感较大,负载电流连续时

在 R-L-E 负载电路中,如果电感 L 加大,则电感续流的区间将增加,晶闸管的导通角也增加,当导通角达到 120°时(对三相半波和三相桥式整流电路),电流 i_d 就连续起来,i_d 的脉动显著减小。如果电感足够大,则整流输出电压 u_d 的波形与 RL 大电感负载时的波形相同(图 3.22(a)),整流输出电流 i_d 的波形脉动很小近似为水平直线 I_d(图 3.22(b)),并且 u_d 和 i_d 波形都是连续的。但是整流输出电流平均值 $I_d=\frac{U_d-E}{R}$,α 的移相范围为 90°,其整流输出平均电压 U_d 的计算也与 R-L 大电感负载时相同,对单相桥,三相半波和三相桥整流电路分别为式(3.16)、式(3.28)和式(3.31),晶闸管电流有效值和变压器电流的计算也相同。R-L-E 负载电路,尽管电感较大,在反电动势 E 较高时,电流仍可能断续,因为 E 较高时,$u_d>E$ 的区间很小,电感的储能不足,由此电感续流的区间也减小,晶闸管导通角减小,在 $\theta < 120°$ 后 i_d 断续。

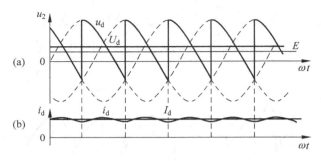

图 3.22　三相半波整流 $R\text{-}L\text{-}E$ 负载(电感较大)

3.4.3　直流电动机负载时的工作特性

在直流电动机调速系统中,常采用晶闸管整流器为直流电动机电枢供电的调压调速的方案,直流电动机电枢是典型的 RLE 负载,由此它的工作也有电枢电流连续和断续两种情况,下面分别讨论。

1. 电枢电流连续时直流电动机的机械特性

图 3.23 是晶闸管-直流电动机电枢调压调速系统的主电路,电路采用三相可控桥式整流电路调节电动机电枢电压。图中 R_Σ 包含了电动机电枢电阻 R_a、电感的电阻 R_L 和整流器内阻 R_n 等,$R_\Sigma = R_a + R_L + R_n$;$L_\Sigma$ 包含了电动机电枢电感 L_a,以及为使电路具有大电感特性而增加的平波电抗器电感量 L_P 等,$L_\Sigma = L_a + L_P$;E 为电动机的旋转电动势。由于电路增加了平波电抗器的电感,使电枢电流 i_d 很容易连续,并且 i_d 基本上是一条水平直线,由此在电动机转速稳定时,电感电动势 $e_L = -L \dfrac{\mathrm{d}i_d}{\mathrm{d}t} = 0$,据此可以列出该系统直流回路的稳态电压方程

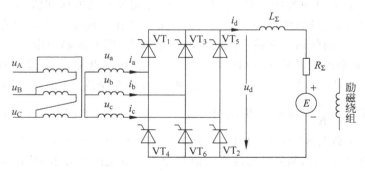

图 3.23　直流调速系统主电路

$$U_d = R_{\Sigma} i_d + E \tag{3.51}$$

式中：$U_d = U_{d0}\cos\alpha$，$E = C_e n$。其中：U_{d0}——整流器输出电压系数，为 $\alpha = 0°$ 时整流器的输出电压，如三相桥 $U_{d0} = 2.34 U_2$；$C_e = K_e\phi$，K_e——电势常数，ϕ——电动机每极下磁通量；n——电动机转速。

将 U_d 和 E 关系式代入方程式(3.51)，整理后可得电动机在电流连续时的机械特性

$$n = \frac{U_{d0}\cos\alpha}{C_e} - \frac{R_{\Sigma} I_d}{C_e} = n_0 - \Delta n \tag{3.52}$$

式中：$n_0 = \dfrac{U_{d0}\cos\alpha}{C_e}$，为假设电动机空载时，电流还能连续的空载转速；$\Delta n = \dfrac{R_{\Sigma} I_d}{C_e}$，为电动机带负载时的转速降。

根据式(3.52)，可以画出电流连续时，不同控制角的电动机机械特性如图 3.24 所示。在电流连续时，如果负载不变，调节控制角 α，可以得到不同的转速，实现电动机调速。如果保持控制角不变，随着负载的增加，转速要下降，但是在电流连续时，转速降不大，因此直流电动机调电枢电压调速，电动机有较硬的机械特性。

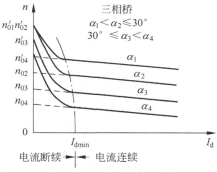

图 3.24　直流调速系统机械特性

2. 电枢电流断续时直流电动机的机械特性

1) 电枢电流断续时电动机的机械特性的特点

从电流连续时电动机的机械特性可以看到，在控制角不变的情况下，减小负载，电动机的转速将增加，电枢电动势 E 也随之提高。如果 E 抬高到一定值，电感储能的时间减小，电感的续流能力也减小，这时晶闸管的导通角 θ 可能小于 $120°$，使电流 i_d 出现断续现象。在电流断续的区间里，$i_d = 0$，$u_d = E$，因此这时的整流平均电压 $U_d' > U_d$（U_d 按电流连续计算的整流平均电压），相应电动机的转速 n' 也要较按电流连续计算时的 n 提高，使电动机机械特性偏离了原来的直线，出现上翘，呈现非线性(图 3.24)。且负载越小，电流断续时间越长，U_d' 越大，n' 也越高。

2) 电流断续后的理想空载转速

如果电动机由三相半波整流电路供电，在 $\alpha \leqslant 60°$ 时，若电枢电势 $E < \sqrt{2} U_2$（电源电压峰值），则在晶闸管触发后都会产生电流，如果电动机是理想空载，有电流电动机就要加速，同时 E 也随之抬升，直到 $E = \sqrt{2} U_2$。只有当电动机转速上升，使

$E=\sqrt{2}\,U_2$ 后,才能使电枢回路电流没有电流产生,$i_\mathrm{d}=I_\mathrm{d}=0$,电动机才达到真正的理想空载状态。在 $\alpha>60°$ 后,触发时整流器输出电压即是 u_d 的最高值,$u_\mathrm{d}=u_2=\sqrt{2}\,U_2\sin(30°+\alpha)$,因此只要 $E=\sqrt{2}\,U_2\sin(30°+\alpha)$,电动机就达到了理想空载状态。所以,在电流断续时,电动机的理想空载转速:

$$\alpha\leqslant 60° \text{ 时}\quad n_0'=\frac{E}{C_\mathrm{e}}=\frac{\sqrt{2}\,U_2}{C_\mathrm{e}} \tag{3.53}$$

$$\alpha>60° \text{ 时}\quad n_0'=\frac{E}{C_\mathrm{e}}=\frac{\sqrt{2}\,U_2\sin(30°+\alpha)}{C_\mathrm{e}} \tag{3.54}$$

同理,电动机由三相桥式整流电路供电时,电流断续后,电动机的理想空载转速为

$$\alpha\leqslant 30° \text{ 时}\quad n_0'=\frac{\sqrt{2}\sqrt{3}\,U_2}{C_\mathrm{e}}=\frac{\sqrt{6}\,U_2}{C_\mathrm{e}} \tag{3.55}$$

$$\alpha>30° \text{ 时}\quad n_0'=\frac{\sqrt{6}\,U_2\sin(60°+\alpha)}{C_\mathrm{e}} \tag{3.56}$$

由于电动机在轻载时,总会进入电流断续区,在断续区机械特性的斜率大,这时稍有负载的波动,转速的变化就很大,机械特性很软。所以晶闸管-直流电动机系统,尽量希望电流的连续区大一些,在连续区电动机能有较硬的特性,负载波动对转速的影响小。为此,晶闸管-直流电动机调速系统一般都在直流回路串联一个电感量较大的电感,称为平波电抗器,以扩大电流的连续区。直流回路使电流连续的最小电感量可以按下式计算:

三相半波整流

$$L=1.46\frac{U_2}{I_\mathrm{dmin}}\quad(\mathrm{mH}) \tag{3.57}$$

三相桥式全控整流

$$L=0.693\frac{U_2}{I_\mathrm{dmin}}\quad(\mathrm{mH}) \tag{3.58}$$

式中:L 包括了整流变压器的漏电感、电动机的电枢电感和平波电抗器的电感,一般前两项电感较小,有时可以忽略不计。I_dmin 为需要维持电流连续的最小电流,一般可以取电动机额定电流的 $5\%\sim10\%$。

例 3.2　晶闸管-直流电动机调速系统,已知直流电动机额定参数为:$P_\mathrm{N}=30\mathrm{kW}$,$U_\mathrm{N}=220\mathrm{V}$,$I_\mathrm{N}=136\mathrm{A}$,$n_\mathrm{N}=1450\mathrm{r/min}$,电枢电阻和电感 $R_\mathrm{a}=0.21\Omega$,$L_\mathrm{a}=0.2\mathrm{mH}$。励磁电压 220V,励磁电流 1.5A。过载倍数 $\lambda=1.5$。三相交流电源线电压 $U_1=380\mathrm{V}$,电网电压波动系数 $K_\mathrm{D}=0.9$,为该系统设计晶闸管整流器供电的主电路,并选择元器件参数。

解　因为该系统电动机功率较大,选择三相全控桥式整流器供电的方案,设计主电路如图 3.25 所示。

主电路由电源开关 K,整流变压器 T,晶闸管三相桥式整流电路,平波电抗器

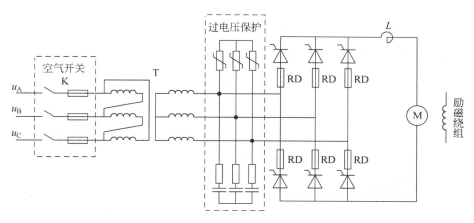

图 3.25　直流调速系统主电路

L,和直流电动机 M 等组成,晶闸管的保护有压敏电阻和阻容吸收电路组成的过电压保护,并用快速熔断器 RD 作过电流保护。

1. 整流变压器计算

变压器副边电压

考虑电网电压波动系数 K_D,并留有一定的控制角调节余地,取 $\alpha_{min} = 30°$。又

$$U_d = K_D U_{d0} \cos\alpha_{min} + I_N R = 2.34 K_D U_2 \cos\alpha_{min}$$

所以

$$U_2 = \frac{U_d + I_N R}{2.34 K_D \cos\alpha_{min}} = \frac{220 + 136 \times 0.21}{2.34 \times 0.9 \cos 30°} = 123 \text{V}$$

取 $U_2 = 120\text{V}$。

变压器副边电流

$$I_2 = \sqrt{\frac{2}{3}} I_N = \sqrt{\frac{2}{3}} \times 136 = 111 \text{A}$$

变压器变比

$$K_E = \frac{U_1 / \sqrt{3}}{U_2} = \frac{380}{\sqrt{3} \times 120} = 1.83$$

变压器原边电流

$$I_1 = \frac{I_2}{K_E} = \frac{111}{1.83} = 61 \text{A}$$

变压器容量,在忽略变压器损耗时

$$P = 3 U_2 I_2 = 3 \times 120 \times 111 = 40 \text{kVA}$$

2. 晶闸管选择

考虑过载倍数后,通过晶闸管的电流有效值

$$I_{VT} = \frac{\lambda I_N}{\sqrt{3}} = \frac{1.5 \times 136}{\sqrt{3}} = 118A$$

晶闸管额定电流

$$I_{NVT} = (1.5 \sim 2)\frac{I_{VT}}{1.57} = (1.5 \sim 2)\frac{118}{1.57} = (113 \sim 150)A$$

晶闸管额定电压

$$U_{NVT} = (2 \sim 3)\sqrt{6}U_2 = (2 \sim 3)\sqrt{6} \times 120 = (588 \sim 882)V$$

因此选择 1000V/150A 的晶闸管可以满足要求。

3. 平波电抗器电感量计算

系统没有规定电流连续的要求,因此取 $I_{dmim} = I_N \times 5\% = 136 \times 5\% = 6.8A$。

使电流连续的总电感

$$L = 0.693\frac{U_2}{I_{dmin}} = 0.693 \times \frac{120}{6.8} = 12(mH)$$

所以,平波电抗器电感量

$$L_P = L - L_a = 12.3 - 0.2 = 12.1(mH) \quad 取 L_P = 12mH$$

关于电源开关的选择,过电压保护压敏电阻和阻容吸收电路的计算,过电流保护快速熔断器的计算等可以参考《电工手册》。

*3.5　全控整流电路的有源逆变工作状态

3.5.1　逆变和有源逆变

整流是将交流电变换为直流电,逆变则是将直流电变换为交流电。如果逆变后的交流电是直接提供给负载,称为无源逆变(如第 5 章的直流-交流变换电路);如果逆变后的交流电是送到交流电网,则称为有源逆变。整流电路在满足一定条件情况时,可以将直流侧的电能经过整流器回送到交流侧电源。在前述 RL 负载中,在负载电流的上升阶段,交流电源经整流器向负载提供电能,在负载电流的下降阶段,i_d 与 u_d 反方向,是电感释放储能,释放的储能一部分在电阻中消耗,一部分则经整流器回馈到交流电源。RL 负载电感的储能是有限的,即使在 $R=0$、$\alpha=90°$时,电感也只能使储存和释放的电能相等。但是如果整流器的负载中含有直流电动势 E,情况就不同了,直流电动势可以源源不断地提供直流电能,并通过整流器转化为交流电回馈电网,这就是可控整流器的有源逆变工作状态。

在有源逆变状态,直流电源 E 要经整流器向交流电源回馈电能,由于整流器只能单方向输出电流,因此直流电源要输出电能,电动势 E 的方向必须和整流器输出电流的方向相同,同时为使整流器能从直流电动势 E 吸收电能,整流器输出

电压 U_d 的极性也要与整流状态时相反(图 3.26)。这就是说,如果整流器工作在整流状态时,U_d 极性为上"+"下"—",对 RLE 负载有 $\alpha < 90°$;在整流器工作于有源逆变状态时,U_d 极性应为上"—"下"+",对 RLE 负载应有 $\alpha > 90°$,这样电流 I_d 从 E 的"+"端流出,从整流器的"+"端流入,电能才能

图 3.26　整流电路的有源逆变

从直流电源输出,并经整流器回馈交流电网。因此整流器工作于有源逆变的条件可以归结如下:

(1) 整流器负载含有直流电动势,电动势 E 的方向与整流器电流 I_d 的方向相同。

(2) 整流器的控制角 $\alpha > 90°$,整流器输出电压反向,且 U_d 应略小于直流电动势 E。

半控桥式整流电路和负载侧带有续流二极管的整流电路,由于二极管短路了直流电动势 E,故不能工作于有源逆变状态,因此需要工作于有源逆变状态的整流器必须是全控整流电路。并且如果在有源逆变时,整流器控制角 α 仍小于 $90°$,则 U_d 极性没有改变,U_d 和 E 将顺向连接,在负载回路将产生很大电流 I_d,$I_d = \dfrac{E + U_d}{R}$,这时直流电动势和整流器同时都输出电能,不仅电流很大,并且该电能消耗在负载回路的电阻上,这种情况一般是不允许的,要防止这种状态出现。

为了反映整流电路的整流和逆变两种不同的工作状态,设置了逆变角 β,且令 $\beta = 180° - \alpha$。当整流电路工作于整流状态时,$0° \leqslant \alpha \leqslant 90°$,相应 $90° \leqslant \beta \leqslant 180°$。当整流电路工作于逆变状态时,$0° \leqslant \beta \leqslant 90°$,相应 $90° \leqslant \alpha \leqslant 180°$。

3.5.2　全控整流电路的有源逆变状态

1. 三相半波整流电路的有源逆变工作状态

共阴极连接三相半波整流电路 RLE 负载时的有源逆变电路如图 3.27(a)所示,当该电路工作于整流状态时(在图中电动势 E 的极性应为上"+"下"—"),控制角 $\alpha = 0°$ 的位置在三相相电压正半周的交点处。当该电路工作于逆变状态时(在图中电动势 E 的极性应为下"+"上"—"),因为 $\beta = 180° - \alpha$,逆变角 $\beta = 0°$ 的位置应在三相相电压负半周的交点处,其大小应从 $\beta = 0°$ 的位置向左计算。

在该电路工作于整流状态时,随着控制角 α 的增加,整流器输出电压 u_d 正半周的面积逐步减小。在 $\alpha = 90°$,也就是 $\beta = 90°$ 时,u_d 正负半周的面积相同,整流电压 $U_d = 0$。随着 α 角的进一步增加($\alpha > 90°$),即逆变角 β 减小($\beta < 90°$),整流电压 u_d 负半周的面积逐步增加,整流输出平均电压 U_d 应为负值,且其绝对值也逐步增加。图 3.27(b)显示了控制角从 $\alpha \rightarrow \beta$ 变化过程中,整流器输出电压 u_d 变化的情

况。从 u_d 的变化可以看出,有源逆变是整流状态的延续,且当可控整流器需要工作于逆变状态时,晶闸管控制角的移相范围为 $180°$。

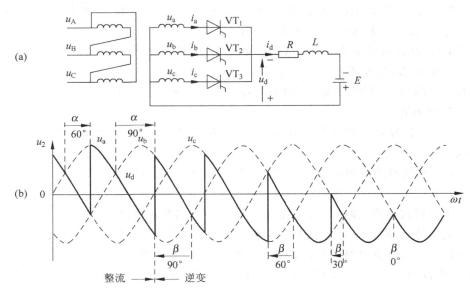

图 3.27　三相半波整流电路的整流和逆变状态

2. 三相桥式整流电路的有源逆变工作状态

根据三相半波整流电路有源逆变工作状态的分析,三相桥式整流电路在 RLE 负载时(图 3.28(a)),如果电动势 E 满足逆变条件,扩展控制角的移相范围,在 $\alpha > 90°$ 后整流电路进入有源逆变状态。三相桥式整流电路的逆变角 $\beta = 0°$ 的位置在六相线电压负半周的交点处,其大小应从 $\beta = 0°$ 的位置向左计算。$\beta = 60°$、$\beta = 30°$ 和 $\beta = 0°$ 时的整流器输出电压波形如图 3.28(b)所示,随着逆变角的变化,整流输出电压的平均值也随之改变。在运行中,应根据不同的直流电动势 E,调节逆变角的大小,通过调节整流器输出电压 U_d 来控制整流器的输出电流。图 3.28(c)是通过控制角的调节保持输出电流 I_d 不变的情况。

因为有源逆变是整流状态的延伸,有源逆变电路的计算与整流时基本相同,可令 $\alpha = 180° - \beta$ 代入。因此整流输出电压平均值

$$U_d = U_{d0}\cos\alpha = U_{d0}\cos(180° - \beta) = -U_{d0}\cos\beta \qquad (3.59)$$

式中:U_{d0}——整流电路电压系数,为 $\alpha = 0°$ 时的输出电压。U_{d0} 前的"-"号,表示了在有源逆变状态时整流器输出电压与整流状态时相反。

整流输出电流平均值

$$I_d = \frac{E - U_d}{R} \qquad (3.60)$$

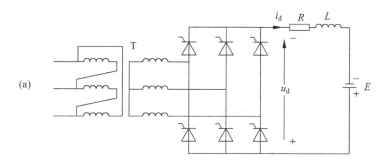

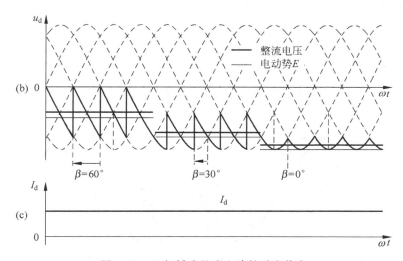

图 3.28 三相桥式整流电路的逆变状态

式中: E 和 U_d 都为绝对值。

三相半波和桥式整流电路,在 RLE 负载电流连续时,通过晶闸管的电路有效值为

$$I_{VT} = \frac{I_d}{\sqrt{3}} \qquad (3.61)$$

通过整流器输送到交流电源的有功功率为

$$P_d = EI_d - RI_d^2 \qquad (3.62)$$

3.5.3 换相重叠角和最小逆变角限制 β_{min}

1. 换相重叠角

在前面整流电路的分析中,都认为晶闸管的导通和关断是瞬时完成的,实际上电力电子器件的导通和关断都需要一定时间。整流器交流电源如果来自整流

变压器,变压器有漏抗;如果整流器直接连接电网,为了限制可能的短路电流,大功率整流器交流侧也需要连接进线电抗器。由于电感电流不能突变,这些电感(电抗)的存在,限制了晶闸管在导通和关断时的电流上升和下降速度,使晶闸管之间换流需要一定时间来完成,在相控电路中,换流时间以换流重叠角 γ 来表示。

现以图 3.29 说明整流电路换相的过程。在 ωt_2 时,触发 VT$_2$,有 $u_b > u_a$,VT$_2$ 导通,由于变压器漏感 L_B 的存在,使 VT$_2$ 的电流从 0 上升,VT$_1$ 的电流从 I_d 下降,发生 VT$_1$ 和 VT$_2$ 同时导通现象,即换流重叠现象。在 VT$_2$ 电流上升到 I_d,VT$_1$ 电流下降到 0 后,换流过程结束。

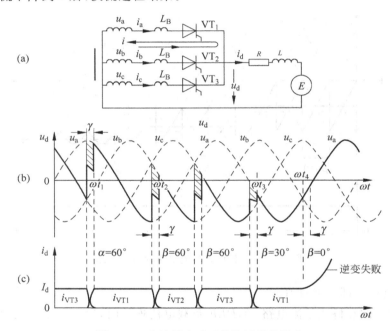

图 3.29　交流侧电感对换流过程的影响

在换流过程中,整流器输出电压为换流的二相交流相电压之和的二分之一。

$$u_d = \frac{u_a + u_b}{2} \tag{3.63}$$

在重叠换流期间,整流输出电压较不考虑重叠换流时的输出电压要小一些,即产生了换相中的电压降(图 3.29(b)中的阴影部分),对换流重叠过程进行分析,可得到换流电压降和重叠角的计算关系式如表 3.1 所示。

考虑换流重叠角时的整流器输出电压为:$U_d = U_{d0}\cos\alpha - \Delta U_d$。

表中重叠角关系是以控制角 α 表示,若需要以逆变角表示,只需要将 $\alpha = 180° - \beta$ 代入变换即可。

表 3.1　整流电路换相电压降和换相重叠角计算

	单相全波	单相全控桥	三相半波	三相全控桥	m 相半波整流
换流电压降 ΔU_d	$\dfrac{X_B I_d}{\pi}$	$\dfrac{2X_B I_d}{\pi}$	$\dfrac{3X_B I_d}{2\pi}$	$\dfrac{3X_B I_d}{\pi}$	$\dfrac{mX_B I_d}{2\pi}$
控制角和重叠角关系 $\cos\alpha-\cos(\alpha+\gamma)=$	$\dfrac{X_B I_d}{\sqrt{2}U_2}$	$\dfrac{2X_B I_d}{\sqrt{2}U_2}$	$\dfrac{2X_B I_d}{\sqrt{6}U_2}$	$\dfrac{2X_B I_d}{\sqrt{6}U_2}$	$\dfrac{mX_B I_d}{\sqrt{2}U_2\sin\frac{\pi}{m}}$

表中：X_B 为变压器漏抗或进线电抗器感抗。

$X_B\approx\dfrac{U_N}{I_N}U_K\%$，$U_K\%$——变压器短路电压百分比。

一般中小容量电力变压器 $U_K\%$ 为 $4\%\sim10.5\%$，大容量变压器约为 $12.5\%\sim17.5\%$。

2. 最小逆变角限制

在考虑了交流电源电抗后，在整流电路有源逆变时，如果 β 很小，则整流电路不能正常换相。现以图 3.29(b)的 ωt_4 时刻 VT$_1$ 和 VT$_2$ 的换相过程说明。在 ωt_4 时触发 VT$_2$($\beta=0°$)，由于交流电源电抗产生了重叠换流时间，使换流不能瞬时完成，在重叠换流期间内已经有 $u_a>u_b$，因此在换流结束后仍应是 VT$_1$ 继续导通，VT$_2$ 并不能导通，使换流不能成功。并且当 u_a 进入正半周后，直流电动势 E 和 u_a 顺向串联，整流器输出电流迅速增加超过额定允许范围，轻则使过电流保护跳闸，重则烧坏晶闸管或快速熔断器，这就是"逆变失败"，也称"逆变颠覆"现象。

为了避免逆变失败现象，不能使 β 太小，需要对最小逆变角进行限制，以确保电路能正常换流。一般取最小逆变角 β_{min} 为

$$\beta_{min}=\delta+\gamma+\theta' \tag{3.64}$$

式中：δ 为晶闸管关断时间 t_q 折合的电角度，一般晶闸管关断时间为 $200\sim300\mu s$，折合电角度为 $4°\sim5°$。γ 为换流重叠角，一般在 $15°\sim20°$。θ' 为安全裕量角，它主要考虑了晶闸管触发脉冲时间的误差，一般可取 $5°$ 左右。考虑以上因素后，β_{min} 一般在 $30°\sim35°$ 左右，β_{min} 太小，将影响整流器的安全运行；β_{min} 太大，将使逆变时输出电压过低，影响有源逆变时的效率。

逆变失败现象还可能发生在电源缺相，晶闸管或快速熔断器损坏，晶闸管触发脉冲丢失（触发电路故障，断线）等情况下。一旦发生这些情况，整流器在有源逆变时都不能正常换流而造成逆变失败，因此工作在有源逆变状态时，整流电路的可靠性是需要重视的。

3.5.4　有源逆变的应用

1. 直流电动机的回馈发电制动

直流电动机在制动时，如果将电动机和机械装置蕴涵的大量动能转化为电

能,并返回电源,将产生很好的节能效果,是节电的重要措施。这有机械能自主改变转向和不能自主改变转向两种情况。

（1）能自主改变转向的机械。如吊车放下重物和电车下坡时都是重力作功,使电动机转向改变。图 3.30 是吊车下放重物时的情况,在吊车放下重物时电动机转向改变,反电势 E 的极性也随之改变($E=K_e\phi n$),这时将整流器控制角从 α 拉到 β,整流器输出电压 U_d 也改变了方向,电路符合有源逆变条件,重物的势能经电动机转变为电能,并经整流器

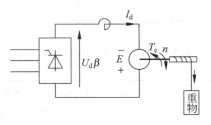

图 3.30　吊车放下重物

回馈交流电源。这时电动机产生的电磁转矩 T_e 与电动机转向 n 相反,起到重物下放时的阻转矩作用。调节整流器逆变角 β,可以控制整流器输出电流,控制下放阻转矩,限制重物下放的速度。在机械能自主改变转向的情况下,使用一套整流器就可以实现电动机的正转电动和反转回馈制动运行。

（2）不能自主改变转向的机械。典型应用是可逆轧钢机,轧钢机的正反转运行,都需要由电动机提供正向或反向转矩,否则轧钢机不会自己改变转向。这就需要两套反并联连接的整流器来给电动机供电(图 3.31),正向组整流器 VF 给电动机提供正向电流,使电动机产生正向转矩,电动机正转(第 Ⅰ 象限)。反向组整流器 VR,给电动机提供反向电流,使电动机产生反向转矩,电动机反转(第 Ⅲ象限)。

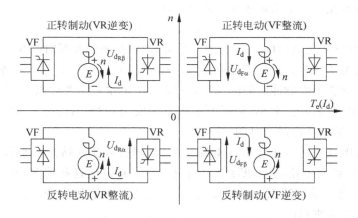

图 3.31　直流电动机四象限运行

在电动机正转制动时,因为电动机转向没有改变,反电动势 E 也不改变方向,为了使电动机能实现回馈制动,可以令反组整流器 VR 工作,并控制反组整流器 VR 的逆变角,控制逆变时的电流,将制动时机械和电机转子的惯性储能,通过电动机转化为电能(电动机工作于发电状态),经整流器 VR 回馈电网(第 Ⅱ 象限)。

在电动机反转制动时,令正组整流器 VF 工作在逆变状态,使机械储能经正组整流器 VF 回馈电网(第Ⅳ象限),实现节能运行。

在两组整流器反并联工作时,两组整流器有配合控制和逻辑控制两种控制方式。

(1) 配合工作方式

由于两组整流器反并联连接在一起,就需要考虑两组整流器输出电压的大小和方向。如果两组整流器都工作在整流状态,输出电压将顺向连接,在两组整流器之间要产生很大的直流电流(称为直流环流),这环流不通过电动机,不产生有用的功,因此这种方式是不允许的,这就存在两组整流器控制角的配合关系问题。两组整流器控制角的配合关系有:

① $\alpha = \beta$ 配合工作制:在这种方式下,两组整流器工作状态相反(整流或逆变),但是任何时候都有 $\alpha = \beta$,即一组整流器工作在 α 状态,另一组整流器工作在 β 状态,且 $\alpha = \beta$,因此两组整流器输出电压大小相同($U_{d\alpha} = U_{d\beta}$),方向相反,不会产生直流环流。电动机的工作状态取决于电动势 E,在 $E < U_{d\alpha} = U_{d\beta}$ 时,电动机工作在电动状态,处于整流状态的一组整流器有负载电流输出,处于逆变状态的一组整流器没有电流输出。在 $E > U_{d\alpha} = U_{d\beta}$ 时,电动机工作在发电制动状态,处于整流状态的一组整流器没有电流输出(因为整流器不能通过反向电流),处于逆变状态的一组整流器有电流流向交流电源。

② $\alpha > \beta$ 配合工作制:在这种方式下,处于整流状态的整流器输出电压低于处于逆变状态的整流器输出电压($U_{d\alpha} < U_{d\beta}$),两组整流器之间也不会有直流环流。电动机的工作状态同样取决于电动势 E。

③ $\alpha < \beta$ 配合工作制:在这种方式下,由于处于整流状态的整流器输出电压高于处于逆变状态的整流器输出电压($U_{d\alpha} > U_{d\beta}$),会产生直流环流,环流在两组整流器之间流通,产生了附加损耗,过大的直流环流会使整流器损坏,所以一般不采用这种工作方式,但是适当控制,有少量的直流环流可以使电动机在正反转过程中平滑过渡。

在采用配合工作方式时,不同的配合方式,直流环流的情况不同,但是无论采用哪种配合方式,还存在着脉动环流。脉动环流是由于两组整流器输出电压实际上是脉动的,其瞬时值不同,在瞬时值 $u_{d\alpha} > u_{d\beta}$ 时,仍会产生环流在两组整流器中流通。由于两组整流器输出电压瞬时值是变动的,因此由此产生的环流也是脉动的。为了限制脉动环流的大小,必须在整流器直流回路中串联限制环流电抗器(也称均衡电抗器)。图 3.32 是串联限制环流电抗器后,两组整流器反并联连接的电路。在电路中,限制环流电抗器的个数取决于整流器的形式和整流器交流电

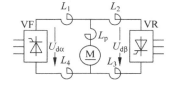

图 3.32　带限制环流电抗器的直流可逆系统主电路

源的连接方式,如果采用三相桥式整流,两组整流器交流侧连接同一交流电源,这就需要四台限制环流电抗器($L_1 \sim L_4$)。如果两组整流器由两台变压器分别供电(也称交叉连接方案),这就仅需要两台限制环流电抗器(L_1、L_3 或 L_2、L_4)。

(2) 逻辑控制方式

即通过逻辑控制器判别,在一组整流器工作时(整流或逆变),封锁另一组整流器的触发脉冲,使之不能工作。从而彻底切断了环流的通路,既不会产生直流环流,也不会有脉动环流,故称为逻辑无环流直流可逆调速系统。逻辑控制方式没有环流,减少了环流损耗,但是在逻辑切换时,有数毫秒的控制"死区",对系统响应速度有一定的影响。

2. 直流输电和交流绕线式异步电动机的串级调速和双馈调速

直流输电原理如图 1.15 所示。发电机输出的交流电,经升压和高压整流后,以直流电送到用户地区,然后利用可控整流器的有源逆变,变换为与用户电网同频率的交流电供给用户,直流输电可以提高输电效率,减小线路损耗。

交流异步电动机的转速一般低于同步转速,异步电动机的输入功率 P,大部分转化为机械功率,另一部分形成转差功率 SP(S 为转差率),这部分转差功率是消耗还是利用,则决定了电动机的效率。绕线式异步电动机转子绕组可以通过滑环与外电路连接,通过外电路调节转子电流来调节转速,早年采用外接可变电阻来调节转子电流,转差功率消耗在电阻上,效率很低。在晶闸管整流器出现后,发展了串级调速(图 3.33),它将转子电流经不控整流器整流为直流,然后再经工作于有源逆变状态的可控整流器和变压器,将转差电能送回到电源,减小了转差功率损耗,提高了绕线式异步电动机调速的效率,并且调节整流器逆变角可以控制转子电流进行调速。

在串级调速中,不控整流器和可控整流器的作用,实际上是将转子的交流电变换为 50 Hz 的工频交流。因此如果用可以控制转差功率流向的变频器取代,还可以向转子注入转差功率,这时电动机定子和转子都可以有电能输入,电动机传

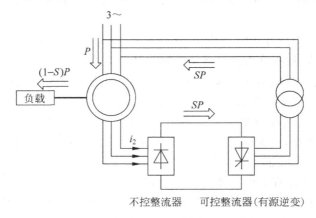

图 3.33　绕线式异步机串级调速系统

向负载的功率将是 $(1+S)P$,这样电动机的转速可以超过同步转速,这就是双馈调速的原理,双馈调速扩展了电动机的调速范围。

3.6　晶闸管整流电路触发控制

晶闸管导通需要正向电压和触发脉冲两个条件,在前面整流电路中主要分析了正向电压条件,而对触发脉冲是认为需要时就能有的,实际上触发脉冲需要有相应的触发电路产生。对触发电路的基本要求是:(1)产生晶闸管触发信号,触发脉冲的电压、电流和脉冲宽度满足触发要求;(2)触发脉冲能移相控制,即改变脉冲的控制角;(3)触发电路产生脉冲时刻与整流电路的控制角一致,这谓之"同步"。满足这些要求的信号都可以用于晶闸管触发,因此晶闸管的触发电路从简单的 RC 移相到复杂的电路都有。在历史上,晶闸管触发电路经历了分立电路,集成模块到数字化触发的发展过程,现在主要已是数字化触发。

现以图 3.34 介绍晶闸管锯齿波移相控制触发器的工作原理,触发器主要由同步、锯齿波形成、移相控制、脉冲形成和功放输出等几个环节组成。

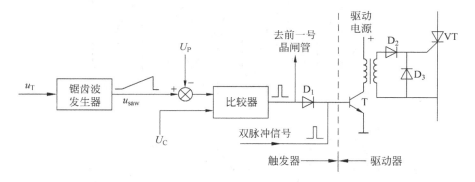

图 3.34　锯齿波移相触发器原理

1. 同步信号 u_T

对三相桥式整流电路晶闸管 VT_1 连接在电源 A 相上(图 3.13(a)),因此可取电源 A 相电压 u_a 为 VT_1 触发的同步信号 u_{Ta}(图 3.35(a))。VT_3、VT_5 可取 u_b、u_c 为同步信号。VT_4、VT_6、VT_2 可取 $-u_a$、$-u_b$、$-u_c$ 为同步信号。

2. 锯齿波形成

在同步信号 u_T 从"-"变"+"过零时由锯齿波发生器产生锯齿波,锯齿波宽度应大于控制角的移相范围,图 3.35(b)锯齿波宽度为 240°。

3. 移相控制

(1) 确定初始相位,初始相位是整流器输出电压 $U_d=0$ 时的控制角位置,如三相桥电感和电动机负载时 $\alpha_0=90°$。在锯齿波 u_{saw} 上叠加直流偏置信号 $-U_p$ 改变锯齿波过零时刻(图 3.35(c)),锯齿波过零是产生触发脉冲的时刻,调节 $-U_p$ 可以调节 $U_d=0$ 的初始角位置。

(2) 移相控制,在锯齿波($u_{saw}-U_p$)基础上叠加移相控制信号 $\pm U_c$,使锯齿波过零时刻在初始角 α_0 位置前后移动实现移相控制(图 3.35(d)),在 $U_c>0$ 时 $\alpha<90°$,在 $U_c<0$ 时 $\alpha>90°$。

4. 脉冲形成和双脉冲控制

通过比较器在 $u_{saw}-U_p\pm U_c=0$ 时产生驱动脉冲(图 3.35(e)),驱动脉冲经二极管 D_1 使三极管 T 导通,脉冲变压器原边通过脉冲电流,副边感应相应的脉冲触

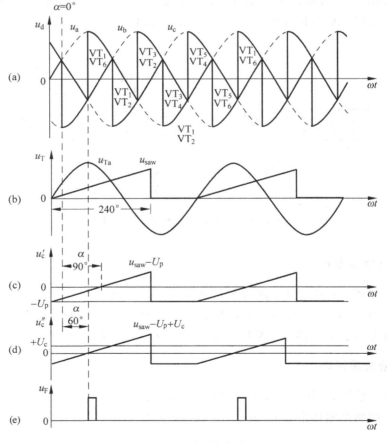

图 3.35　锯齿波移相触发原理

发晶闸管 VT 导通。三极管 T 基极同时还受下一号晶闸管驱动脉冲控制,下一号晶闸管触发器产生的脉冲滞后 60°,在相隔 60°的下一号晶闸管驱动时,三极管 T 再导通一次,产生双脉冲控制。

5. 脉冲功放输出

脉冲输出包括信号隔离和脉冲放大,信号隔离一般有变压器和光电两种方法(图 2.24),图 3.34 的脉冲功放输出电路由驱动电源和脉冲变压器组成,脉冲变压器隔离了触发器和晶闸管主电路,以保障触发器安全,二极管 D_2 和 D_3 用于使晶闸管仅受正向脉冲控制。

根据晶闸管移相触发原理可以用模块搭建模拟控制移相触发电路或编制数字控制软件。脉冲移相也可以使用定时器,将控制角变换为时间 t_a,$t_a = \dfrac{1/f}{360°} \times \alpha$,在同步信号 u_T 过零时开始计时,对三相桥 $\alpha = 0°$ 是同步信号相电压过零后 30°,$t_0 = \dfrac{1/f}{360°} \times 30°$,设定的定时时间为 $t = t_0 + t_a$,在定时到时发出脉冲,然后经功率放大触发晶闸管。

3.7　整流电路的仿真

例 3.3　按图 3.14 建立晶闸管三相桥式整流电路模型并仿真分析,设三相整流变压器 380V/173V,同步变压器 380V/15V,阻感负载 $R = 0.5\Omega$,$L = 0.01\mathrm{H}$,$\alpha = 30°$。

仿真步骤

1. 建立仿真模型

(1) 提取模块

在 MATLAB 主页面上单击工具栏中快捷键图标 ▣,打开模型库浏览器(Simulink Library Browser),模型库浏览器中包含了大量功能模块,可以按需要提取。在模型库浏览器页面上方单击快捷键 ▯ 弹出 SIMULINK 仿真平台,将模型库浏览器中选中的模块拖拉到 SIMULINK 仿真平台上,三相整流器电路仿真模型使用的模块和提取路径如表 3.2。

表 3.2　三相桥式全控整流电路仿真模块和提取路径

元件名称	提取路径 Power system blockset /
交流电源 $u_a u_b u_c$	Electrical sources / AC voltage source
整流变压器 Transformer	Element/Three-phase transformer(two windings)
同步变压器 T-Transformer	同上
三相晶闸管整流器 Universal Bridge	Power Electronics / Universal Bridge

元 件 名 称	提取路径 Power system blockset /
负载 RL	Elements / series RLC branch
六脉冲发生器 6-pulse	Extra library/control blocks/synchronized 6-pulse generator
控制角设定 alph	Simulink/sources/constant
电压测量 ab、bc、ca	Measurements/Voltage measurement
多路测量器 Multiment	Measurements/Multiment
信号分解 Demux	Simulink/Signal&System/Demux
示波器	Simulink/Sinks/Scope

（2）连接模块组成三相桥式电路仿真模型

各模块连接形成的三相桥式电路模型如图 3.36。模型由三相电源,整流变压器,整流器和负载 RL 组成主电路,同步变压器和触发器组成整流器晶闸管控制电路,由多路检测仪和示波器观察电路波形。双击 Multiment 可以打开 Multiment 的参数表(图 3.37),在表中可以选择观测参数,现选择了晶闸管电压 Uswl 和电流 Iswl,整流变压器副边三相电压 Uan、Ubn、Ucn 和 a 相电流 Ian。整流器输出电压 Udc 和负载 RL 电流 Ib 共 8 项。

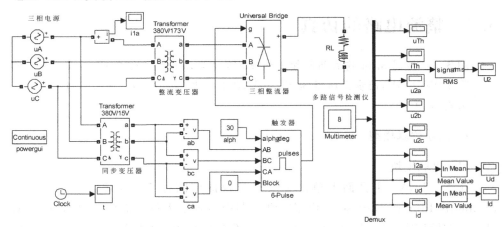

图 3.36　三相桥式整流电路仿真模型

2. 设置模块参数和仿真参数

（1）启动仿真前必须要给各模块输入参数,双击模块打开模块参数框,然后按题意输入各项参数。

（2）设置模型仿真参数。

三相整流电路模型参数仿真如表 3.3,整流变压器,三相整流器,触发器和负载 RL 模块的参数对话框如图 3.38～图 3.41,本例仿真终止时间(Stop time)取 0.2s,仿真算法(Solve options)为 ode23tb。

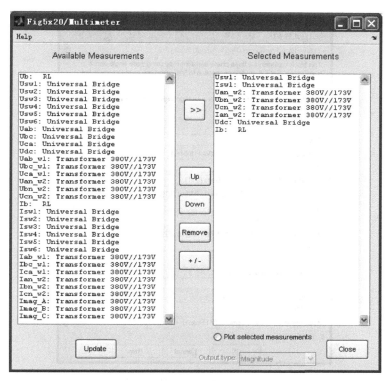

图 3.37 多路观测仪参数

表 3.3 三相整流模型参数

整流变压器 Transformer1	U1 线电压 （V）	R1（pu）	L1（pu）	U2 线 电压（V）	R2（pu）	L2（pu）	连接组
	380	0.002	0.01	173	0.02	0.01	Delta(D11)/Y
同步变压器 Transformer2	380	0.002	0.01	15	0.002	0.01	Delta(D11)/Y
阻感负载 RL	R（Ω）	L（H）					
	0.5	0.01					
		电压峰值	频率	相位			
交流电源	Ua （V）	220 * sqrt(2)	50Hz	0			
	Ub （V）	220 * sqrt(2)	50Hz	−120			
	Uc （V）	220 * sqrt(2)	50Hz	120			
触发器 6-Pulse	设定如图 3.40，同步频率 50Hz，脉冲宽度 5°，选择双脉冲触发（Double Pulsing）						
控制角给定 alph	0°＜alph＜90°						
整流器 Universal Bridge	如图 3.39						

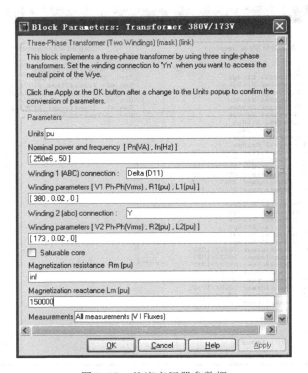

图 3.38　整流变压器参数框

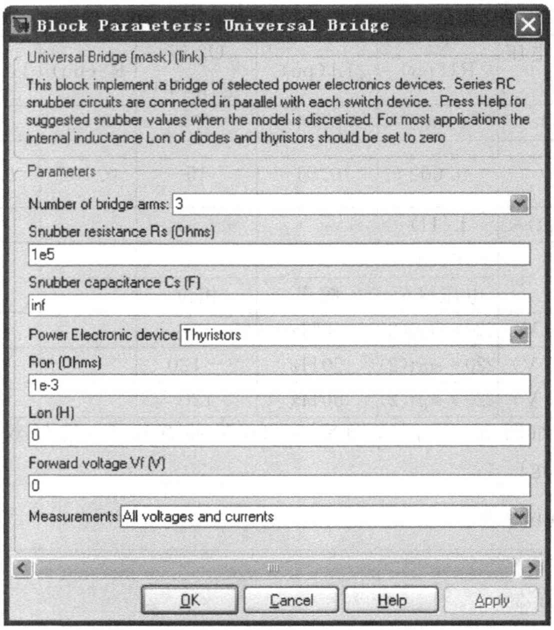

图 3.39　变流器对话框

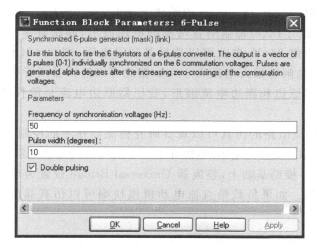

图 3.40　触发器参数框

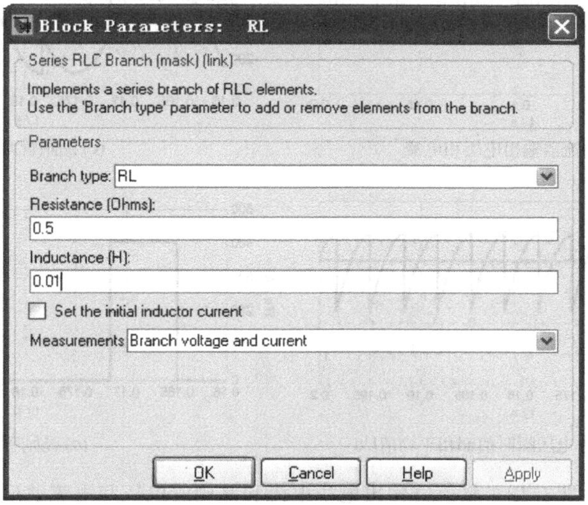

图 3.41　阻感负载 RL 参数

3. 启动仿真观察仿真结果

参数设置完成后可以单击快捷键"▶"启动仿真,在平台下方可以看到仿真的进度,在仿真计算结束后,单击示波器图标可以弹出示波器画面显示观测点的波形,并通过波形分析电路的工作情况。

图 3.42 和图 3.43 分别是用 plot 绘图命令画出的波形,图 3.42(a)显示了整流器在起动 0.2s 内 $\alpha=30°$时的输出电压和电流波形,因为是感性负载,电流 id 从 0 开始上升,约 0.1s 达到稳定值 400A(图中电流幅值在画图时乘了 0.5),图 3.42(b)

是整流器输出电压在0.16～0.2s内的放大波形,并且给出了整流电压的平均值
Ud约300V。图3.42(c)是晶闸管两端的电压波形,晶闸管承受的最高电压是
三相线电压的峰值244V,据此可以选择晶闸管电压,图3.42(d)是通过晶闸管
电流波形,通过晶闸管最大电流为400A,据此可以选择晶闸管电流值。图3.43
是整流器变压器原边和副边电流波形,变压器原边电流是阶梯波,副边电流是
方波。

通过三相整流电路的仿真可以观察研究整流器在不同控制角α下的工作情
况,若负载模块RL设置为电阻,电感和电容等则可以研究整流器在各种负载下的
工作。在图3.36模型基础上,整流器Universal Bridge设置为单相桥,则可以仿
真单相整流电路。如果负载是直流电动机模块则可以仿真晶闸管-直流电动机
系统。

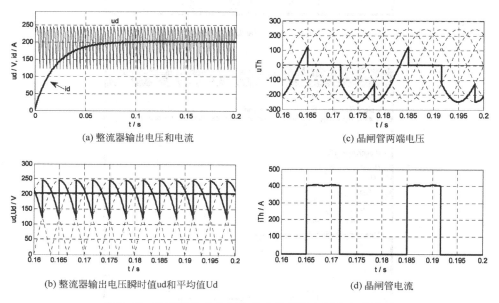

(a) 整流器输出电压和电流

(c) 晶闸管两端电压

(b) 整流器输出电压瞬时值ud和平均值Ud

(d) 晶闸管电流

图 3.42　整流器输出电压电流和晶闸管电压和电流波形

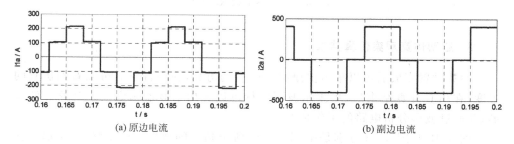

(a) 原边电流

(b) 副边电流

图 3.43　整流器变压器原副边电流波形

小结

　　整流是各种仪器和电气设备的常需功能,也是电力电子器件的最早应用之一。本章介绍了二极管不控整流电路、晶闸管可控整流电路。在本章应掌握的重点有:

　　(1) 单相和三相整流电路的结构和组成,电路在电阻、电感负载和反电动势负载时的工作原理,控制角移相控制范围,整流器输出和输入电压、电流的波形及其计算,并能选择晶闸管的电压、电流参数。要重视在不同性质负载下电路工作状态的对比分析。

　　(2) 有源逆变是可控整流电路的重要工作状态,要掌握有源逆变的条件,逆变角最小限制和防止逆变失败的措施,了解有源逆变的应用。换流是开关变流电路的重要问题,晶闸管换流需要满足一定条件,并要了解换流重叠角的产生原因。

　　(3) 整流器-直流电动机电路是直流拖动控制系统的基础,要掌握电流连续和断续时机械特性的特点。电动机正反转运行对整流电路的要求,建立环流和控制的概念,以及电动机在四象限运行时能量传递的关系。

　　(4) 整流电路的分析主要采用了波形分析和分段化处理的方法,通过本章学习,要求掌握这种非线性电路的分析方法。本章也介绍了整流电路的仿真,这是电力电子电路研究的新工具,需要通过多练习来掌握。

　　(5) 谐波和功率因数是开关变流电路不可忽视的问题,要建立变流电路谐波和功率因数的概念。

　　(6) 触发电路是整流器的重要组成部分,要掌握同步、移相和脉冲产生、脉冲放大和输出,以及脉冲电路隔离等原理。

练习和思考题

　　1. 以表格方式归纳整理本章整流电路的计算公式,并对不同整流电路和负载时的电压电流,移相控制范围,晶闸管参数选择进行对比分析。

　　2. 单相桥式全控整流电路,$U_2=100\text{V}$,负载 $R=2\Omega$,L 极大,在 $\alpha=30°$ 时。

　　① 画出 u_d、i_d 和 i_2 波形。

　　② 求整流输出电压 U_d、电流 I_d、变压器副边电流有效值 I_2?

　　③ 确定晶闸管的额定电压和电流(安全裕量取 2)?

　　3. 两个晶闸管串联的单相桥式半控整流电路(图 3.8),大电感负载,$U_2=220\text{V}$,$R=2\Omega$。

　　① 画出在 $\alpha=30°$、$90°$、$120°$ 时的整流器输出电压波形。

　　② 画出 $\alpha=90°$ 时晶闸管和二极管电压波形,该电路有没有失控现象? 求 $\alpha=$

90°时,通过晶闸管电流的有效值?

4. 在三相半波整流电路中,如果 a 相晶闸管的触发脉冲消失,画出在 $\alpha=45°$ 时,电阻和大电感负载时的整流电压 u_d 波形。

5. 三相半波可控整流电路,$U_2=100\text{V}$,大电感负载 $L=\infty$,$R=5\Omega$。在 $\alpha=60°$ 时,计算 U_d、I_d 和 I_{VT},并画出 u_d、i_d 和 u_{VT2} 波形。

6. 在上题中,如果半波整流器直流侧接上续流二极管,电路工作情况有什么变化? 画出这时的 u_d、i_d 和 u_{VT2} 波形。

7. 三相桥式全控整流电路

① 如果晶闸管 VT_1 的触发脉冲丢失,电路输出电压波形将有什么变化? 画出 $\alpha=30°$ 时的 u_d 波形。

② 如果晶闸管 VT_1 击穿短路,整流器将发生什么情况? 并说明原因。

8. 三相桥式全控整流电路,大电感负载 $L=\infty$,$R=4\Omega$,要求输出直流电压从 0~220V 之间变化。

① 计算整流变压器次级电压,电流和变压器的容量?

② 计算通过晶闸管电流有效值?

9. 某电解用整流器(电阻性负载),要求直流输出电压最高为 220V,电流为 400~100A 可调,采用三相桥式整流器,三相电源线电压 380V,考虑 $\alpha_{min}=30°$,估算整流变压器,晶闸管的定额和移相控制范围?

10. 单相桥式全控整流电路,反电动势负载,$R=1\Omega$,$L=\infty$,$E=40\text{V}$,$U_2=100\text{V}$,$L_B=0.5\text{mH}$,当 $\alpha=30°$ 时,求 U_d、I_d 和 γ 的数值,并画出 u_d、i_{VT1} 和 i_{VT2} 的波形。

11. 三相半波可控整流电路,反电动势负载,$U_2=100\text{V}$,$R=1\Omega$,$L=\infty$,$L_B=1\text{mH}$。求当 $\alpha=30°$,$E=50\text{V}$ 时,U_d、I_d 和 γ 的数值,并画出 u_d 和 i_{VT1}、i_{VT2} 的波形。

12. 三相桥式全控整流电路,反电动势负载,$R=1\Omega$,$L=\infty$,$E=200\text{V}$,$U_2=220\text{V}$,$\alpha=30°$,$L_B=0.5\text{mH}$,求

① $L_B=0$ 时的 U_d、I_d 值。

② $L_B=1\text{mH}$ 时 U_d、I_d 和 γ 的数值,并画出 u_d、i_{VT1} 和 i_{VT3} 的波形。

13. 什么是有源逆变,有源逆变的条件是什么?

14. 什么是逆变失败,产生逆变失败的原因有哪些?

15. 某轧钢机用直流电动机,额定参数为:2000kW,750V,2670A,750r/m,电枢电阻 0.035Ω,短时电流过载倍数 $\lambda=1.5$,励磁电压 220V,励磁电流 75A,飞轮矩 $GD^2=3.5\text{T}\cdot\text{m}^2$,整流变压器丫/△-11,网侧电压 10kV(线电压),短路电压百分比 4.5%。要求 10% 额定电流时电流仍能连续,为该直流调速系统设计晶闸管整流主电路,并选择变压器,晶闸管和电抗器等参数。

实践和仿真题

1. 解剖一个闲置的手机的充电器或小家电的直流电源,测绘其电路,分析工作原理,并对其设计,包括电路、外形,减小体积重量,提高充电速度等提出改进建议。

2. 单相桥式可控整流阻感负载电路,$U_2 = 220\text{V}$,负载 $R = 5\Omega$,$L = 20\text{mH}$。仿真该电路 $\alpha = 30°$,$\alpha = 60°$ 时的输出电压、电流波形(模型库没有单相桥的模块,需要用晶闸管模块连接)。

3. 仿真习题 5、6 或习题 12 电路。

第4章

直流-直流变换——直流斩波器

直流-直流变换(DC/DC)的功能是改变和调节直流电的电压和电流,也称直流调压器。在电力电子技术出现前,直流调控电压主要依靠直流发电机。在电力电子技术出现后,采用斩波和脉宽调制原理的直流-直流变换得到了迅速的发展和应用,因此直流-直流变换也称直流斩波器(DC chopping)和直流 PWM 电路。实现直流-直流变换的电路很多,性能不尽相同。本章主要介绍直流降压、升压、升降压斩波器和桥式斩波电路等一些基本的和常用的直流斩波电路。

4.1　直流降压斩波电路

直流降压斩波电路(buck chopping)如图 4.1(a)所示,电路由一个开关管 T(图中为 IGBT)、二极管 D 和电感 L 等组成。开关管 T 是斩波控制的主要元件,电感起储能和滤波作用,二极管起续流作用。负载可以是电阻、电感、电容或直流电动机电枢等,电路的工作原理如下。

1. 电阻和电感负载

如果 IGBT 栅极施加图 4.1(b)的驱动信号,IGBT 在 $t=0$ 时导通,导通时 $u_d=E$。在 $t=t_{off}$ 时 IGBT 关断,关断时电感 L 经二极管 D 续流,$u_d=0$,斩波器输出电压 u_d 波形如图 4.1(d)所示,输出平均电压

$$U_d = \frac{T_{on}}{T_{on}+T_{off}}E = \frac{T_{on}}{T}E = \alpha E \tag{4.1}$$

式中,T 为开关周期;$\alpha=\dfrac{T_{on}}{T}$ 为占空比,或称导通比。改变占空比 α,可以调节直流输出平均电压的大小。因为 $\alpha \leqslant 1$, $U_d \leqslant E$,故该电路是降压斩波。

在 IGBT 导通区间有电流 i_d 经 $E+ \rightarrow IGBT \rightarrow L \rightarrow R \rightarrow E-$,而二极管 D 截止,可列电路电压方程为

$$E = L\frac{\mathrm{d}i_{\mathrm{d}}}{\mathrm{d}t} + Ri_{\mathrm{d}} \qquad (4.2)$$

设 i_{d} 初始值为 I_{01}，$\tau = R/L$，解方程(4.2)可得

$$i_{\mathrm{d}} = i_{\mathrm{T}} = I_{01}\mathrm{e}^{-\frac{t}{\tau}} + \frac{E}{R}(1 - \mathrm{e}^{-\frac{t}{\tau}})$$

$$(4.3)$$

在该区间 i_{d} 从 0 或 I_{01} 上升，电感储能。当 $t = t_{\mathrm{off}}$ 时 i_{d} 达到 I_{20}，同时 IGBT 关断。在 IGBT 关断期间，电感 L 经电流 R 和二极管 D 续流，可得这时的回路电压方程为

$$0 = L\frac{\mathrm{d}i_{\mathrm{d}}}{\mathrm{d}t} + Ri_{\mathrm{d}} \qquad (4.4)$$

以 i_{d} 初始值为 I_{20}，解方程可得

$$i_{\mathrm{d}} = i_{\mathrm{D}} = I_{20}\mathrm{e}^{-\frac{t - T_{\mathrm{on}}}{\tau}} \qquad (4.5)$$

i_{d} 波形如图 4.1(c)所示，经过几个周期后，当每个导通周期有 $I_{10} = I_{30}$，$I_{20} = I_{40}$，电路进入稳定状态。一般

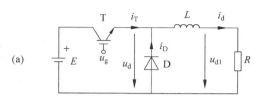

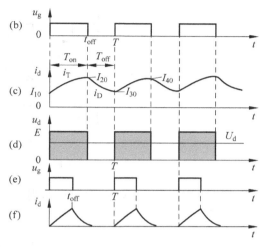

图 4.1　直流降压斩波

PWM 调制的斩波电路，脉冲频率都比较高，在占空比 α 较大时，较小的电感 L 就可以使电流连续，且电流连续时，电流的脉动很小，可以认为电流 i_{d} 不变。在占空比 α 较小时，电感储能不足，仍会出现电流断续(图 4.1(e)，(f))。

如果在负载 R 上并联电容，则相当于增加了电容滤波。在电容很大时，负载侧电压可视为恒值，但实际电容都是有限制的，负载侧电压仍会有脉动。

2. 反电动势负载

反电动势负载以直流伺服电动机为例(图 4.2)。在占空比较大，电流连续时的波形与阻感负载图 4.1(c)，(d) 相同，但 T 导通时的电路方程为

$$E = L\frac{\mathrm{d}i_{\mathrm{d}}}{\mathrm{d}t} + Ri_{\mathrm{d}} + E_{\mathrm{M}} \qquad (4.6)$$

$$i_{\mathrm{d}} = i_{\mathrm{T}} = I_{01}\mathrm{e}^{-\frac{t}{\tau}} + \frac{E - E_{\mathrm{M}}}{R}(1 - \mathrm{e}^{-\frac{t}{\tau}}) \qquad (4.7)$$

在 T 关断时，

$$0 = L\frac{\mathrm{d}i_{\mathrm{d}}}{\mathrm{d}t} + Ri_{\mathrm{d}} + E_{\mathrm{M}} \qquad (4.8)$$

以 i_{d} 初始值为 I_{20}，解方程可得

$$i_{\mathrm{d}} = i_{\mathrm{D}} = I_{20}\mathrm{e}^{-\frac{t - T_{\mathrm{on}}}{\tau}} - \frac{E_{\mathrm{M}}}{R}(1 - \mathrm{e}^{-\frac{t - T_{\mathrm{on}}}{\tau}}) \qquad (4.9)$$

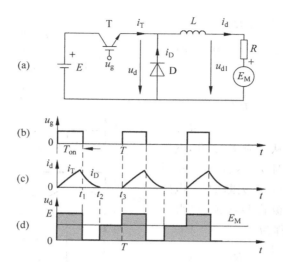

图 4.2　直流降压斩波电动机负载(电流断续)

在电流连续时忽略电流的脉动,则

$$U_d = \alpha E$$

$$I_d = \frac{\alpha E - E_M}{R} \qquad (4.10)$$

式中,$\alpha = \dfrac{T_{on}}{T}$。

在占空比较小时 i_d 会断续(图 4.2(c)),在电流断续时,负载侧电压 $u_d = E_M$,显然电流断续后电枢侧平均电压较电流连续时抬高。在电动机理想空载($I_d = 0$)时,电动势 $E_M = E$,这与晶闸管-电动机系统电流断续时情况类似。反映在电动机机械特性上,电流断续后,机械特性上翘变软,且理想空载转速,$n_0' = \dfrac{E}{C_e}$,电动机的机械特性如图 4.3 所示。

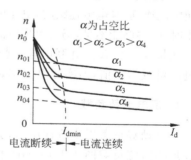

图 4.3　直流斩波调压电动机机械特性

4.2　直流升压斩波电路

直流升压斩波电路(boost chopping)如图 4.4 所示。电路有两种工作状态。

状态一:在开关管 T 导通时,电流经电感 L、T 流通,i_L 上升,电感储能。负载 R 由电容 C 提供电流,二极管的作用是阻断电容经开关管 T 放电的回路。

在 T 导通时：

$$E = L \frac{\mathrm{d}i_L}{\mathrm{d}t}$$

设 $i_L|_{t=0} = I_{01}$（图 4.5(g)），开关管 IGBT 的导

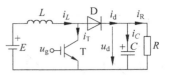

图 4.4　直流升压斩波电路

通时间为 T_{on}，占空比为 α，$\alpha = \frac{T_{\mathrm{on}}}{T}$，可得

$$i_L = I_{01} + \frac{E}{L}t \tag{4.11}$$

$$I_{02} = I_{01} + \frac{E}{L}\alpha T \tag{4.12}$$

式中：I_{02} 是 T 关断时的电流。

状态二：在 T 关断时，二极管 D 导通，电容 C 在电源 E 和电感反电动势的共同作用下充电，电感释放储能，电流 i_L 从 I_{02} 下降，i_L 同时提供电容的充电电流和负载电流 i_R。如果电容足够大，电容两端电压 u_d 波动不大（$u_C \approx U_d$），负载 R 的电流 i_R 是连续的。

由

$$E - U_d = -L \frac{\mathrm{d}i_L}{\mathrm{d}t}$$

设 $i_L|_{t=T_{\mathrm{on}}} = I_{02}$，D 导通时间为 $(t - T_{\mathrm{on}})$，可得

$$i_L = I_{02} - \frac{E - U_d}{L}(t - T_{\mathrm{on}}) \tag{4.13}$$

在 $t = T$ 时，电路一个周期工作结束，设 i_L 下降到 I_{01}'

$$I_{01}' = I_{02} - \frac{E - U_d}{L}(1 - \alpha)T \tag{4.14}$$

在电路稳定后，$I_{01}' = I_{01}$，将式(4.14)代入式(4.12)，可得

$$U_d = \frac{E}{1 - \alpha} \tag{4.15}$$

当占空比 α 越接近于 1，U_d 越高，因为在 T 关断区间，电容 C 在电源 E 和电感反电动势的共同作用下充电，$u_C = u_d = E + \left| L \frac{\mathrm{d}i_L}{\mathrm{d}t} \right|$，因此负载侧电压 U_d 可以大于 E，电路起升压作用，并且 U_d 的大小与电感值和 T 导通时间，以及电容和负载值都有关。如果是轻载状态，i_R 很小，电容充电电流大于放电电流，负载侧电压可以不断升到很高，这称为"泵升电压"，过高的电压将损坏电路元器件，因此升压电路不允许空载运行，并要注意采取过电压保护措施。

图 4.5(1)是占空比较大，负载也较大，电流 i_L 连续时（图 4.5(1)(g)）电路各点电压电流波形。如果占空比较小，负载较轻（R 较大），电流 i_L 就出现断续现象（图 4.5(2)(g)），但是负载电流 i_R 仍可以是连续的，因为 u_d 可以是连续的（图 4.5(2)(c)）。

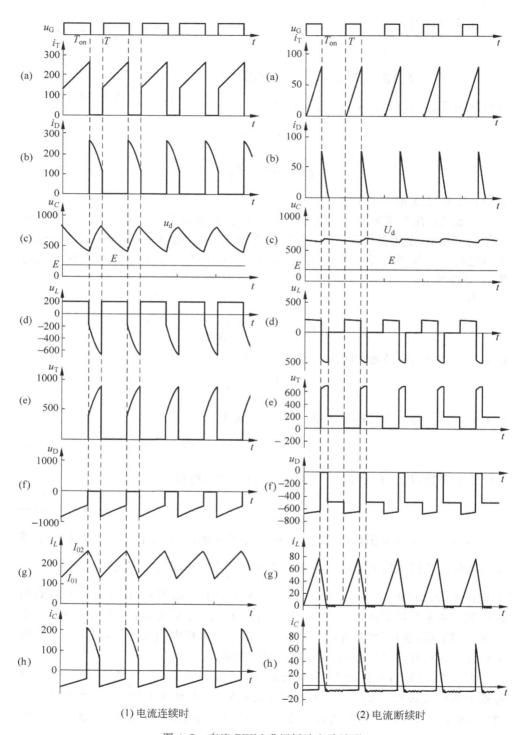

(1) 电流连续时　　　　　(2) 电流断续时

图 4.5　直流 PWM 升压斩波电路波形

4.3　直流升降压斩波电路

4.3.1　Buck-Boost 降压-升压斩波电路

直流降压-升压斩波电路(buck-boost chopper)的特点是：输出电压可以低于电源电压，也可以高于电源电压，是将降压斩波和升压斩波电路结合的一种直流变换电路。Buck-Boost 电路如图 4.6(a)所示，该电路有两种工作状态。

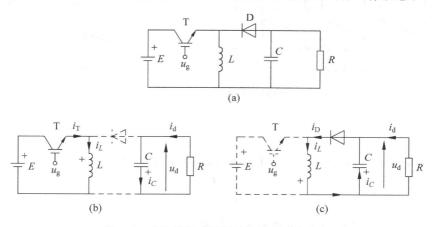

图 4.6　直流降压升压斩波电路和工作状态

状态一：开关 T 导通(图 4.6(b))

开关 T 导通时，电流 $i_T = i_L$ 由电源 E 经 T 和 L，电流上升，电感 L 储能，如果电感电流是连续的，则电流从 T 导通时的 I_{01} 上升(图 4.7(1)(b))，如果电流是断续的，电感电流则从 0 上升(图 4.7(2)(b))，终止电流 I_{02} 同式(4.12)。在状态一时，二极管 D 受反向电压关断，负载 R 由电容 C 提供电流。

状态二：开关 T 关断(图 4.6(c))

开关 T 关断时，电感电流 i_L 从 T 关断时的 I_{02} 下降，并经 C、R 的并联电路，和二极管 D 流通，电感 L 释放储能，电容储能。而电感电流 i_L 能否连续，则取决于电感的储能，如果在状态一时，电感储能不足，I_{02} 不够大，不能延续到下次 T 导通，电感电流就断续(图 4.7(2)(b))。如果电感和电容的储能足够大，或者尽管电感储能不足，但是电容储能足够大，则负载电流 i_d 是连续的，否则负载电流要断续。

在电路稳定时，如果电容储能足够大，负载电压不变 $u_d = U_d$，在 T 导通时(模式一)，$u_L = E$，i_L 的终止电流 I_{02} 为

$$I_{02} = I_{01} + \frac{E}{L}\alpha T \qquad (4.16)$$

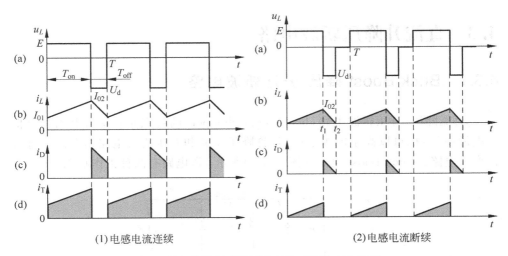

图 4.7 直流降压升压斩波电路工作状态和波形

占空比 $\alpha = \dfrac{T_{on}}{T}$。

在 T 关断时（模式二），$u_L = U_d$，i_L 的终止电流 I_{01} 为

$$I_{01} = I_{02} - \frac{U_d}{L}(1-\alpha)T \tag{4.17}$$

将式（4.17）代入式（4.16），可得 $U_d = \dfrac{\alpha}{1-\alpha}E$。 (4.18)

从式（4.18）可知，当 $0 \leqslant \alpha \leqslant 0.5$ 时，$U_d < E$，在 $0.5 \leqslant \alpha < 1$ 时，$U_d > E$，因此调节占空比 α，电路既可以降压也可以升压。

4.3.2 Cuk 斩波电路

上节 Buck-Boost 型斩波电路中，负载与电容并联，实际电容值总是有限的，电容不断充放电过程的电压波动，引起负载电流的波动，因此 Buck-Boost 斩波电路输入和输出端的电流脉动量都较大，对电源和负载的电磁干扰也较大，为此提出 Cuk 电路（图 4.8(a)）。Cuk 电路的特点是输入和输出端都串联了电感，减小了输入和输出电流的脉动，可以改善电路产生的电磁干扰问题。

Cuk 斩波电路也只有一个开关器件 T，因此电路有两种工作模式。

模式一：开关 T 导通（图 4.8(b)）

开关 T 导通时（$T_{on} = \alpha T$），电源 E 经 L_1 和开关 T 短路，i_{L_1} 线性增加，L_1 储能，与此同时，电容 C_1 经开关 T 对 C_2 和负载 R 放电，并使电感 L_2 电流增加，L_2 储能。在这阶段中，因为 C_1 释放能量，二极管被反偏而处于截止状态。

模式二：开关 T 截止（图 4.8(c)、(d)）

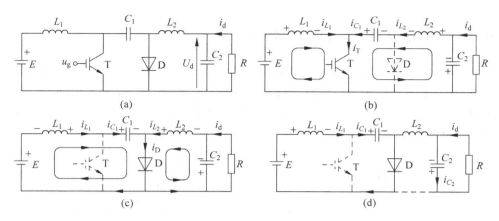

图 4.8   Cuk 斩波电路

开关 T 关断时 $T_{off} = (1-\alpha)T$，根据电感 L_2 电流的情况，又有电流 i_{L_2} 连续和断续两种状态。

在 T 关断时，电感 L_1 电流 i_{L_1} 要经二极管 D 续流，L_1 储能减小，并且 L_1 产生的电感电动势与电源 E 顺向串联，共同对电容 C_1 充电，C_1 电压增加，并且 u_{C_1} 可以大于 E。在这同时 L_2 要经二极管 D 释放储能，维持负载 C_2 和 R 的电流。如果 L_2 储能较大，L_2 的续流将维持到下一次 T 的导通（图 4.8(c)）。如果 L_2 储能较小，续流在下一次 T 导通前就结束，电流 i_{L_2} 断续，负载 R 由电容 C_2 放电维持电流（图 4.8(d)）。

在 Cuk 电路中，一般 C_1、C_2 值都较大，u_{C_1}、u_{C_2} 波动较小，L_1、L_2 的电流脉动也较小，忽略这些脉动，在二极管 D 导通时，电容 C_1 的平均电压 $U_{C_1} = \dfrac{T_{on}}{T}E = \alpha E$，在 D 截止时，$U_{C_1} = \dfrac{T_{off}}{T}U_d = (1-\alpha)U_d$，因此有：

$$\alpha E = (1-\alpha)U_d$$

$$U_d = \frac{\alpha}{1-\alpha}E \qquad (4.19)$$

式(4.19)与 Buck-Boost 电路的式(4.18)完全相同，即 Cuk 电路与 Buck-Boost 电路的降压和升压功能一样，但是 Cuk 斩波电路的电源电流和负载电流都是连续的，纹波很小，Cuk 斩波电路只是对开关管和二极管的耐压和电流要求较高。

4.4   桥式直流斩波调压电路

前述由一个开关管组成的直流斩波电路可以调节直流输出电压，但是输出电压和电流的方向不变，如果负载是直流电动机，电动机只能作单方向电动运行，如果电动机需要快速制动或可逆运行，就需要采用桥式斩波电路。

4.4.1　半桥式电流可逆斩波电路

半桥式电流可逆斩波电路直流电动机负载的电路如图 4.9(a)所示。两个开关器件 T_1 和 T_2 串联组成半桥电路的上下桥臂,两个二极管 D_1 和 D_2 与开关管反并联形成续流回路,R、L 包含了电动机的电枢电阻和电感。下面就电动机的电动和制动两种状态进行分析。

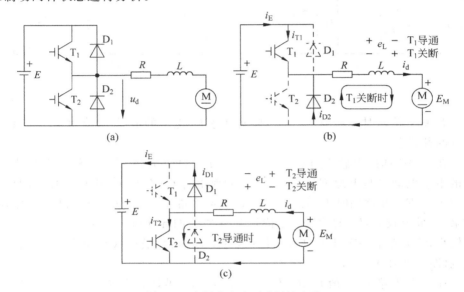

图 4.9　半桥式电流可逆斩波电路

1. 电动状态(图 4.9(b))

在电动机电动工作时,给 T_1 以 PWM 驱动信号,T_1 处于开关交替状态,T_2 处于关断状态。在 T_1 导通时有电流自电源 $E \to T_1 \to R \to L \to$ 电动机,电感 L 储能。在 T_1 关断时,电感储能经电动机和 D_2 续流。在电动状态,T_2 和 D_1 始终不导通,因此不考虑这两个元件,图 4.9(b)电路与降压斩波器(图 4.2(a))相同,工作原理和波形也与降压斩波电动机负载时相同,$U_d = \alpha E$,调节占空比可以调节电动机转速。

2. 制动状态(图 4.9(c))

当电动机工作在电动状态时,电动机电动势 $E_M < E$,当电动机由电动转向制动时,就必须使负载侧电压 $U_d > E$,但是在制动时,随转速下降,E_M 只会减小,因此需要使用升压斩波提升电路负载侧电压,使负载侧电压 $U_d > E$。半桥斩波器中若给 T_2 以 PWM 驱动信号,在 T_2 导通时,电动机经电感 L、T_2 形成回路,电感 L 随电流上升而储能。在 T_2 关断时,电动机反电动势 E_M 和电感电动势 e_L(左+、右−)串联相加,产生电流,经 D_1 将电能输入电源 E(图 4.9(c))。在制动时,T_1、

D_2 始终在截止状态,因此不考虑这两个元件,图 4.9(c)与图 4.4 的升压斩波器有相同结构,不同的是现在工作于发电状态的电动机是电源,而原来的电源 E 成了负载,电流自 E 的正极端流入,工作原理也与升压斩波电路相同,且 $U_d = \dfrac{E_M}{1-\alpha}$。调节 T_2 驱动脉冲的占空比 α 可以调节 U_d,控制制动电流。

半桥式 DC-DC 电路所用元器件少,控制方便,但是电动机只能以单方向作电动和制动运行,改变转向要通过改变电动机励磁方向。如果要实现电动机的四象限运行,则需要采用全桥式 DC-DC 可逆斩波电路。

4.4.2　全桥式可逆斩波电路

半桥式斩波电路电动机只能单向运行和制动,若将两个半桥斩波电路组合,一个提供负载正向电流,一个提供反向电流,电动机就可以实现正反向可逆运行,两个半桥斩波电路就组成了全桥式斩波电路,全桥式斩波也称 H 形斩波电路,其电路如图 4.10 所示。在电路中,若 T_1、T_3 导通,则有电流自电路 A 点经电动机流向 B 点,电动机正转;在 T_2、T_4 导通时,则有电流自 B 点经电动机流向 A 点,电动机反转。桥式斩波电路有三种驱动控制方式,下面分别介绍。

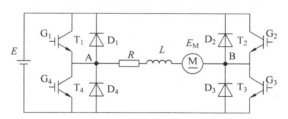

图 4.10　桥式斩波电路

1. 双极式斩波控制

双极式可逆斩波的控制方式是:T_1、T_3 和 T_2、T_4 成对作 PWM 控制,并且 T_1、T_3 和 T_2、T_4 的驱动脉冲工作在互补状态(图 4.10),即在 T_1、T_3 导通时,T_2、T_4 关断;在 T_2、T_4 导通时,T_1、T_3 关断,T_1、T_3 和 T_2、T_4 交替导通和关断。双极式斩波控制有正转和反转两种工作状态、四种工作模式(图 4.11),对应的电压电流波形如图 4.12 所示。

模式 1(图 4.11(a)):t_1 时 T_1、T_3 同时驱动导通,T_2 和 T_4 关断,电流 i_{d1} 自电源 $E+\rightarrow T_1 \rightarrow R \rightarrow L \rightarrow E_M \rightarrow T_3 \rightarrow E-$,$L$ 电流上升,e_L 和 E_M 极性如图 4.11(a)所示。

模式 2(图 4.11(b)):在 t_2 时 T_1、T_3 关断,T_2、T_4 驱动,因为电感电流不能立即为 0,这时电流 i_{d2} 的通路是 $E-\rightarrow D_4 \rightarrow R \rightarrow L \rightarrow E_M \rightarrow D_2 \rightarrow E+$,$L$ 电流下降。因为电感经 D_2、D_4 续流,短接了 T_2 和 T_4,T_2 和 T_4 虽已经被触发,但是并不能导

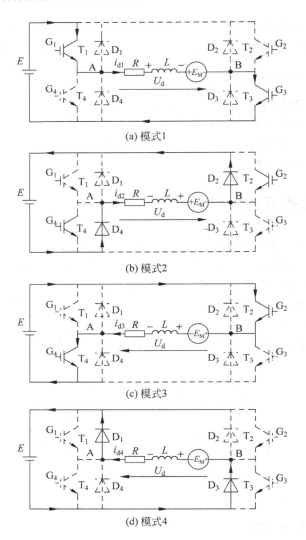

图 4.11　全桥式斩波电路工作模式

通。e_L 和 E_M 极性如图 4.11(b)。

　　在模式 1 和 2 时,电流的方向是从 A→B,电动机正转,设 T_1、T_3 导通时间为 T_{on},关断时间为 T_{off}。在 T_1 导通时 A 点电压为 $+E$, T_3 导通时 B 点电压为 $-E$,因此 AB 间电压

$$U_d = \frac{T_{on}}{T}E - \frac{T_{off}}{T}E = \frac{T_{on}}{T} - \frac{T-T_{on}}{T}E = \left(\frac{2T_{on}}{T} - 1\right)E = \alpha E \quad (4.20)$$

式中,占空比 $\alpha = \dfrac{2T_{on}}{T} - 1$。

　　在 $T_{on} = T$ 时,$\alpha = 1$;在 $T_{on} = 0$ 时,$\alpha = -1$,占空比的调节范围为 $-1 \leqslant \alpha \leqslant 1$。

在 $0<\alpha\leqslant1$ 时，$U_d>0$，电动机正转，电压电流波形如图 4.12(a)。

模式 3(图 4.11(c))：如果 $-1\leqslant\alpha<0$，$U_d<0$，即 AB 间电压反向，在 T_2、T_4 被驱动导通后，电流 i_{d3} 的流向是 $E+\rightarrow T_2\rightarrow E_M\rightarrow L\rightarrow R\rightarrow T_4\rightarrow E-$，$L$ 电流反向上升，e_L 和 E_M 极性如图 4.11(c)，电动机反转。

模式 4(图 4.11(d))：在电动机反转状态，如果 T_2、T_4 关断，L 电流要经 D_1 和 D_3 续流，i_{d4} 的流向是 $E-\rightarrow D_3\rightarrow E_M\rightarrow L\rightarrow R\rightarrow D_2\rightarrow E+$，$L$ 电流反向下降。

模式 3 和 4 是电动机反转情况。如果 α 从 $1\rightarrow-1$ 逐步变化，则电动机电流 i_d 从正逐步变到负，在这变化过程中电流始终是连续的，这是双极性斩波电路的特

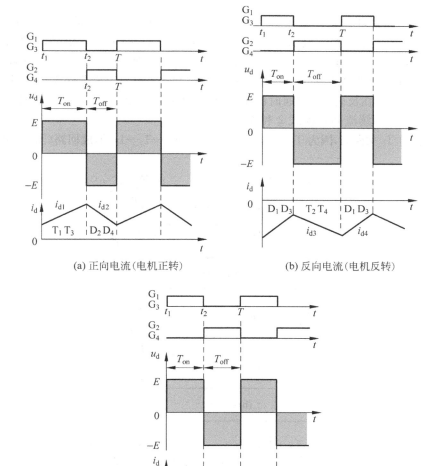

(a) 正向电流(电机正转)　　　　　(b) 反向电流(电机反转)

(c) 零电流(电机停止)

图 4.12　电动机正反转控制波形

点。即使在 $\alpha = 0$ 时，$U_d = 0$，电动机也不是完全静止不动，而是在正反电流作用下微振，电路以四种模式交替工作（图 4.12(c)）。这种电动机的微振可以加快电动机的正反转响应速度。

双极式可逆斩波控制，四个开关器件都工作在 PWM 方式，在开关频率高时，开关损耗较大，并且上下桥臂两个开关的通断，如果有时差，则容易产生瞬间同时都导通的"直通"现象，一旦发生直通现象，电压 E 将被短路这是很危险的。为了避免直通现象，上下桥臂两个开关导通之间要有一定的时间间隔，即留有一定的"死区"。

2. 单极式斩波控制

单极式可逆斩波控制是在图 4.10 中让 T_1、T_4 工作在互反的 PWM 状态，起调压作用，以 T_2、T_3 控制电动机的转向。在正转时 T_3 门极给正信号，始终导通，T_2 门极给负信号，始终关断；反转时情况相反，T_2 恒通，T_3 恒关断，这就减小了 T_2、T_3 的开关损耗和直通可能。单极式斩波控制在正转 T_1 导通时状态与图 4.11 的模式 1 相同，在反转 T_4 导通时的工作状态和模式 3 相同。不同在 T_1 或 T_4 关断时，电感 L 的续流回路模式 2 和模式 4。

在正转 T_1 关断时，因为 T_3 恒通，电感 L 要经 $E_M \rightarrow T_3 \rightarrow D_4$ 形成回路（图 4.13(a)），

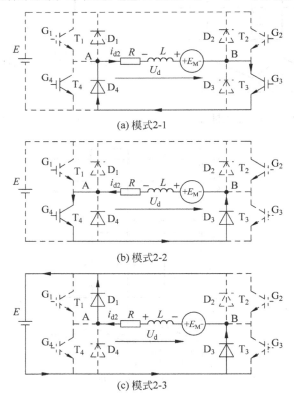

(a) 模式2-1

(b) 模式2-2

(c) 模式2-3

图 4.13　单极式斩波控制模式 2 的变化（正转）

电感的能量消耗在电阻 R 上,$u_d = u_{AB} = 0$。在 D_4 续流时,尽管 T_4 有驱动信号,但是被导通的 D_4 短接,T_4 不会导通。但是电感续流结束后(负载较小情况),D_4 截止,T_4 就要导通,电动机反电动势 E_M 将通过 T_4 和 D_3 形成回路(图 4.13(b)),电流反向,电动机处于能耗制动阶段,但仍有 $u_d = u_{AB} = 0$。在 $t = T$ 时,T_4 关断,电感 L 将经 $D_1 \to E \to D_3$ 放电(图 4.13(c)),电动机处于回馈制动状态,$u_d = u_{AB} = E$。不管何种情况,一周期中负载电压 u_d 只有正半周(图 4.14(b)),故称为单极式斩波控制。图 4.14(b)同时给出了负载较大和较小两种情况的电流波形。

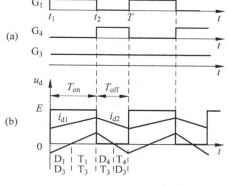

图 4.14　单极式斩波控制波形(正转)

电动机反转时的情况与正转相似,图 4.11 的模式 4 也有类似的变化,读者可自行分析。

因为单极式控制正转时 T_3 恒通,反转时 T_2 恒通,所以单极式可逆斩波控制的输出平均电压为

$$U_d = \frac{T_{on}}{T}E = \alpha E \tag{4.21}$$

式中,占空比 $\alpha = \dfrac{T_{on}}{T}$,且 T_{on} 在正转时是 T_1 的导通时间,在反转时是 T_4 的导通时间;在正转时 U_d 为"$+$",反转时 U_d 应为"$-$"。

3. 受限单极式斩波控制

在单极式斩波控制中,正转时 T_4 真正导通的时间很少;反转时 T_1 的真正导通的时间很少,因此可以在正转时使 T_4、T_2 恒关断;在反转时使 T_1、T_3 恒关断,对电路工作情况影响不大,这就是所谓的受限单极式斩波控制方式。受限单极式控制正转时 T_1 受 PWM 控制,T_3 恒通;反转时 T_4 受 PWM 控制,T_2 恒通。

受限单极式斩波控制在正转和反转电流连续时的工作状态与单极式控制相同,不同是正转电流较小(轻载)时,没有了反电动势 E_M 经过 T_4 的通路,因此 i_d 将断续,在断续区间 $u_d = E_M$,因此平均电压 U_d 较电流连续时要抬高(图 4.15),即电动机轻载时转速提高,机械特性变软(图 4.3)。受限单极式无论正转或反转,都只有一只开关管处于 PWM 方式(T_1 或 T_4),进一步减小了开关损耗和桥臂直通可能,运行更安全,因此受限单极式斩波控制使用较多。

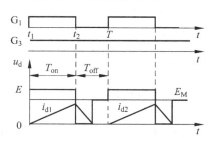

图 4.15　受限单极式控制波形(正转)

4.5　斩波电路的驱动控制

DC/DC 斩波电路采用 PWM 控制方式,PWM 的驱动信号一般都采用锯齿波或三角波与脉宽控制信号 U_{ct} 比较的方法产生,其原理如图 4.16(a)所示,在锯齿波或三角波大于或小于 U_{ct} 时,产生输出脉冲信号,调节 U_{ct} 大小可以调节脉冲宽度(图 4.14(b))。锯齿波和三角波称为载波,脉宽控制信号 U_{ct} 称为调制波或控制波。图中载波(锯齿波)没有负值,是单极性的,称为单极性调制。如果锯齿波有正负值,控制信号 U_{ct} 可以是正负直流,这称为双极性调制。

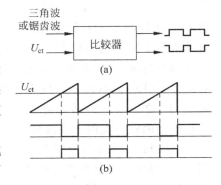

图 4.16　PWM 脉冲生成

DC/DC 斩波电路的控制已经有多种集成模块,如 SG1524/1527,TL494,MC34060,可编程 UC1840 等。下面以 SG3525(图 4.17)介绍脉冲发生电路。

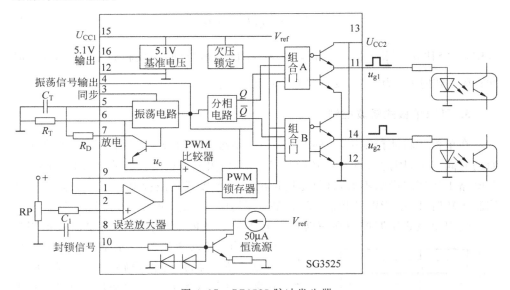

图 4.17　SG3525 脉冲发生器

SG3525 的输入电源电压 U_{CC1} 为 8~35V,片内基准电压用于产生 5.1V 片内电源,供片内电路,并带有欠电压保护功能。

振荡电路由一个双门限比较器,一个恒流源和外接充放电电容 C_T 组成。作用是使外接电容 C_T 恒流充电,构成锯齿波的上升沿,由比较器接通放电电路,形成锯齿波的下降沿。

锯齿波的上升时间为: $t_1=0.7R_TC_T$ (4.22)

锯齿波的下降时间为: $t_2=3R_DC_T$ (4.23)

锯齿波的周期为: $T=t_1+t_2=(0.7R_T+3R_D)C_T$ (4.24)

振荡频率: $f_s=1/(0.7R_T+3R_D)C_T$ (4.25)

式中, C_T, R_T, R_D 均为外接电容和电阻,且 $R_T\gg R_D$,因此锯齿波的上升时间远大于下降时间。

振荡器可以通过端子 3 引入同步信号,实现锯齿波的外同步。

PWM 发生器由比较器组成。振荡器产生的输出信号 u_c,从比较器同相端输入,误差放大器输出的脉宽控制信号 u_e 从反相端输入,比较器输出 PWM 信号。比较器后的锁存器,锁存 PWM 信号,可以屏蔽环境干扰影响。

3525 内部带有一个误差放大器,并可以通过 9 端和 1 端的外接电路组成比例或比例积分调节器,9 端和 1 端短接,则为 1:1 放大器。经 2 端外接电位器 RP 可以调节脉冲宽度,脉宽调节信号也可以经 9 端外接。

分相电路由 Q 触发器组成,其输入是振荡电路输出的时钟信号 U_K,并以 U_K 的前沿触发,其输出是频率减半的互补信号。

组合门电路 A 和 B 的输入是:PWM 信号、分相信号、时钟信号和欠电压封锁信号,其输出是两列相位互补的正脉冲(u_A 和 $\bar{u}_A$, u_B 和 $\bar{u}_B$),用于控制后级的输出电路。

3525 的输出级由两个 NPN 晶体管组成推挽电路,关断速度快。其电源电压 U_{CC2} 一般为 15V,输出正脉冲信号幅值 15V,可输出 100mA 电流。SG3525 本身没有信号隔离功能,图中脉冲输出端(11、14 端)外接了光电耦合器作信号隔离,11、14 端输出脉冲互差 180°。

控制端 8 和 10。8 端若外接电容 C_1 可作软起动控制,C_1 由片内 $50\mu A$ 恒流源充电,随 C_1 电压升高,输出脉冲占空比从小到 50% 变化,软起动时间为 $t=\frac{2.5V}{50\mu A}C_1$。当 10 端有高电平时,封锁了误差放大器输出,因此该端可作过电流等保护用。

4.6 直流斩波电路的仿真

使用 MATLAB/Simulink 仿真直流斩波电路是很方便的,通过仿真不仅可以观察电路各部分的波形和工作情况,并且可以通过仿真选择电感和电容的参数,使电路达到设计的性能指标。

4.6.1 直流降压斩波器仿真

直流降压斩波器仿真模型如图 4.18 所示。调用模块的路径如表 4.1 所示。

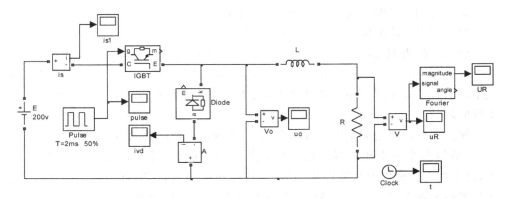

图 4.18 直流降压斩波电路仿真模型

表 4.1 直流降压斩波器和升压斩波器仿真模块提取路径

元 件 名 称	提取路径 SimPowersystems /
直流电源 E	Electrical sources /DC voltage source
IGBT,二极管	Power Electronics
RLC 电路	Elements / series RLC branch
脉冲发生器 pulse	Simulink/Sources/pulse Generator
电压,电流测量	Measurements/Voltage,Current measurement
多路测量器 Multiment	Measurements/Multiment
示波器	Simulink/Sinks/Scope

　　斩波器仿真步骤与第 3 章整流电路的仿真相同。仿真中降压斩波器模型的参数如表 4.2,仿真结果如图 4.19,图中(a)为 IGBT 的驱动脉冲,IGBT 的开关频率为 500Hz,占空比为 0.5。(b)为负载两端电压波形,其中粗线为输出电压的平均值,约为 100V,改变占空比可以调节输出电压值。(c)和(d)分别为二极管和 IGBT 的电流,根据此电流可以选择二极管和 IGBT 的电流值。从图 4.20(b)的输出电压波形可以看到在所选参数下输出电压的波动还比较大,增大电感量可以减少输出电压的脉动,但是电感大电感的体积也大。一般既要减少输出电压的脉动又要使电感不太大,可以采取的措施是提高斩波频率和采用电容滤波。

表 4.2 降压斩波器模型参数

模 块	参数名/单位	参 数
直流电源 E	Amplitude/V	200
电感 L	Inductance/H	0.01
电阻 R	Resistance/Ω	5
脉冲模块	Period(Ts) /s	0.002
Pulse	Pulse Width（w)/%	50

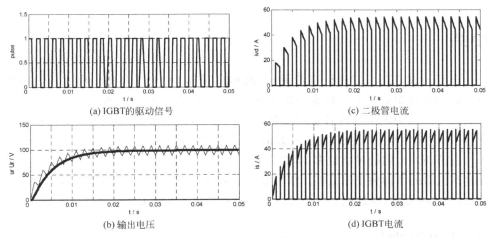

(a) IGBT的驱动信号

(c) 二极管电流

(b) 输出电压

(d) IGBT电流

图 4.19　直流降压斩波器仿真结果

4.6.2　直流升压斩波器仿真

直流升压斩波器(图 4.4)的仿真模型如图 4.20,在直流电源为 24V,$L=0.1\text{mH}$,$C=200\mu\text{F}$,$R=5\Omega$,控制脉冲周期 $T_s=0.0002\text{s}$,脉冲宽度分别为 30% 和 80% 时的输出电压波形如图 4.21,脉冲宽度在 30% 时的输出电压约为 32V,宽度 80% 时的输出电压约为 100V,调节脉冲宽度可以调节升压斩波器的输出电压。

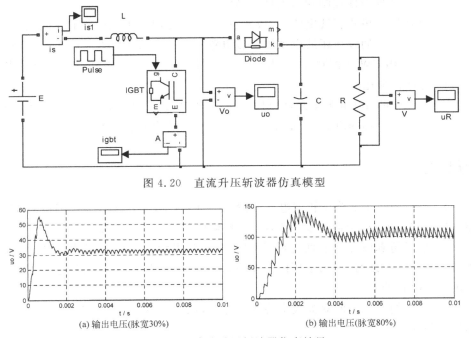

图 4.20　直流升压斩波器仿真模型

(a) 输出电压(脉宽30%)

(b) 输出电压(脉宽80%)

图 4.21　直流升压斩波器仿真结果

小结

　　直流斩波电路可以进行直流调压,既可以降压,也可以升压。桥式斩波电路可以进行电动机的正反转控制和快速回馈制动,实现二象限和四象限运行。虽然目前由于受电力电子器件容量的限制,直流斩波电路主要应用在小功率伺服系统中,但是它响应快,纹波小,具有良好的发展潜力和市场。

　　直流斩波电路的种类很多,本章介绍了基本的降压、升压和桥式斩波电路,要掌握这些电路的结构和工作原理。掌握电路中电感、电容和调制频率等参数对斩波器输入、输出的影响,在这些基础上可以设计研究满足各种要求的新型直流电源。

练习和思考题

　　1. 简述直流降压斩波器的工作原理。

　　2. 图 4.1 的降压斩波电路中的电感和 IGBT 的驱动脉冲周期对输出电压波形有什么影响?

　　3. 什么是脉宽调制的占空比? 试比较本章各斩波电路的占空比和调压范围。

　　4. 直流升压斩波器的占空比为什么不能接近 1? 负载对其输出电压有什么影响?

　　5. 半桥式斩波器为什么可以实现电动机的回馈发电制动?

　　6. 什么是单极性控制和双极性控制?

　　7. 试比较全桥式斩波电路,双极式、单极式和受限单极式控制的异同点。

　　8. 在图 4.2 的降压斩波电动机负载电路,已知 $E=200\text{V}$, $R=10\Omega$, L 值很大, $E_\text{M}=30\text{V}$,采用 PWM 控制方式,当 $T=50\mu\text{s}$, $T_\text{on}=20\mu\text{s}$ 时,计算占空比及输出电压和电流的平均值。

　　9. 图 4.4 的升压斩波电路,已知 $E=50\text{V}$, $R=20\Omega$, L 和 C 值都很大,采用 PWM 控制方式,当 $T=40\mu\text{s}$, $T_\text{on}=25\mu\text{s}$ 时,计算占空比以及输出电压和电流的平均值。

仿真题

　　1. 仿真图 4.1 的降压斩波电路,已知 $E=100\text{V}$, $R=0.5\Omega$, $L=1\text{mH}$, IGBT 的驱动脉冲 $T=20\mu\text{s}$,脉冲宽度为 $5\mu\text{s}$。观察输出电压和电流的波形。

　　2. 通过仿真设计一个直流升压电路,要求将电源电压从 12V 提高到 36V,在等效负载 $R=50\Omega$ 时,输出电压的波动不大于 1%,试选择电路电感,电容,驱动脉冲的频率和占空比。

　　3. 仿真例题 4.1 的双极式全桥斩波电路,观察在不同控制电压 U_ct 时,电动机的运行情况。

第 5 章

直流-交流变换——逆变器

直流-交流(DC/AC)变换器,也称逆变器(inverter),其功能是将直流电转变为固定频率和电压(CVCF)或可调频率和可调电压(VVVF)的交流电供负载使用。进行直流-交流变换的电路很多,导论中开关变流概念中介绍的变流电路,除一个开关的变流电路不能实现直流-交流变换外,其他电路都可以实现直流-交流变换。本章主要介绍常见的直-交逆变电路。

5.1　逆变电路分类和调制方式

逆变电路分类方法有多种,主要有:(1)按输出相数分类,有单相、三相逆变电路。(2)按使用的功率开关分类,有半控型(晶闸管)器件和全控型器件逆变电路。(3)按直流电源的性质区分,有电压源型和电流源型逆变电路。(4)按输出波形调制方式区分的逆变电路等。

1. 电压源型和电流源型逆变电路

直流-交流变换中,直流电源可以是蓄电池、整流器或直流斩波器等,并且经常采用电容或电感来减小直流回路电压或电流的脉动。当直流回路采用大电容滤波时,逆变器输入电压 U_d 波动很小,具有电压源的性质,故称为电压源型逆变器(图 5.1(a));若直流回路采用大电感滤波,电感使逆变器输入电流 I_d 波动很小,具有电流源的性质,故称为电流源型逆变器(图 5.1(b))。

为逆变电路供电的整流器可以是可控的或不控的,其输入可以是单相或三相交流电,其输出也可以是单相或三相交流电,逆变器的负载可以是电阻性、电感性或电容性的。因为一般整流器不能提供负载交流电的无功分量,因此逆变器中间直流滤波环节的电容或电感同时还起着缓冲负载无功的作用。现在还有一种采用电压源而以电流控制的逆变器,也称电流型逆变器,它的直流环节采用大电容滤波,但是通过逆变器来

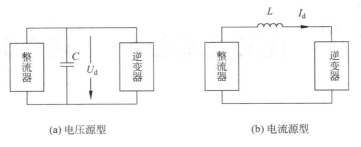

(a) 电压源型　　　　　　　　　　(b) 电流源型

图 5.1　电压源型和电流源型逆变电路

控制输出电流,这种逆变器常用在负载为交流电动机控制的场合。

2. 180°和 120°导通型逆变电路

180°和 120°导通型逆变电路的控制方式和输出波形在导论中已经介绍,三相桥式电路六个开关在每个周期中各通断一次,因此也称为六脉波逆变器或六节拍逆变器,其输出三相电压或电流波形是阶梯波。180°和 120°导通型逆变器开关的通断频率较低,通常用于晶闸管为开关器件的逆变电路。因为晶闸管不能自关断,因此还需要辅助的关断电路,使逆变器的结构变得很复杂,并且输出阶梯波的低次谐波分量较大,目前已经使用不多。本章重点介绍采用全控型可关断器件的逆变电路,但是 180°和 120°导通的概念在 PWM 控制中还使用,这是指在 180°或 120°区间里,开关器件按 PWM 控制。

3. PWM 调制逆变电路

脉宽调制(PWM)逆变器是现在使用和研究最多的逆变器。通过脉冲宽度的控制,可以调节逆变器输出的电压和电流,可以减少输出波形的谐波,或消除某些特定次谐波。脉冲宽度调制的方法很多,主要有等宽脉冲调制、正弦脉宽调制和电压空间矢量控制等。

5.2　单相电压型逆变器

5.2.1　电压型单相半桥式逆变器

电压型单相半桥式逆变器电路如图 5.2(a)所示。T_1 和 T_2 组成半桥式开关电路,D_1 和 D_2 提供电感的续流回路,U_d 是直流侧电源电压,串联电容 $C_{01}=C_{02}$ 组成直流回路的滤波环节,负载 R、L 连接在结点 A、N 之间。

因为是感性负载,稳态时负载电流 i_o 滞后于电压 u_o(图 5.2(b)),在 T_1 栅极驱动时,在 $0\sim t_1$ 区间,因为电流方向为负,有 D_1 导通,T_1 被短路,负载电流 i_o 从

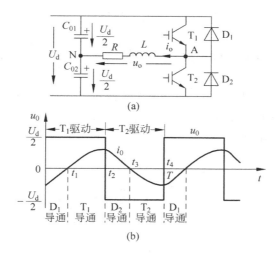

图 5.2　电压型单相半桥式逆变器(感性负载)

N→RL→D_1→C_{01}+，负载电压 $u_o = u_{AN} = U_d/2$。到 t_1 时，D_1 续流结束而截止，T_1 导通，电流从 C_{01}+→T_1→RL→N，电感储能，电流上升。在 $t_2 \sim t_4$ 区间，T_1 关断，T_2 有驱动信号，但是 T_2 还不能立即导通，因为电感要释放储能，电流 i_o 将经 A→RL→C_{02}+→D_2→A 回路下降，在 $t_2 \sim t_3$ 区间电压 $u_o = u_{NA} = -U_d/2$。在 $t_3 \sim t_4$ 区间，因为 i_o 减小，当 $i_o = 0$ 后，D_2 截止 T_2 导通，u_a 仍为负，但 i_o 反向增加。到 t_4 时，因为 T_2 关断，电感电流又要经 D_1 续流，电路完成一个工作周期。

在 $t_0 \sim t_1$ 和 $t_2 \sim t_3$ 区间，都有 u_o 与 i_o 方向相反，这时分别由电容 C_{01} 和 C_{02} 吸收电能，缓冲了电感的无功电流，且电流经 D_1 或 D_2 连续，因此 D_1 和 D_2 称续流二极管。如果没有续流二极管，在 T_1 和 T_2 关断时要强制电流 i_o 为 0，会产生很高的 $L\dfrac{di_o}{dt}$ 使开关器件击穿。

从负载 RL 的电压和电流的波形可以看到，在电源 U_d 是直流电的情况下，负载电压和电流都是交流，交流电的频率 $f = 1/T$，改变 T_1 和 T_2 的切换周期 T，可以调节输出交流电的频率，且负载交流电压 u_o 呈方波，因此该逆变器也称为方波型逆变器，其输出电压有效值 $U_o = U_d/2$，改变 U_o 需要调节 U_d。

只用两个开关器件的单相方波型逆变器还有带中心抽头变压器式(图 5.3)，图中两个开关器件交替驱动，各工作输出交流的半个周期(180°)。在 T_1 驱动时，可以有正半周电流自电源经变压器 0A 绕组流通，在 T_2 驱动时，可以有负半周电流自电源经变压器 0B 绕组流通，在变压器副边可以得到与图 5.2(b)同样的方波交流电压。中心抽头变压器式单相逆变

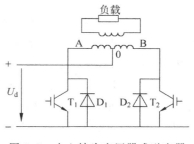

图 5.3　中心抽头变压器式逆变器

器适用于低压小功率,而又必须将直流电源与负载电气隔离的场合。

5.2.2　电压型单相全桥式逆变器

　　单相电压源型全桥式逆变器由四个开关器件和四个续流二极管组成(图5.4(a))。全桥式逆变器的开关器件有多种驱动控制方式,固定脉冲控制、脉冲移相控制和脉冲宽度控制(PWM)等。

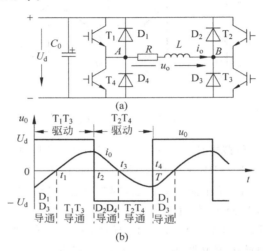

图5.4　电压型单相全桥式逆变器(感性负载)

1. 固定脉冲控制方式

　　固定脉冲控制是 T_1、T_3 和 T_2、T_4 的驱动信号互补(即互差180°),逆变器输出交流电压和电流的波形基本上和半桥式逆变器相同,不同的是全桥逆变器是 T_1 和 T_3,T_2 和 T_4,D_1 和 D_3,D_2 和 D_4 成对导通(图5.4(b))。逆变器输出电压有效值 $U_0 = U_d$。

2. 脉冲移相控制方式

　　在固定脉冲控制中,交流输出电压 $U_0 = U_d$,若需要调节交流输出电压,则需要改变直流侧电压 U_d,因为有滤波电容 C_0,影响了电压调节的快速性,为了使交流电压可以调节,一般采用移相控制方式。在移相控制方式中,对角开关器件的驱动脉冲互相移动一定角度,如图5.5(a)中,T_3、T_2 的驱动脉冲 G_3、G_2 分别领先 T_1、T_4 驱动脉冲 δ 角。这时逆变器输出电压和电流波形如图5.5(b)所示。在 T_1、T_3 导通时,或 D_1、D_3 续流时,输出电压 $u_o = +U_d$;在 T_2、T_4 导通时,或 D_2、D_4 续流时,输出电压 $u_o = -U_d$。在 $t_1 \sim t_2$,$t_4 \sim t_5$ 区间电感 L 放电,T_1、D_2 导通和

T_4、D_3 导通,u_o＝0,产生交流方波电压的宽度为 $\theta=\pi-\delta$,改变移相角度 δ 可以调节交流输出电压,电流也随之变化。

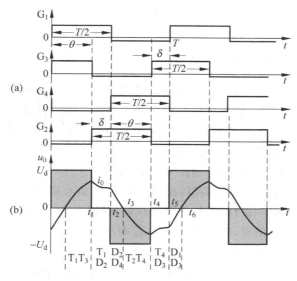

图 5.5　脉冲移相控制

交流输出电压:

$$U_0 = \sqrt{\frac{2}{2\pi}\int_0^\theta U_d^2 \mathrm{d}t} = U_d\sqrt{\frac{\theta}{\pi}} = U_d\sqrt{\frac{\pi-\delta}{\pi}} \tag{5.1}$$

5.2.3　单相电压型全桥式逆变器的 SPWM 控制

　　固定脉冲和脉冲移相控制,输出交流电压是矩形方波,含有较多的低次谐波,且低次谐波的幅值较大。为了减小输出电压的谐波分量,可以采用 PWM 控制。PWM 控制方式是在 T_1 和 T_3 的 180°导通区间里,对 T_1 和 T_3 进行通断控制(斩波),T_2 和 T_4 也相同,这样交流输出电压由一系列脉冲组成,脉冲的个数越多,低次谐波的分量将越小。PWM 控制方式有单极性调制和双极性调制,等宽脉冲和正弦脉宽调制(sinusoidal pulse width modulation,SPWM)多种,这里主要介绍 SPWM 调制。

1. SPWM 调制原理

　　在 DC/AC 变换中,一般希望交流输出为正弦波,在开关变流电路中要得到光滑连续的正弦波输出是困难的。但是在数学上可以证明,如果将正弦半波划分为 N 等份,每等份用对应的矩形脉冲来表示,如果矩形脉冲的面积与该等份正弦波的面积相等,则正弦半波就可以用一系列矩形脉冲来等效,这就是面积相等的原则,也称冲量等效原理(图5.6)。如果矩形脉冲是等高不等宽的脉冲序列,则称为脉宽调制PWM;如果矩形脉冲是等宽不等高的脉冲序列,则称为脉冲幅度调制,简称脉幅调制PAM,在变流技术中常用的是脉宽调制方式(PWM)。

2. 单极性SPWM调制(SSPWM)

在正弦波的PWM调制中,如何产生可以调宽的PWM驱动信号,一般有单极性调制和双极性调制两种方法。图5.7是单极性SPWM调制原理图,在单极性调制时,以三角波为载波u_c(也可以是锯齿波);以正弦波为调制波u_r。在调制

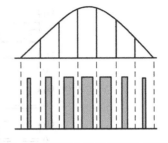

图5.6 PWM的面积等效原理

波u_r的正半周,以正的三角波调制,在调制波u_r的负半周,以负的三角波调制,三角波只有正或负的单一极性,故称为单极性调制(图5.7(a))。在正弦波与三角波交点处产生开关驱动信号,在正半周$u_r > u_c$时驱动T_1、T_3,$u_r < u_c$时使T_1、T_3关断;在负半周$u_r < u_c$时驱动T_2、T_4,$u_r > u_c$时使T_2、T_4关断。图5.7(b)和图5.7(c)分别是开关器件T_1、T_3和T_2、T_4的驱动脉冲,在调制正弦波u_r的正半周T_1、T_3驱动,T_2、T_4恒截止;在调制正弦波的负半周T_2、T_4驱动,T_1、T_3恒截止。将四个驱动信号分别加到开关器件的控制极(图5.4(a)),控制开关通断,则可以在全桥逆变器的输出端得到如图5.7(d)的交流电压,交流输出电压由矩形脉冲组成,脉冲的宽度随调制波u_r的幅值变化,交流输出电压的频率随调制波u_r的频率而变化,改变调制波的幅值和频率可以进行输出交流的调频调压控制。图5.7(d)中的u_{o1}是输出交流电压的基波分量,i_o是感性负载时的输出电流,在开关器件导通时电流从开关器件通过,在开关器件关断时,电流经二极管续流。

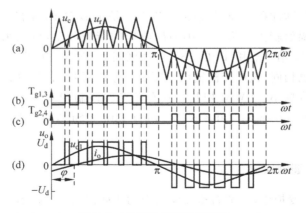

图5.7 单极性SPWM调制

3. 双极性 SPWM 调制（BSPWM）

双极性 SPWM 调制的特点是：三角载波有正负极性，同样在载波和调制波的交点处产生驱动信号（图 5.8(a)），但是 T_1、T_3 和 T_2、T_4 的驱动脉冲互补（5.8(b)和图 5.8(c)），在 T_1、T_3 导通时，T_2、T_4 截止；在 T_2、T_4 导通时，T_1、T_3 截止，因此逆变器交流输出电压在半周期中，也有正负极性的变化（图 5.8(d)），故称为双极性调制。在输出交流的正半周，正脉冲宽度大于负脉冲；在输出交流的负半周，负脉冲宽度大于正脉冲，且脉冲宽度随 u_r 变化，使输出交流电压按正弦规律变化。

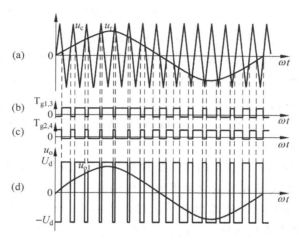

图 5.8   双极性 SPWM 调制

4. 双极性调制和单极性调制的比较

双极性调制和单极性调制都通过调制波和载波比较，在交点处产生驱动信号。改变调制波 u_r 的幅值 U_{rm}，则改变了调制正弦波与三角波的交点位置，可以调节矩形脉冲的宽度，从而改变输出交流电压的大小。改变调制正弦波 u_r 的频率 f_r，使输出交流电的频率 f_o 也同时变化，因此调节调制波的幅值和频率就可以调节交流输出电压的大小和频率，调压和调频（VVVF 控制）同时在逆变器的控制中完成，不再需要调控直流电源电压，因此电压型 PWM 控制的直流电源都采用不控整流器为直流电源。

为了反映载波和调制波的关系，定义调制比 M 为调制波幅值与载波幅值之比：

$$M = \frac{U_{rm}}{U_{Cm}} \quad 0 \leqslant M < 1 \tag{5.2}$$

改变 M 即调节了输出交流电压,M 也称为调制度。

定义载波比 N(即频率比)为载波频率与调制波频率之比:

$$N = \frac{f_c}{f_r} = \frac{f_c}{f_o} = \frac{T_r}{T_c} \tag{5.3}$$

载波比 N 决定了一周期中组成输出交流电的脉冲个数。

单极性调制在输出交流的半周内只有单一极性的脉冲,因此输出电压(基波值)较高;双极性调制在输出交流的半周内有正负脉冲,因此输出电压(基波值)比单极性调制低,但是双极性调制灵敏度较高,使用也较多,可以证明双极性调制,如果载波比 N 足够大,调制比 $M \leqslant 1$,则基波电压幅值 $U_{1m} \approx M \cdot U_d$,输出交流电压基波有效值为 $U_{01} = U_{1m}/\sqrt{2} = 0.707 M \cdot U_d$,而采用 $180°$ 方波调制时输出交流电压基波有效值可以达到 $U_{01} = 0.9 U_d$,U_d 为直流电源电压。

采用 PWM 调制时,在输出电压中可以消除 $(N-2)$ 次以下谐波,N 为载波比,因此除基波外,其最低次谐波为 $(N-2)$ 次。例如 $N = 15$ 时最低次谐波为 13 次谐波,而 15 次谐波幅值最大,$U_{15} = 2\sqrt{2} U_d/\pi = 0.9 U_d$。如果逆变器输出频率为 50Hz,载波频率为 2kHz,则 $N = 40$,这时可以消除 38 次以下的谐波,而残存的高次谐波则较易滤除。

双极性调制同相上下桥臂的开关器件交替导通,较易产生直通现象,因此同相上下桥臂开关的关断和导通之间要有一定的时间间隔,称为"死区",以确保不产生直通现象。插入死区使输出电压波形产生一定的畸变,输出电压也略有降低,并使输出电压含有低次谐波,并且主要产生的是奇次谐波,而单极性调制则没有这个问题。

5. 单极倍频正弦脉宽调制

单极倍频正弦脉宽调制采用双极性三角波与正弦波比较,但是驱动信号产生是对 T_1 和 T_4:

$$u_r > u_c \text{ 时 } T_1 \text{ 驱动},T_4 \text{ 截止}$$
$$u_r < u_c \text{ 时 } T_4 \text{ 驱动},T_1 \text{ 截止}$$

对 T_2 和 T_3:

$$u_r + u_c < 0 \text{ 时 } T_2 \text{ 驱动},T_3 \text{ 截止}$$
$$u_r + u_c > 0 \text{ 时 } T_3 \text{ 驱动},T_2 \text{ 截止}$$

调制波形如图 5.9,单极倍频正弦脉宽调制输出电压 u_o 是单极性的,在正半周只有正脉冲,负半周只有负脉冲。若每周期各管有 N 个脉冲时,输出电压由 $2N$ 个脉冲组成,因此称为倍频控制,倍频控制以较少的开关次数得到较高调制频率的效果,单极倍频正弦脉宽调制在单相变频器中使用较多。

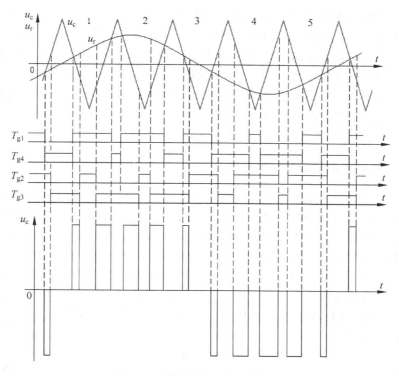

图 5.9　单极倍频正弦脉宽调制

5.2.4　SPWM 调制方式和数字化生成

1. 异步调制和同步调制

根据载波比的不同情况,PWM 有异步调制和同步调制两种调制方式。

在异步调制中,载波频率 f_c 保持不变,而调制波频率 f_r 可调,因此载波比 N 不是常数,将随 f_r 变化。在异步调制时,在调制波的半周期里,脉冲的个数不固定,并且正负半周的脉冲个数也可能不等,使输出电压的正负半周不对称,产生附加的谐波。因为载波频率 f_c 不变,在低频时,载波比 N 较高,这种不对称的影响较小,PWM 波形接近正弦波。在高频时,载波比 N 较低,在半周中脉冲的个数较少,这种不对称的影响就较大,因此异步调制一般要求载波频率 f_c 高一些,以便在高频输出时,也有足够的脉冲个数。

在同步调制中,载波比 N 保持不变,即 f_r 变化时,f_c 也作相应变化,因此同步调制时,交流输出电压在半周中的脉冲个数是固定的,并且为了保持输出波形对称,载波比 N 宜为奇数。同步调制方式,在输出的高频端脉冲个数满足要求时(因为脉冲个数受开关损耗的限制,脉冲数也不能过高),在输出的低频端,因为 f_c 较小,脉冲个数就较少,输出 SPWM 波形将含有较多的低次谐波,为输出滤波带来困难。

因为异步调制和同步调制各有优缺点,为取长补短,实用中常采取分段同步调制的方法。即将交流输出的频率划分为若干段,各段采用不同的载波比 N,相当于异步调制。在各输出频率段内,采用同步调制的方法,保持载波比不变。分段同步调制在低频段输出时,采用较高的载波比,在高频段采用较低的载波比,使逆变器在输出频率的调节范围内,开关器件的开关频率控制在开关损耗允许的范围内,从而充分利用器件的开关能力,获得较好的波形输出。

2. SPWM 控制的数字化生成

现代电力电子变流装置大都以数字化方式产生 SPWM 驱动信号。在模拟控制电路中,采用比较器比较三角波和正弦波,在两者相等时,比较器的输出状态改变产生驱动信号。在微机控制的变频器中,一般 SPWM 驱动信号由软件来实现,三角波和正弦波的交点通过计算得到,并且在一次中断输出驱动信号之前,要完成三角波和正弦波交点的计算,因此要求计算程序简捷,占用机时少,这就产生了各种算法。直接计算交点的算法称为自然采样法,这种方法需要求解复杂的超越方程,花费较长机时难于在实时控制中使用。下面介绍一种实用的交点计算方法——规则采样法。

规则采样法的原理是固定在三角波的谷底时刻 t_P 采样正弦波 u_r 的值,并以此值计算与三角波两条边的交点时刻 t_A 和 t_B(图 5.10(a))。时刻 t_A 和 t_B 即是驱动信号的开关时间(图 5.10(b)),其算法为:设 $u_r = M\sin\omega_r t$ 式中,M——调制度 $0 \leqslant M < 1$,ω_r——u_r 角频率;三角波的峰值高度为 1,从图 5.10(a)可得

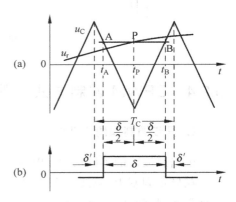

图 5.10　规则采样法

$$\frac{1 + M\sin\omega_r t_P}{\delta/2} = \frac{2}{T_C/2}$$

所以

$$\delta = \frac{T_C}{2}(1 + M\sin\omega_r t_P) \tag{5.4}$$

式中,δ——脉冲宽度,T_C——三角波周期。在三角波一个周期内,脉冲两边的间隙为

$$\delta' = \frac{1}{2}(T_C - \delta) = \frac{T_C}{4}(1 - M\sin\omega_r t_P) \tag{5.5}$$

规则采样法计算的开关时刻与自然采样法略有差异,但是误差不大。规则采样法固定了采样时刻 t_P,使计算大为简化,是一种实用的算法。在规则采样时,由于三角波的两条边对称,输出脉冲也是以三角波中线为对称的。

5.3　单相电流型逆变器

5.3.1　晶闸管单相电流型逆变器

晶闸管单相电流型逆变器电路如图 5.11(a)所示。电路中,$VT_1 \sim VT_4$ 组成逆变器,其直流环节有大电感 L_d,因此直流回路电流 I_d 基本不变,属于电流型逆变器。在 VT_1、VT_3 导通时有正向电流 I_d 自 A 流向 B,在 VT_2、VT_4 导通时有反向电流自 B 流向 A,因此 AB 间电流 i_o 是方波型的交流电(图 5.11(b))。

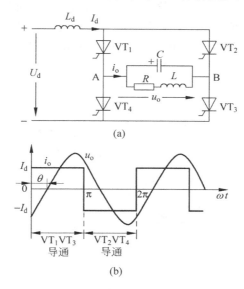

图 5.11　晶闸管单相电流型逆变器

因为在 VT_1、VT_3 或 VT_2、VT_4 导通时,晶闸管通过的电流都是 I_d,因此在 VT_1、VT_3 和 VT_2、VT_4 换流时,晶闸管不能自行关断。为了使晶闸管能受反向电压关断,该电路利用了 RLC 组成的并联谐振电路。一般 RL 是逆变器的负载,电容 C 是并联在负载两端的补偿电容器,并且电容处于过补偿状态,使并联谐振回路的电流 i_o 领先于电压 u_o 一个 θ 角(图 5.11(b)),θ 取决于电容的补偿程度。在 $\omega t = \pi$,VT_1 与 VT_2 需要换流时,触发 VT_2,VT_2 因为承受正向电压而导通,VT_2 的导通,使 VT_1 受反向电压 $u_{AB} = u_o$ 而关断。同理触发 VT_4,VT_3 也将承受反向电压而关断。在 i_o 的负半周 $\omega t = 2\pi$ 时,触发 VT_1 和 VT_3,将使 VT_2 和 VT_4 承受反向电压关断,这种利用负载电压使晶闸管关断的方式称为负载换流方式。

图 5.11 的电流型逆变器常用于感应电炉的中频电源,而 RL 负载则是感应电炉中频变压器的原边绕组。感应电炉通过改变直流电源 U_d,调节直流电流 I_d 来

调节感应电炉的输出功率,并且逆变器开关可以通过负载换流,因此直流电源一般采用晶闸管可控整流器。在使用中,电容 C 要预充电,在逆变器启动时,电容 C 与 RL 首先产生振荡,而晶闸管触发器则利用振荡产生的电压 u_o 为同步信号,使 $VT_1 \sim VT_4$ 的导通和关断与 u_o 同步,因此该晶闸管中频电源的输出频率即是 RLC 并联谐振电路的谐振频率。

5.3.2　电流跟踪型逆变器

电流跟踪型逆变器使逆变器输出电流跟随给定的电流波形变化,这也是一种 PWM 控制方式。电流跟踪一般采用滞环控制,即当逆变器输出电流与设定电流的偏差超过一定值时,改变逆变器的开关状态,使逆变器输出电流增加或减小,从而将输出电流与设定电流的偏差控制在一定范围内,其工作原理以图 5.12 说明。

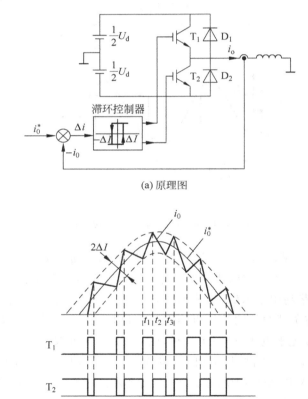

(a) 原理图

(b) 驱动脉冲

图 5.12　单相电流跟踪型逆变器原理

　　图 5.12(a)为单相滞环控制电流跟踪型逆变器,逆变器通过检测负载电流 i_0,并与给定电流 i_0^* 比较得到电流的偏差 Δi,偏差信号 Δi 经滞环控制器,当偏差超过滞环控制器的环宽 ΔI 时,则改变逆变器开关状态产生驱动脉冲。跟踪控制电流的波形如图 5.12(b)所示,在 t_1 时刻 T_1 导通,负载电流 i_0 增加;到 t_2 时,$i_0 >$ $i_0^* + \Delta I$,T_1 关断,T_2 驱动,因为是电感性负载,i_0 经二极管 D_2 续流,i_0 下降。到 t_3 时,$i_0 < i_0^* - \Delta I$,T_2 关断,T_1 导通,i_0 又开始上升。如此周而复始,逆变器输出电流 i_0 将跟随电流给定 i_0^* 的波形作锯齿状变化,而滞环控制器的环宽 ΔI 则决定了锯齿形变化的范围。若取较小的 ΔI,逆变器输出电流跟踪给定的效果更好,但是逆变器的开关频率将提高,开关的损耗将更大,在滞环控制跟踪型逆变器中选择适当的环宽是很重要的。

　　在滞环控制电流跟踪型逆变器中,T_1、T_2 的开关频率是不固定的,除受环宽的影响外,还受负载电感和给定电流 di/dt 的影响,开关频率高,开关的损耗也随之提高。为了限制开关损耗,电流跟踪型逆变器也可以用固定开关频率的控制方法,但是 T_1 和 T_2 以固定频率交替导通和关断,这时电流的偏差就不能固定,实际上这已经不是电流跟踪的方式。现在也提出一种三角波调制的电流跟踪型逆变器,其原理如图 5.13 所示。电流实际值与给定值比较后的偏差信号经放大器 A 放大,再与三角波比较产生 PWM 驱动信号。采用这种控制方式,开关器件的开关频率即是三角载波的频率,因此输出电流的谐波含量较小,可以用于对谐波和噪声要求较高的场合。

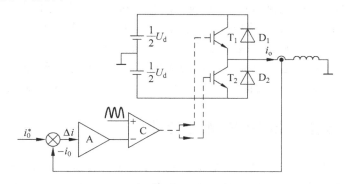

图 5.13　三角波比较电流跟踪型逆变器

　　电流跟踪型逆变器采取了电流的闭环控制,对电流进行实时控制,电流的响应速度快。电流跟踪型逆变器对电流的控制在逆变器中进行,其直流电源仍是电压型的,因此它是电压源型电流控制逆变器。电流跟踪控制的思路也可以用于电压的跟踪控制,不同的是检测的应是负载电压,给定也是电压波形。因为跟踪型逆变器主要采用电压源,其输出电压是矩形 PWM 波形,因此检测输出电压需要采取滤波措施。

5.4　三相电压型 PWM 逆变器

单相逆变器满足了单相交流负载调压调频的要求,但是三相交流负载需要三相逆变器,例如工业上大量使用的三相交流电动机调速就需要能调频调压的三相交流电源。三相逆变器可以由三个单相逆变器组成,这时使用的元器件较多,普遍采用的是六个功率器件组成的三相桥式电路结构（图 5.14）,其三相负载 Z_a、Z_b、Z_c 可以是星形连接或三角形连接。三相逆变器也有电压型和电流型电路,并且单相逆变器中研究的各种控制方式,方波控制、PWM 控制、单极性调制、双极性调制、电流跟踪控制等都可以应用在三相逆变器中。

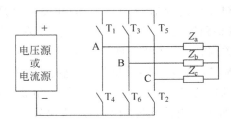

图 5.14　三相桥式逆变器基本结构

从三相桥的基本结构上看,除同相上下桥臂开关不能同时导通外,要形成直流电源经三相负载的电流通路,则必须不同相上桥臂或下桥臂各有一个开关同时导通;或者上桥臂（或下桥臂）有两个开关导通,下桥臂（或上桥臂）有不同相的一个开关导通。因此三相桥式逆变器有 180°导通型和 120°导通型,以方波输出的 180°导通型和 120°导通型三相逆变器的输出波形在导论中已经介绍,并且电压型方波输出三相逆变器现在已很少使用,因此这里主要介绍 PWM 控制的三相逆变器。

5.4.1　电压型三相 SPWM 逆变器

现代电压型三相 SPWM 逆变器主要采用全控型开关器件,其电路如图 5.15(a) 所示。其调制原理如图 5.15(b) 所示,三相调制波 u_{ra}、u_{rb} 和 u_{rc} 与相同三角波比较,在交点处产生各相的驱动脉冲,一般三相 SPWM 逆变器都采用双极性调制方法。图 5.15(c)、(d)、(e) 分别是逆变器输出端 A、B、C 与电源假想中性点 N′的电压,在各相上桥臂开关管导通时,该相输出电压为 $+U_d/2$,在下桥臂开关管导通时,该相输出电压为 $-U_d/2$。图 5.15(f) 为逆变器输出线电压 u_{AB} 的波形,$u_{AB}=u_{AN'}-u_{BN'}$。在负载星形连接时,一般其中性点 N 是悬空的,N 点与电源中性点 N′不相连接,因此 N 点电位是浮动的。根据 A、B、C 三点的电平,在 A、B、C 都是高电平时（T_1、T_3、T_5 导通）,或在 A、B、C 都是低电平时（T_4、T_6、T_2 导通）,负载没有电流,N 点电位为零。此外有两种情况:(1)上桥臂有两个开关导通,下桥臂有一个

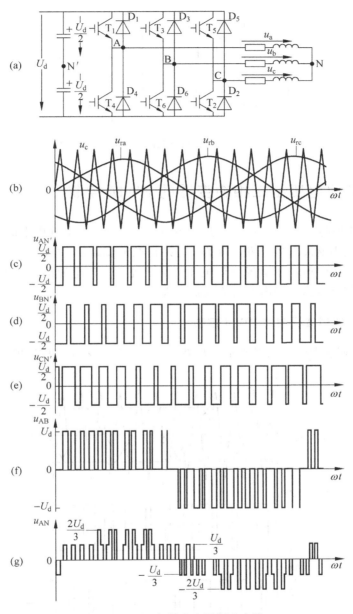

图 5.15　三相桥式电压源逆变器

开关导通,这时负载与电源的连接和各相的电压如图 5.16(a)所示。(2)上桥臂有一个开关导通,下桥臂有两个开关导通,这时负载与电源的连接和各相的电压如图 5.16(b)所示。根据各个开关区段的三相开关状态可以得到三相负载的相电压波形,图 5.15(g)是 A 相相电压 $u_a = u_{AN}$ 的波形,负载相电压有 5 种电平,即 $\pm U_d/3$、$\pm 2U_d/3$ 和零电平组成。

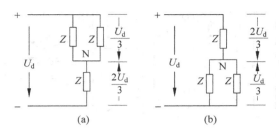

图 5.16　三相负载的连接状态

*5.4.2　其他电压型三相逆变器的 PWM 控制

SPWM 控制的调制波是正弦波,采用正弦波调制,输出电压中的低次谐波大为减小,从减小谐波影响是很有利的,但是正弦波调制时,直流电源的利用率不高,其基波电压幅值小于电源直流电压。为了提高直流电源的利用率,或减小开关次数和开关损耗,也提出了其他调制方法。

1. 采用梯形波调制的 PWM 控制

梯形波调制 PWM 控制的原理如图 5.17。载波仍采用双极性的三角波,调制

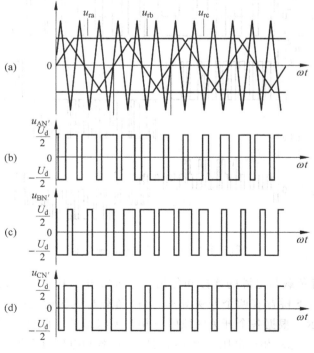

图 5.17　梯形波调制 PWM

波采用梯形波,在梯形波的顶部与三角波的交点有固定的宽度,比相同幅值 SPWM 产生的脉冲要宽,因此直流电源的利用率提高,输出电压的基波幅值也提高。梯形波调制的不足是,梯形波含有低次谐波,因此输出电压中也含有相应的低次谐波,其中 3 次及 3 的整倍数次谐波,因为是零序谐波,在星形连接中,谐波幅值相同,且相位相同,互相抵消不会对负载产生影响外,负载电压中还会存在 5 次、7 次等谐波。因此在应用中也可以考虑在低压时采用 SPWM 调制,在要求输出较高电压时采用梯形波调制,这样控制要复杂一些。

与梯形波调制相类似的还有叠加三次谐波和在半波 180°内分区调制等方法。叠加三次谐波的调制原理如图 5.18,调制波在正弦基波的基础上叠加了三次谐波,使调制波呈鞍形。即

$$u_r(\omega t) = U_{r1m}\sin\omega t + U_{r3m}\sin 3\omega t \tag{5.6}$$

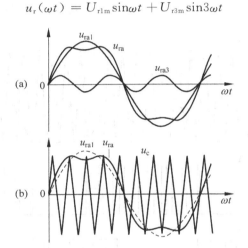

图 5.18　叠加三次谐波的 PWM 调制

显然基波的幅值 U_{r1m} 可以大于三角波的幅值,而调制比 M 仍可以小于 1($M<1$),因此叠加三次谐波后,输出电压的基波分量可以提高,并且三次谐波在负载中没有通路,不会对负载产生影响。

除在正弦波基础上叠加三次谐波,还可以叠加三的整倍数次谐波,甚至在叠加三次谐波的基础上再叠加直流分量。

叠加直流分量的 PWM 调制原理如图 5.19。设三角波幅值为 1,若 u_{ra1}、u_{rb1}、u_{rc1} 为三相调制波中的基波分量,取三相 u_{ra1}、u_{rb1} 和 u_{rc1} 的最小值(负半周包络线),叠加直流分量 1,得到信号 u_p:

$$u_p = -[1 + \min(u_{ra1}, u_{rb1}, u_{rc1})] \tag{5.7}$$

则三相调制信号分别为

$$u_{ra} = u_{ra1} + u_p$$
$$u_{rb} = u_{rb1} + u_p$$

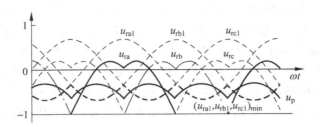

图 5.19　叠加直流分量调制波的生成

$$u_{\mathrm{rc}} = u_{\mathrm{rc1}} + u_{\mathrm{p}} \tag{5.8}$$

　　以此叠加了直流分量的三相调制信号与三角波调制,可得逆变器输出相电压和线电压波形如图 5.20,线电压和相电压中都不含直流分量。在调制信号为－1

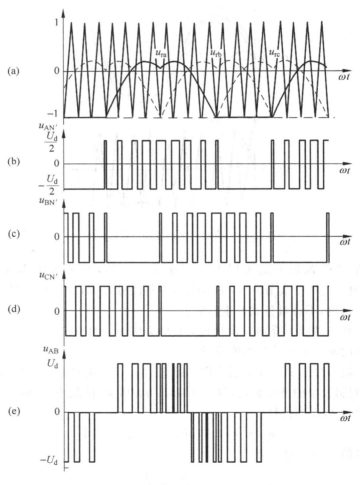

图 5.20　叠加直流分量的 PWM 调制

的 1/3 周期内,该相开关器件不动作,只有其他两相进行 PWM 控制,因此这种调制方式也称为两相控制。两相控制最大输出线电压基波幅值可达 U_d,与 SPWM 控制相比,直流电压利用率提高 15%,开关损耗可以减少 1/3。并且由于相电压中相应于 u_p 的谐波分量相互抵消,在输出的线电压中不含低次谐波。

如果将正弦波半波按 60° 分为三个区间,在前后 60° 区内采用 SPWM 调制,在中间 60° 不调制,这 60° 区间相应开关保持导通,也可以减少逆变器开关次数和开关损耗。

2. 特定次谐波消去法

在 DC/AC 逆变器中,电力电子器件工作于开关状态,输出交流的波形不是光滑连续的正弦波,都含有一定量的谐波,若采用 SPWM 控制低次谐波较少,但是器件的开关频率与调制度成正比,开关频率比较高,开关损耗也较大。在有些使用场合,只要求减小某些特定次数的谐波,一般是有限的低次谐波,这时可以采用特定次谐波消去法(selected harmonic elimination PWM,SHEPWM),其原理如下。

PWM 逆变器的各相输出是由一系列周期性脉冲组成,根据傅里叶分析,如果输出的正负半周以原点为对称,则输出电压中不含偶次谐波,并且如果输出半周内的脉冲又以 1/4 周期的轴线为对称,则输出电压的谐波中不含余弦分量,这时逆变器输出电压可用傅里叶级数表示为

$$u(\omega t) = \sum_{n=1,3,5,\cdots}^{\infty} a_n \sin n\omega t \tag{5.9}$$

式中,$a_n = \dfrac{4}{\pi} \displaystyle\int_0^{\frac{\pi}{2}} u(\omega t)\sin n\omega t \, \mathrm{d}\omega t$。

如图 5.21 所示,输出电压一周内有 18 个开关点,且波形以 1/4 周期为对称,因此只要确定其中四个开关点 α_1、α_2、α_3、α_4,其他开关点则可以类推(图 5.21)。该波形的 a_n 为

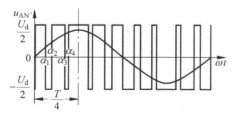

图 5.21　特定次谐波消去法

$$
\begin{aligned}
a_n &= \frac{4}{\pi}\bigg[\int_0^{\alpha_1}\frac{U_d}{2}\sin n\omega t \,\mathrm{d}\omega t + \int_{\alpha_1}^{\alpha_2}\left(-\frac{U_d}{2}\sin n\omega t\right)\mathrm{d}\omega t \\
&\quad + \int_{\alpha_2}^{\alpha_3}\frac{U_d}{2}\sin n\omega t \,\mathrm{d}\omega t + \int_{\alpha_3}^{\alpha_4}\left(-\frac{U_d}{2}\sin n\omega t\right)\mathrm{d}\omega t + \int_{\alpha_4}^{\frac{\pi}{2}}\frac{U_d}{2}\sin n\omega t \,\mathrm{d}\omega t \\
&= \frac{2U_d}{n\pi}(1 - 2\cos n\alpha_1 + 2\cos n\alpha_2 - 2\cos n\alpha_3 + 2\cos n\alpha_4)
\end{aligned} \tag{5.10}
$$

式中，$n=1,3,5,7,\cdots$。

在三相星形连接负载中没有三的整倍数次谐波，现欲消除 5,7,11 次谐波，则令 5、7、11 次谐波的幅值 a_5、a_7、a_{11} 为 0。由式(5.11)可得

$$
\left.
\begin{aligned}
a_1 &= \frac{2U_d}{\pi}(1-2\cos\alpha_1+2\cos\alpha_2-2\cos\alpha_3+2\cos\alpha_4)\\
a_5 &= \frac{2U_d}{5\pi}(1-2\cos5\alpha_1+2\cos5\alpha_2-2\cos5\alpha_3+2\cos5\alpha_4)=0\\
a_7 &= \frac{2U_d}{7\pi}(1-2\cos7\alpha_1+2\cos7\alpha_2-2\cos7\alpha_3+2\cos7\alpha_4)=0\\
a_{11} &= \frac{2U_d}{11\pi}(1-2\cos11\alpha_1+2\cos11\alpha_2-2\cos11\alpha_3+2\cos11\alpha_4)=0
\end{aligned}
\right\}
\quad (5.11)
$$

解方程组(5.11)，可得 α_1、α_2、α_3、α_4 四个开关时刻。以这四个开关时刻控制开关器件，得到的交流输出中就不含 5、7、11 次谐波，若是三相对称负载当然也没有 3 次、9 次谐波。如果要消除更多次谐波，则需要控制更多个开关点。若 1/4 周期中有 k 个开关点，可以建立 k 个方程，除基波外可以消除 $(k-1)$ 个特定次谐波。需要消除的谐波越多，需要联解的方程越多，计算越复杂，因此一般采用离线计算的方法，事先计算好开关时刻，在需要时调用。特定次谐波消去法一周期的开关次数与需消除的谐波有关，开关频率较低，开关损耗也减小。

*5.5　电压空间矢量控制逆变器 SVPWM

5.5.1　电压空间矢量

正弦交流电压(电流)可以用三角函数或指数函数(式 5.12)表示：

$$u_s = U_s\sin(\omega t+\varphi)$$
$$u_s = U_s e^{j(\omega t+\varphi)} = U_s e^{j\omega t} e^{j\varphi} \qquad (5.12)$$

将指数式表示的电压 $U_s e^{-j(\omega t+\varphi)}$ 画在二维 $\alpha\beta$ 平面上(如图 5.22 所示)，u_s 就是一个空间矢量(space vector)，U_s 是电压空间矢量的幅值，$(\omega t+\varphi)$ 是电压空间矢量的方向角。u_s 的幅值不变，方向角随时间 t 变化，一周期中电压空间矢量 u_s 顶点在 $\alpha\beta$ 平面上移动

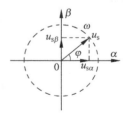

图 5.22　空间电压矢量图

的轨迹是一个圆，移动的角速度是 ω，$\omega=2\pi f$，φ 是电压空间矢量的初始角(相位)。在正弦交流电路中所有交流量的 ω 相同时，一般忽略旋转因子 $e^{j\omega t}$，空间矢量图就变为相量图，相量图仅表示各正弦量之间的相位关系。空间电压矢量 u_s 可以分解为 $\alpha\beta$ 轴上的两个分量 $u_{s\alpha}$、$u_{s\beta}$，$u_{s\alpha}$ 和 $u_{s\beta}$ 是相位互差 90° 的二相正弦电压，因此电压空间矢量 u_s 也可以看成是二相交流电压 $u_{s\alpha}$ 和 $u_{s\beta}$ 的合成。三相交流电也可以用 Park 变换等效为一个空间电压矢量，其变换式为

$$\boldsymbol{u}_\mathrm{s} = \frac{2}{3}\left[u_\mathrm{A}\mathrm{e}^{\mathrm{j}0} + u_\mathrm{B}\mathrm{e}^{\mathrm{j}2\pi/3} + u_\mathrm{C}\mathrm{e}^{\mathrm{j}4\pi/3}\right] \tag{5.13}$$

式中：$\boldsymbol{u}_\mathrm{s}$——三相电压空间矢量，以黑体表示；$u_\mathrm{A}$，$u_\mathrm{B}$，$u_\mathrm{C}$——三相电压，Park 变换对三相电压没有特殊要求，它们可以不是正弦波；$\frac{2}{3}$——使三相电压和电压空间矢量 $\boldsymbol{u}_\mathrm{s}$ 幅值相等的变换系数。

在三相为正弦电压时，将 $u_\mathrm{A} = U_\mathrm{s}\sin\omega t$，$u_\mathrm{B} = U_\mathrm{s}\sin\left(\omega t + \frac{2\pi}{3}\right)$，$u_\mathrm{C} = U_\mathrm{s}\sin\left(\omega t + \frac{4\pi}{3}\right)$ 代入式(5.13)可得

$$\boldsymbol{u}_\mathrm{s} = \frac{2U_\mathrm{s}}{3}\left[\sin\omega t\,\mathrm{e}^{\mathrm{j}0} + \sin\left(\omega t + \frac{2\pi}{3}\right)\mathrm{e}^{\mathrm{j}2\pi/3} + \sin\left(\omega t + \frac{4\pi}{3}\right)\mathrm{e}^{\mathrm{j}4\pi/3}\right] = U_\mathrm{s}\mathrm{e}^{\mathrm{j}\left(\omega t + \frac{\pi}{2}\right)}$$

$$\tag{5.14}$$

式(5.14)表明三相正弦电压合成的空间电压矢量在 $\alpha\beta$ 平面上移动的轨迹是一个圆。

三相 PWM 逆变器输出是一系列脉冲而不是连续光滑的正弦波，因此 PWM 逆变器输出三相电压合成的空间电压矢量移动的轨迹不是圆，但是圆形轨迹可以成为衡量 PWM 逆变器输出三相电压正弦度的标准，空间电压矢量移动轨迹越接近圆，逆变器输出三相的谐波越少。

5.5.2　逆变器开关状态与空间电压矢量轨迹

1. 逆变器开关状态与电压空间矢量

六开关三相桥式逆变器的基本结构如图 5.23，三相上下桥臂的开关以 S_A、S_B、S_C 表示，且令 S_A、S_B、$S_\mathrm{C} = 1$，是该相上桥臂开关 $(K_1$、K_3、$K_5)$ 接通；S_A、S_B、$S_\mathrm{C} = 0$，是该相下桥臂开关 $(K_2$、K_4、$K_6)$ 接通。因为上下桥臂开关状态互补，该电路有 $2^3 = 8$ 种可能的开关组合 $S_\mathrm{A}S_\mathrm{B}S_\mathrm{C}$（如表 5.1 所示）。

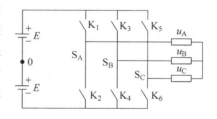

图 5.23　三相逆变器基本结构

表 5.1　逆变器开关状态和电压空间矢量

开关状态	工作状态						零状态	
状态编号	S_1	S_2	S_3	S_4	S_5	S_6	S_7	S_8
$S_\mathrm{A}S_\mathrm{B}S_\mathrm{C}$	100	110	010	011	001	101	000	111
空间电压矢量 $\boldsymbol{u}_\mathrm{s}$	$\boldsymbol{u}_{\mathrm{s}1}$ (100) $\frac{2}{3}U_\mathrm{d}\mathrm{e}^{\mathrm{j}0}$	$\boldsymbol{u}_{\mathrm{s}2}$ (110) $\frac{2}{3}U_\mathrm{d}\mathrm{e}^{\mathrm{j}\pi/3}$	$\boldsymbol{u}_{\mathrm{s}3}$ (010) $\frac{2}{3}U_\mathrm{d}\mathrm{e}^{\mathrm{j}2\pi/3}$	$\boldsymbol{u}_{\mathrm{s}4}$ (011) $\frac{2}{3}U_\mathrm{d}\mathrm{e}^{\mathrm{j}\pi}$	$\boldsymbol{u}_{\mathrm{s}5}$ (001) $\frac{2}{3}U_\mathrm{d}\mathrm{e}^{\mathrm{j}4\pi/3}$	$\boldsymbol{u}_{\mathrm{s}6}$ (101) $\frac{2}{3}U_\mathrm{d}\mathrm{e}^{\mathrm{j}5\pi/3}$	$\boldsymbol{u}_{\mathrm{s}7}$ (000) 0	$\boldsymbol{u}_{\mathrm{s}8}$ (111) 0

(1) 在逆变器开关状态为 $S_AS_BS_C=100$ 时,即 K_1、K_4、K_6 接通,三相电压为

$$u_A=\frac{2U_d}{3},u_B=u_C=-\frac{U_d}{3}$$

将 u_A、u_B、u_C 代入式(5.13)得

$$\begin{aligned}\boldsymbol{u}_{s2}(100)&=\frac{2}{3}\left[\left(\frac{2}{3}U_d\right)e^{j0}-\frac{1}{3}U_de^{j2\pi/3}-\frac{1}{3}U_de^{j4\pi/3}\right]\\&=\frac{2}{3}U_d\left[\frac{2}{3}-\frac{1}{3}\left(-\frac{1}{2}+j\frac{\sqrt{3}}{2}\right)-\frac{1}{3}\left(-\frac{1}{2}-j\frac{\sqrt{3}}{2}\right)\right]=\frac{2}{3}U_d=\frac{2}{3}U_de^{j0}\end{aligned}\tag{5.15}$$

式(5.15)表明在逆变器开关状态为100时,电压空间矢量 $\boldsymbol{u}_{s1}$ 的幅值为 $\frac{2U_d}{3}$,指向为坐标0°方向(图5.24)。

图5.24 三相逆变器电压空间矢量

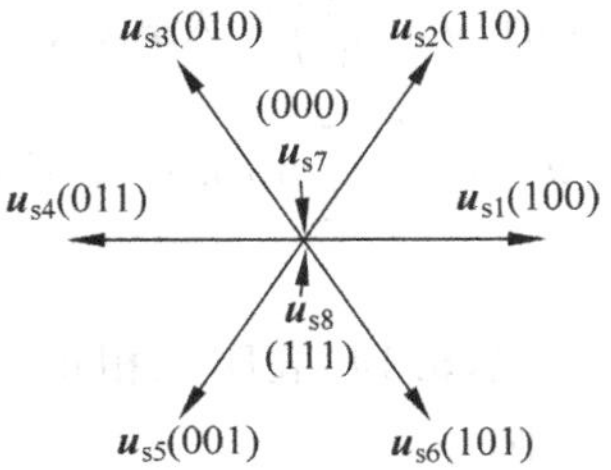

(2) 在开关状态 $S_AS_BS_C=110$ 时,即 K_1、K_3、K_6 接通,$u_A=u_B=\frac{U_d}{3}$,$u_C=-\frac{2U_d}{3}$,将 u_A、u_B、u_C 代入式5.13得

$$\begin{aligned}\boldsymbol{u}_{s2}(110)&=\frac{2}{3}\left[\frac{1}{3}U_de^{j0}+\frac{1}{3}U_de^{j2\pi/3}-\frac{2}{3}U_de^{j4\pi/3}\right]\\&=\frac{2}{3}U_d\left[\frac{1}{3}+\frac{1}{3}\left(-\frac{1}{2}+j\frac{\sqrt{3}}{2}\right)-\frac{2}{3}\left(-\frac{1}{2}-j\frac{\sqrt{3}}{2}\right)\right]\\&=\frac{2}{3}U_d\left(\frac{1}{2}+\frac{\sqrt{3}}{2}j\right)=\frac{2}{3}U_de^{j\frac{\pi}{3}}\end{aligned}\tag{5.16}$$

式(5.16)表明逆变器开关状态为110时 $\boldsymbol{u}_{s2}$ 的幅值为 $\frac{2U_d}{3}$,方向为 $\frac{\pi}{3}$。

依次类推,可得逆变器六种开关工作状态下的电压空间矢量 $\boldsymbol{u}_{s1}\sim\boldsymbol{u}_{s6}$(表5.1)。开关状态000和111,即下桥臂开关 K_2、K_4、K_6 或上桥臂开关 K_1、K_3、K_5 同时导通,空间电压矢量 $\boldsymbol{u}_{s7}=\boldsymbol{u}_{s8}=0$。图5.24表示了三相逆变器电压空间矢量在二维平面上的大小和方向。

2. 三相逆变器电压空间矢量运动轨迹

如果三相逆变器六个开关在一周期依次导通1/6周期,每种状态保持时间 $t=\frac{2\pi f}{6}$,空间电压矢量运动轨迹如图5.25。设 t_0 时空间电压矢量为 $\boldsymbol{u}_{s0}$,其位置如图5.25。在 t_0 时,选择开关状态S4(011),则 $\boldsymbol{u}_s=\boldsymbol{u}_{s4}$,在开关状态S4(011)维持不变期间 $\boldsymbol{u}_s$ 运动轨迹为

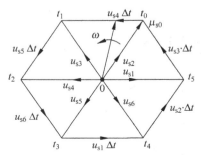

图5.25 空间电压矢量运动轨迹

$$\boldsymbol{u}_s=\int\boldsymbol{u}_{s4}\,dt=\frac{4}{3}Ee^{j\pi}\times\Delta t+\boldsymbol{u}_{s0}\tag{5.17}$$

$\boldsymbol{u}_s$ 从初始值 $\boldsymbol{u}_{s0}$ 开始,沿空间电压矢量 $\boldsymbol{u}_{s4}$

的方向移动,移动中 u_s 是 u_{s0} 和 u_{s4} 时间增量的矢量和。

在 t_1 时刻,将逆变器开关状态切换为 S5(001),逆变器输出电压矢量为 u_{s5},同样可以按式(5.17),决定电压矢量 u_s 的轨迹。之后在 $t_2 \sim t_5$ 时刻依次切换逆变器开关状态,电压空间矢量 $u_{s1} \sim u_{s6}$ 依次作用,u_s 的运动轨迹为正六边形,旋转速度为 ω,ω 取决于开关状态 $S_1 \sim S_6$ 切换的循环周期 $T = 1/f$,$\omega = 2\pi f$。六节拍逆变器(图 1.11(a))开关 $K_1 \sim K_6$ 相隔 $60°$ 依次通断,逆变器输出电压为六阶梯波,以电压空间矢量描述,就是 $u_{s1} \sim u_{s6}$ 的依次作用。

如果逆变器连接三相交流电动机,电动机三相绕组产生的旋转磁场

$$\boldsymbol{\Psi}_s \approx \int u_s \mathrm{d}t = u_s \Delta t + \boldsymbol{\Psi}_{s0} \tag{5.18}$$

比较式(5.17)和式(5.18)可知空间电压矢量运动的轨迹也是电动机磁链的运动轨迹,六节拍逆变器产生六边形磁链,与电动机在正弦电压供电时的圆形磁链轨迹有很大不同。六边形磁链轨迹的幅值是变化的,定子磁链幅值的变化必然带来电机转矩的波动,影响电动机的转速稳定。

在图 5.25 中,如果在 t_0 时刻选择电压矢量 u_{s6},并且以 $u_{s6} \rightarrow u_{s5} \rightarrow u_{s4} \rightarrow u_{s3} \rightarrow u_{s2} \rightarrow u_{s1} \rightarrow u_{s6}$ 的顺序切换电压空间矢量,u_s 轨迹将顺时针旋转,对电动机而言是改变转向。

5.5.3 零矢量作用

六节拍逆变器使用了 u_s 的 6 个矢量,还有两个零状态没有利用。如果在 $u_{s1} \sim u_{s6}$ 作用的某个时刻,改变逆变器开关状态为 000 或 111,即插入零矢量 u_{s7} 或 u_{s8},由式(5.17)可知,u_s 将在该插入的时刻停留原地不移动,插入 u_{s7} 或 u_{s8} 期间 $\omega = 0$,u_s 旋转一周需要更多时间,也就是说插入零矢量调节了 u_s 的旋转速度(图 5.26)。对电动机而言,插入零矢量,定子磁链 ψ_s 旋转停顿,转子磁链 ψ_r 由惯性继续旋转,定子磁链与转子磁链的夹角 θ 变化,即调节了电动机转矩 T_e。

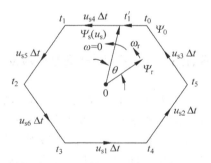

图 5.26 零矢量和转矩调节

$$T_e = K_m \psi_s \psi_r \sin\theta \tag{5.19}$$

插入零矢量时选择 u_{s7} 还是 u_{s8} 的原则是使逆变器开关次数最少,以减小开关损耗,例如在 u_{s4} 作用区间插入 u_{s8},逆变器开关状态从 u_{s4}(011)变为 u_{s8}(111),只有 A 相开关 S_A 状态从 0 变 1,开关次数最少,开关损耗最小。

六节拍三相逆变器空间电压矢量运动轨迹是六边形,为了使轨迹近似圆形,利用逆变器的 8 种开关状态有多种电压空间矢量控制策略。

5.5.4　圆形电压空间矢量轨迹偏差控制

圆形电压空间矢量轨迹偏差控制的原理是在给定 u_s 的基础上,规定 u_s 允许的变动偏差范围 Δu_s,当电压空间矢量超出偏差允许范围时,改换新的电压矢量,将电压矢量轨迹控制在规定的偏差范围内。如图 5.27,t_0 时刻选择 u_{s2},u_s 沿 u_{s2} 方向移动,u_s 增加,在 t_1 时 u_s 将超出偏差允许范围,切换电压空间矢量为 u_{s3},u_s 减小;在 t_2 时 u_s 将超出负偏差允许范围,切换空间电压矢量为 u_{s2},u_s 将增加,如此进行,可以将 u_s 的轨迹限制在偏差 Δu_s 范围内。Δu_s 越小,则 u_s 轨迹越接近圆。当然 Δu_s 越小,电压空间矢量的切换越频繁,逆变器开关次数将增加。

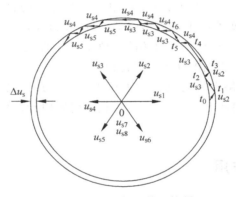

图 5.27　圆形轨迹偏差控制

5.5.5　正多边形 SVPWM 控制

偏差控制的不足是矢量运动轨迹是不规则的多边形,这时逆变器调制频率是变化的。正多边形 SVPWM 控制的目的是使电压空间矢量运动轨迹为正多边形,正多边形的边数越多正多边形越接近于圆,正多边形每条边的边长相等,相当于开关作用时间相同,即逆变器调制频率不变,有利于减少谐波和滤波器设计。

1. 正 N 边形电压空间矢量

正 N 边形电压空间矢量每条边的作用时间为:$T_0 = \dfrac{1}{Nf} = \dfrac{2\pi}{N\omega_1}$,一般 N 为 6 的倍数。每条边由两个相邻的电压空间矢量合成。如图 5.27 的 $t_1 \sim t_2$,是 u_{s2} 和 u_{s3} 作用,它们的合成矢量 u_s 如图 5.28,调节 u_{s2} 的作用时间 t_1 和 u_{s3} 的作用时间 t_2 可以改变合成电压矢量 u_s 的大小和方向角 λ,

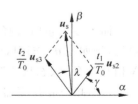

图 5.28　空间电压矢量的合成

$$u_{s} = \frac{t_1}{T_0}u_{s2} + \frac{t_2}{T_0}u_{s3} = \frac{2}{3}U_{d}\left(\frac{t_1}{T_0}e^{j\frac{\pi}{3}} + \frac{t_2}{T_0}e^{j\frac{2\pi}{3}}\right)$$

$$= \frac{2}{3}U_{d}\left[\frac{t_1}{T_0}\left(\cos\frac{\pi}{3} + j\sin\frac{\pi}{3}\right) + \frac{t_2}{T_0}\left(\cos\frac{2\pi}{3} + j\sin\frac{2\pi}{3}\right)\right]$$

$$= \frac{2}{3T_0}U_{d}\left[\frac{1}{2}(t_1 - t_2) + j\frac{\sqrt{3}}{2}(t_1 + t_2)\right] \tag{5.20}$$

且

$$u_{s} = U_{s}\cos(\lambda + \gamma) + jU_{s}\sin(\lambda + \gamma) \tag{5.21}$$

比较式(5.19)和式(5.20)的实部和虚部,在 $\boldsymbol{u}_{s2}$ 和 $\boldsymbol{u}_{s3}$ 合成时, $\gamma = \frac{\pi}{3}$,可得

$$U_{s}\cos\left(\lambda + \frac{\pi}{3}\right) = \frac{U_{d}}{3T_0}(t_1 - t_2) \tag{5.22}$$

$$U_{s}\sin\left(\lambda + \frac{\pi}{3}\right) = \frac{U_{d}}{\sqrt{3}T_0}(t_1 + t_2) \tag{5.23}$$

由式(5.22)得

$$t_2 = \frac{\sqrt{3}T_0U_{s}}{U_{d}}\sin\left(\lambda + \frac{\pi}{3}\right) - t_1 \tag{5.24}$$

将式(5.24)代入式(5.22),且令调制度 $K = \frac{\sqrt{3}U_{s}}{U_{d}}$

$$t_1 = \frac{\sqrt{3}T_0U_{s}}{U_{d}}\left[\sqrt{3}\cos\left(\lambda + \frac{\pi}{3}\right) + \sin\left(\lambda + \frac{\pi}{3}\right)\right] = KT_0\sin\left(\frac{\pi}{3} - \lambda\right) \tag{5.25}$$

将 t_1 代入式(5.22)可得

$$t_2 = \frac{\sqrt{3}T_0U_{s}}{U_{d}}\left[\sin\left(\lambda + \frac{\pi}{3}\right) - \sin\left(\frac{\pi}{3} - \lambda\right)\right] = KT_0\sin\lambda \tag{5.26}$$

$$t_1 + t_2 = \frac{\sqrt{3}T_0U_{s}}{U_{d}}\left[\sin\left(\frac{\pi}{3} - \lambda\right) + \sin\lambda\right] = KT_0\sin\left(\frac{\pi}{3} + \lambda\right) \tag{5.27}$$

将电压矢量平面分为 6 个扇区(图 5.29),每扇区作用电压矢量如表 5.2 所示。每个扇区有 $n = \frac{N}{6}$ 条边,每条边对应的 λ 分别为 $\lambda_1 = \frac{\pi}{N}$, $\lambda_2 = \lambda_1 + \frac{2\pi}{N}$,…。例如 $N = 12$,每个扇区磁链轨迹有 2 条边, $\lambda_1 = \frac{\pi}{N} = \frac{\pi}{12}$, $\lambda_2 = \lambda_1 + \frac{2\pi}{N} = \frac{\pi}{4}$ 。由于扇区的对称性,计算一个扇区的 n 组 t_1 和 t_2 可以用于其他扇区。

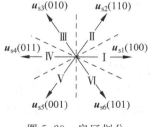

图 5.29　扇区划分

表 5.2　扇区电压矢量表

扇　区	I	II	III	IV	V	VI
正转电压矢量	u_{s3}(010)	u_{s3}(010)	u_{s5}(001)	u_{s5}(001)	u_{s1}(100)	u_{s1}(100)
	u_{s2}(110)	u_{s4}(011)	u_{s4}(011)	u_{s6}(101)	u_{s6}(101)	u_{s2}(110)
反转电压矢量	u_{s5}(001)	u_{s5}(001)	u_{s3}(010)	u_{s3}(010)	u_{s1}(100)	u_{s1}(100)
	u_{s6}(101)	u_{s4}(011)	u_{s4}(011)	u_{s2}(110)	u_{s2}(110)	u_{s6}(101)

　　由电压矢量产生正多边形轨迹的方法有多种,图 5.30(a)多边形每条边由两个电压空间矢量合成,图 5.30(b)是将合成每条边的两个电压空间矢量中的一个二等分,分别放在另一个电压矢量前后,正多边形每条边由 3 段电压矢量合成。

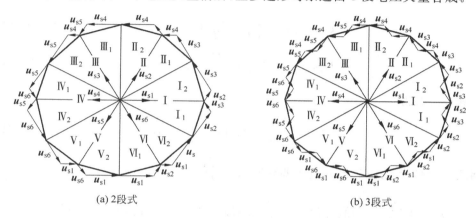

(a) 2段式　　　　　　　　　　　　　　(b) 3段式

图 5.30　12 边形电压空间矢量轨迹

2. 零矢量插入

　　一般逆变器三相输出电压$\sqrt{3}U_s \leqslant U_d$,调制度 $K = \dfrac{\sqrt{3}U_s}{U_d} \leqslant 1$,由式(5.27)可知 $\dfrac{t_1 + t_2}{T_0} \leqslant 1$,即两个电压矢量作用时间$(t_1 + t_2)$小于多边形每边的时间 T_0,不足的时间需要用零矢量来补足,零矢量作用时间为

$$t_0 = T_0 - (t_1 + t_2) \tag{5.28}$$

　　插入零矢量有集中和分散的多种方法,但是从表 5.1 可见无论在那两个相邻矢量间插入零矢量 u_{s7}(000)或 u_{s8}(111),都不能保证插入前后的开关次数都为最少,只有在作用电压矢量中间插入零矢量,才能使零矢量插入前后都只有一相开关状态改变,开关次数为最少。这里介绍一种三角波比较的方法(图 5.31),以三角波(幅值为 1)与调制度 K 比较得到零矢量脉冲,使零矢量时间 t_0 分为数等份插入,等份数由三角波调制频率决定,在各区段电压矢量作用时出现零矢量脉冲就选择零矢量 u_{s7}(000)或 u_{s8}(111)插入。

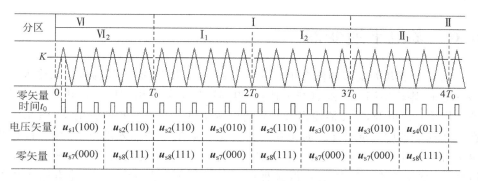

图 5.31　零矢量插入的三角波比较法

实际上 SPWM 调制也可以视为 SVPWM 调制的一种方式,图 5.32 给出了 SPWM 调制开关状态与电压空间矢量的关系。

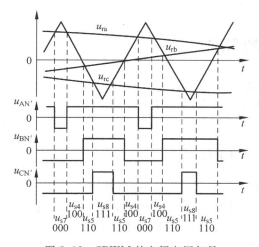

图 5.32　SPWM 的空间电压矢量

电压空间矢量 SVPWM 控制有以下特点:

(1) 电压空间矢量与逆变器开关状态相对应,六开关的桥式逆变器可以产生 8 种电压空间矢量。逆变器输出波形可以通过电压空间矢量的选择和组合来控制。

(2) 电压空间矢量的作用时间调节了输出脉冲的宽度,从这意义上讲也是一种 PWM 调制方式。

(3) SVPWM 控制下逆变器直流电压利用率较高。

(4) SVPWM 控制电压空间矢量的选择和优化,特别适宜于微机和微处理芯片控制,构成数字化装置。

*5.6　多电平逆变器

在 1.2 节开关变流的概念中,介绍了 $m \times n$ 个开关的变流电路,如果输入端有多种电平,则输出端可以通过开关选择,得到更优美的输出波形。六开关桥式逆变器采用单直流电源,逆变器输出端对直流电源中性点只有 $\pm E$ 两种电平(图 5.21),在三相逆变器中只能产生 8 种电压空间矢量。如果增加输入端电平,则可以得到更多种的电压空间矢量,使输出波形进一步优化。一般逆变器直流电源通过整流得到,以增加整流器数量来获得多种电平,在经济上是不合算的,使电路也更复杂。如何通过单直流电源得到多种直流电平,提高逆变器性能,是多电平逆变器研究的内容。现在已有三电平和五电平逆变器,更多电平的逆变器在理论上是可以的,但是电路结构更复杂,也带来更高的控制要求,目前还没有得到使用,这里重点介绍三电平逆变器原理。

5.6.1　三电平的形成

由单直流电源得到三电平的电路如图 5.33。电路由四个开关管和六个二极管组成,有三种工作状态。

1. "1 状态"$U_{AM} = +E/2$

当 i_A 为正时,使 T_{11} 和 T_{12} 导通,电流从 P→T_{11}→T_{12}→A,$U_{AM} = +E/2$。当 i_A 为负时,电流从 A→D_{11}→D_{12}→P,$U_{AM} = +E/2$。其中二极管 D_{01} 的作用是,在 i_A 为正或负时,阻断电容 C_1 被 T_{11} 或 D_{11} 短路。因此无论 i_A 为正或为负,A 点对 M 点都有高电平 $U_{AM} = +E/2$。

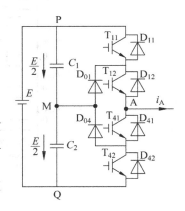

图 5.33　三电平的形成

2. "0 状态"$U_{AM} = 0$

当 i_A 为正时,使 T_{12} 导通,电流从 M→D_{01}→T_{12}→A,$U_{AM} = 0$。当 i_A 为负时,使 T_{41} 导通,电流从 A→T_{41}→D_{04}→M,$U_{AM} = 0$。因此无论 i_A 为正或为负,A 点对 M 点都为 0 电平,$U_{AM} = 0$。

3. "−1 状态"$U_{AM} = -E/2$

当 i_A 为正时,电流从 Q→D_{42}→D_{41}→A,$U_{AM} = -E/2$。当 i_A 为负时,使 T_{41} 和 T_{42} 导通,电流从 A→T_{41}→T_{42}→Q,$U_{AM} = -E/2$。二极管 D_{04} 的作用是,在 i_A

为正或负时,阻止电容 C_2 被 T_{41} 或 D_{41} 短路。因此无论 i_A 为正或为负,A 点对 M 点都有负电平 $U_{AM} = -E/2$。

由三个单相三电平电路可以组成三相三电平逆变器(图 5.34),其输出端 A、B、C 对 M 中点都有 $+E/2、0、-E/2$ 三种电平。因此以 S 表示每相桥臂的开关状态,则有 $S_A = 1,0,-1$, $S_B = 1,0,-1$, $S_C = 1,0,-1$,共 $3^3 = 27$ 种状态。

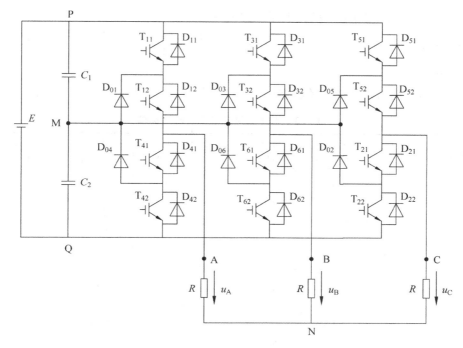

图 5.34　三相三电平逆变器

5.6.2　三相三电平逆变器的电压空间矢量

在 $S_A = 0$、$S_B = 1$、$S_C = 1$ 时,$U_{AM} = 0$、$U_{BM} = +E/2$、$U_{CM} = +E/2$,因此三相相电压分别为

$$u_A = \frac{0 - E/2}{3R/2} \times R = -\frac{E}{3}, \quad u_B = \frac{E/2 - 0}{3R/2} \times \frac{R}{2} = \frac{E}{6}$$

$$u_C = \frac{E/2 - 0}{3R/2} \times \frac{R}{2} = \frac{E}{6}$$

将 u_A、u_B、u_C 代入式(5.13),经 Park 变换得电压空间矢量

$$u_S(S_A, S_B, S_C) = u_S(011) = \frac{2}{3}\left[-\frac{E}{3} + \frac{E}{6}e^{j120°} + \frac{E}{6}e^{j240°}\right] = \frac{1}{3}Ee^{j120°}$$

在 $S_A = -1$、$S_B = 1$、$S_C = -1$ 时,$U_{AM} = -E/2$、$U_{BM} = +E/2$、$U_{CM} = -E/2$,因此三相相电压分别为

$$u_A = \frac{-E/2 - E/2}{3R/2} \times \frac{R}{2} = -\frac{E}{3}$$

$$u_B = \frac{E/2 - (-E/2)}{3R/2} \times R = \frac{2E}{3}$$

$$u_C = \frac{-E/2 - E/2}{3R/2} \times \frac{R}{2} = -\frac{E}{3}$$

代入式(5.13),经 Park 变换得电压空间矢量

$$u_S(S_A, S_B, S_C) = u_S(-1, 1, -1) = \frac{2}{3}\left[-\frac{E}{3} + \frac{2E}{3}e^{j120°} - \frac{E}{3}e^{j240°}\right] = \frac{2}{3}Ee^{j120°}$$

……

27 个电压空间矢量及其开关状态如表5.3。表中序号1和2,5和6,9和10,13和

表 5.3　电压空间矢量及其开关状态

序号	开关状态 (S_A, S_B, S_C)	电压空间矢量	矢量编号	序号	开关状态 (S_A, S_B, S_C)	电压空间矢量	矢量编号
1	$(0, -1, -1)$	$\frac{1}{3}Ee^{j0°}$	$\boldsymbol{u}_{s1}$	15	$(-1, 1, 1)$	$\frac{2}{3}Ee^{j180°}$	$\boldsymbol{u}_{s11}$
2	$(0, -1, -1)$	$\frac{1}{3}Ee^{j0°}$		16	$(-1, 0, 1)$	$\frac{\sqrt{3}}{3}Ee^{j210°}$	$\boldsymbol{u}_{s12}$
3	$(1, 0, 0)$	$\frac{2}{3}Ee^{j0°}$	$\boldsymbol{u}_{s2}$	17	$(-1, -1, 0)$	$\frac{1}{3}Ee^{j240°}$	$\boldsymbol{u}_{s13}$
4	$(1, -1, -1)$	$\frac{\sqrt{3}}{3}Ee^{j30°}$	$\boldsymbol{u}_{s3}$	18	$(0, 0, 1)$	$\frac{1}{3}Ee^{j240°}$	
5	$(1, 0, -1)$	$\frac{1}{3}Ee^{j60°}$	$\boldsymbol{u}_{s4}$	19	$(-1, -1, 1)$	$\frac{2}{3}Ee^{j240°}$	$\boldsymbol{u}_{s14}$
6	$(1, 1, 0)$	$\frac{1}{3}Ee^{j60°}$		20	$(0, -1, 0)$	$\frac{\sqrt{3}}{3}Ee^{j270°}$	$\boldsymbol{u}_{s15}$
7	$(1, 1, -1)$	$\frac{2}{3}Ee^{j60°}$	$\boldsymbol{u}_{s5}$	21	$(0, -1, 0)$	$\frac{1}{3}Ee^{j300°}$	$\boldsymbol{u}_{s16}$
8	$(0, 1, -1)$	$\frac{\sqrt{3}}{3}Ee^{j90°}$	$\boldsymbol{u}_{s6}$	22	$(1, 0, 1)$	$\frac{1}{3}Ee^{j300°}$	
9	$(-1, 0, -1)$	$\frac{1}{3}Ee^{j120°}$	$\boldsymbol{u}_{s7}$	23	$(1, -1, 1)$	$\frac{2}{3}Ee^{j300°}$	$\boldsymbol{u}_{s17}$
10	$(0, 1, 1)$	$\frac{1}{3}Ee^{j120°}$		24	$(1, -1, 0)$	$\frac{\sqrt{3}}{3}Ee^{j330°}$	$\boldsymbol{u}_{s18}$
11	$(-1, 1, -1)$	$\frac{2}{3}Ee^{j120°}$	$\boldsymbol{u}_{s8}$	25	$(0, 0, 0)$	0	$\boldsymbol{u}_{s0}$
12	$(-1, 1, 0)$	$\frac{\sqrt{3}}{3}Ee^{j150°}$	$\boldsymbol{u}_{s9}$	26	$(1, 1, 1)$	0	
13	$(0, 1, 1)$	$\frac{1}{3}Ee^{j180°}$	$\boldsymbol{u}_{s10}$	27	$(-1, -1, -1)$	0	
14	$(-1, 0, 0)$	$\frac{1}{3}Ee^{j180°}$					

14,17 和 18,21 和 22 的电压空间矢量,开关状态不同,但得到的电压空间矢量相同,序号 25、26 和 27 是三个零矢量。27 个矢量的空间位置从 0°开始,以 30°为增量呈放射分布,并且除 30°、90°、150°、210°、270°上只有一个矢量外,其他方向上都有三种开关状态,两个电压矢量。电压矢量的幅值有 0、$\dfrac{1}{3}E$、$\dfrac{\sqrt{3}}{3}E$、$\dfrac{2}{3}E$ 四种。显然三电平逆变器比二电平逆变器有更多的开关状态和电压空间矢量选择,控制的策略也更多,在正弦 PWM 调制输出时输出电压的波形质量可以更好,谐波的含量可以减少。三电平逆变器比二电平逆变器输出的三相线电压峰值稍低,但是三电平逆变器的直流侧电压由两个开关管分担,钳位二极管限制了开关器件的端电压不超过 $E/2$,较二电平逆变器低,因此三电平逆变器适合使用在高电压、大功率的场合。目前多电平逆变器常使用开关频率较低,但电压、电流额定值都最高的 GTO 器件。

5.7　三相电流型逆变器

电流型逆变器中间直流环节采用大电感滤波(图 5.1(b)),大电感使直流回路电流不易变化,在逆变器开关动作时,如果不能保证逆变器输入电流稳定,则易产生很高的 di/dt,影响逆变器的安全运行,电压型逆变器则没有这类问题,因此目前中、小功率变频器大都采用电压型逆变器,电流型逆变器使用较少。但是电流型逆变器,一般其直流电源采用晶闸管可控整流,通过调节控制角可以进行有源逆变,将交流电动机制动过程中电机的惯性储能回馈电网,实现节能和四象限运行,是一种很有特点的逆变器。

5.7.1　方波型三相电流源型逆变器

方波型三相电流源型逆变器又称串联二极管式电流源型逆变器,其电路如图 5.35。图中晶闸管整流器和电感 L 组成电流源,晶闸管 $VT_1 \sim VT_6$ 和二极管 $VD_1 \sim VD_6$ 组成三相逆变桥。换流电容 $C_1 \sim C_6$ 为晶闸管提供反向关断电压。

1. 电路工作原理

三相电流源型逆变器晶闸管采取 120°导通方式,即一周期中,VT_1、VT_3、VT_5 依次换流,VT_4、VT_6、VT_2 依次换流,各导通 120°,因此逆变器输出电流波

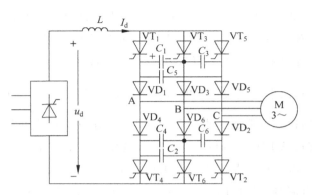

图 5.35　方波型三相电流源型逆变器

形如图 5.36。120°导通型,每瞬时上下桥臂各有一个晶闸管导通。在 VT_1 和 VT_6 同时导通区间,电流 I_d 经 $VT_1 \rightarrow VD_1 \rightarrow A \rightarrow$ 电动机 A 相绕组 → 电动机 B 相绕组 → B → $VD_6 \rightarrow VT_6 \rightarrow$ 电源。在 VT_1 和 VT_2 导通区间,电流 I_d 经 $VT_1 \rightarrow VD_1 \rightarrow A \rightarrow$ 电动机 A 相绕组 → 电动机 C 相绕组 → C → $VD_2 \rightarrow VT_2 \rightarrow$ 电源。在 VT_3 和 VT_2 导通区间,电流 I_d 经 $VT_3 \rightarrow VD_3 \rightarrow B \rightarrow$ 电动机 B 相绕组 → 电动机 C 相绕组 → C → $VD_2 \rightarrow VT_2 \rightarrow$ 电源,晶闸管依次两两导通,电动机三相电流为交流方波,电流频率取决于 $VT_1 \sim VT_6$ 的循环工作周期,电流大小通过晶闸管整流器调节。

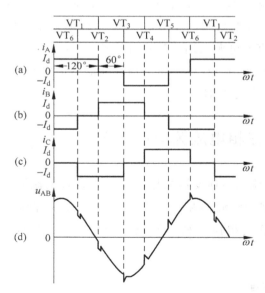

图 5.36　方波型三相电流源型逆变器

2. 换流过程

因为晶闸管为半控型器件,在通过电流为直流时不能自行关断,需要有电容 $C_1 \sim C_6$ 组成的辅助电路帮助晶闸管在该关断时关断。以辅助电路帮助晶闸管关断的方式称为强迫换流。现以 VT_3 和 VT_1 的换流过程予以说明。

(1) VT_1 关断阶段。在 VT_1 和 VT_6 导通时,电容 C_1 同时充电(实际上是 C_3、C_5 串联再与 C_1 并联的等效电容充电),极性左"+"右"−",为换流作准备。在 VT_3 触发时,因为 VT_3 承受正向电压立即导通,使电容 C_1 的电压施加在 VT_1 两端,因为电容 C_1 正极端连接 VT_1 阴极,负极经 VT_3 加到 VT_1 阳极,VT_1 承受反向电压而关断。

(2) 电容放电和反向充电阶段。在 VT_1 关断后,C_1 要经 $VD_1 \rightarrow A \rightarrow A$ 相绕组 $\rightarrow$ 电动机 C 相绕组 $\rightarrow C \rightarrow VD_2 \rightarrow VT_2 \rightarrow$ 电源 $\rightarrow VT_3 \rightarrow C_1$ 以恒流 I_d 放电(图 5.37 中 $t_1 \sim t_2$)。在放电结束后,C_1 还要继续经上述回路反向充电($t_2 \sim t_3$),使电容 C_1 右端电位从"−"变"+",左端电位从"+"变"−",从而使二极管 VD_1 趋于截止,VD_3 趋于导通,电机 A 相断流,B 相得电,到 t_3 时完成 A 相和 B 相的换流过程。其他晶闸管的换流过程与此类似。该电容辅助关断电路,

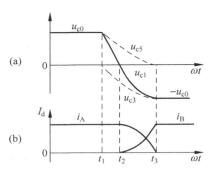

图 5.37　方波型三相电流源型逆变器换流过程

电容的充电值受负载电流 I_d 影响,轻载时充电值 u_{c0} 可能不足以使晶闸管关断,这时还需要电容的辅助充电电路。

3. 电动机负载时情况

电动机负载时,逆变器三相输出电压与电动机定子感应电动势相近(忽略定子电阻),波形为正弦波。在换流时因为 di/dt 的影响,换流瞬间在电压波形上会出现尖峰和缺口(图 5.36(d)),并且二极管的换流时间也会受到定子感应电动势的影响。

5.7.2　无换向器电动机调速系统

无换向器电动机即交流同步电动机,因为同步电动机原理与有电刷直流电动机相似,仅是电枢与励磁换了位置,并且定子以三相电源供电。因为同步电动机电枢三相绕组在定子上,因此可以用逆变器代替直流电动机电刷和整流片组成的机械换向器,故称之无换向器电动机。无换向器电动机调速系统也称自控式变频

电动机调速系统。

　　无换向器电动机控制原理如图 5.38(a),与方波电流型逆变器相似,都采用可控电流源,不同在于无换相器电动机电路的逆变器不需要电容和二极管组成的强迫换流电路,无换相器电动机采用负载换流方式,由晶闸管组成的逆变器也采取 120°导通控制方式。在电机转子(磁场)旋转时,定子绕组感应三相电动势 e_a、e_b、e_c。如果晶闸管在三相电动势的交点 K 前换流,则可以利用定子感应电动势换流,故称为负载换流方式或感应电动势换流。如图 5.38,在 ωt_1 时 VT$_1$ 与 VT$_3$ 换流,触发 VT$_3$ 后,因为 $e_a > e_b$,则产生环流 i_K,i_K 抵消了 VT$_1$ 的正向电流,使 VT$_1$ 关断,VT$_3$ 导通。领先交点 K 换流的电角度 δ 称为提前换流角。

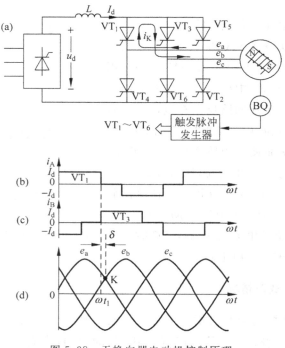

图 5.38　无换向器电动机控制原理

　　无换向器电动机逆变器输出电流频率 f 必须与转子旋转速度相同步,$n = \dfrac{60f}{n_p}$,因此通过检测器 BQ,检测转子位置,在一周中依次产生六个晶闸管的触发脉冲(电动机为一对极时 $n_p = 1$)。如果改变整流器控制角,直流回路电流 I_d 变化,电动机转矩随之变化,电动机转速也改变,触发脉冲发生器输出脉冲频率同时改变。这种自控方式,在起动时因为电机尚在静止状态,会因为不能产生触发脉冲而无法工作,因此无换向器电动机需要由其他动力帮助起动,首先将电动机带到一定转速,然后再转入自控工作方式。并且在低速时,因为定子感应电动势较小

也可能不足以保证逆变器安全换流。无换向器电机逆变器一般采用晶闸管,因此
适用于高电压、大电流、大容量同步电动机的调速系统。

5.7.3　电流滞环控制三相逆变器

　　三个单相电流滞环控制逆变器(图 5.12)组合,则形成三相电流滞环控制电流
跟踪型逆变器(图 5.39),其工作原理和控制方法均与单相电流滞环控制逆变器相
同,因此不再赘述。电流滞环控制逆变器,属于电流控制电压型逆变器,逆变器直
流环节仍采用电压源,它具有电流实时跟踪能力,电流波动取决于滞环宽度,电流
响应速度快,电路结构简单,但是开关频率不固定,电流的高次谐波含量较多,其
开关损耗也是需要重视的。

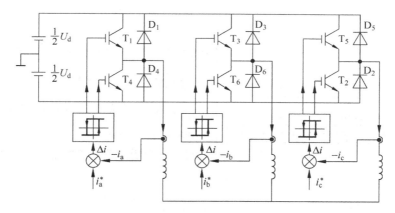

图 5.39　三相滞环电流控制型逆变器

5.8　逆变电路的仿真

　　例 5.1　仿真 SPWM 控制三相逆变器(图 5.14(a)),设 $U_d = 250V$, $R = 2\Omega$,
$L = 0.01H$ 按题意建立的三相逆变器模型如图 5.40,直流电源 u_d,桥式电路模块
Universal Bridge,三相负载模块 Series RLC Branch 组成三相逆变器电路,PWM
Generator 模块为桥式电路模块提供驱动信号,模块参数如图 5.41,PWM
Generator 模块的三角波调制频率设置较低(600Hz)是为便于看清楚逆变器输出
电压的脉冲组成,仿真时三角波调制频率也不宜设置较高,以免丢失脉冲。模型
用多路检测仪 Multimeter 检测逆变器输出三相电压 ua、ub、uc 和电流 ia、ib、ic,以
及逆变器开关器件 IGBR 两端的电压 uTh 和电流 iTh,并用 Fourier 模块检测逆
变器输出电压的基波幅值,用 RMS 模块检测输出电压的有效值,Fourier 模块和

RMS 模块参数设置如图 5.42。

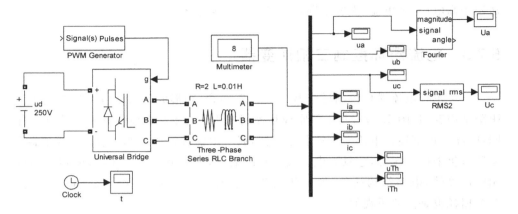

图 5.40　三相 SPWM 逆变器仿真模型

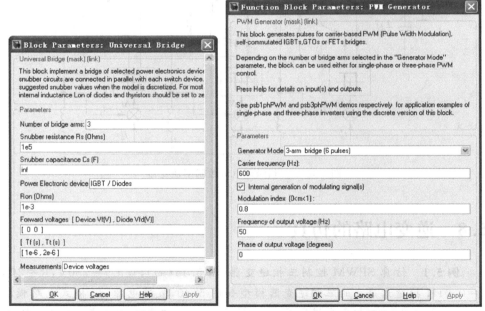

(a) Universal Bridge模块参数　　　　　　(b) PWM Generator模块参数

图 5.41　SPWM 逆变器参数设置

　　设置仿真时间 0.1s,仿真算法 ode23s 后启动仿真得到逆变器输出三相相电压波形如图 5.43,其中图 5.43(d)为线电压波形,逆变器输出相电压波形与图 5.15(g)分析的结果相同。逆变输出三相电流如图 5.44(a),三相电流基本呈正弦,图 5.44(b)为逆变器 A 相上桥臂 IGBT(VT_1)和与 IGBT 反并联二极管(VD_1)的电流,该电

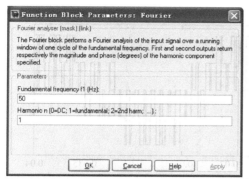

(a) 基波检测

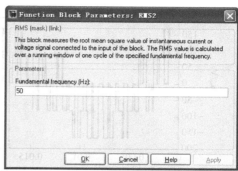

(b) 有效值检测

图 5.42　计算模块框

流的正向部分是通过 IGBT 的电流,反向部分为二极管的电流,根据电流可以选择 IGBT 和二极管参数。图 5.44(c)是用 RMS 测量所得逆变器输出电压的有效值约为 120V,图 5.44(d)是用 Fourier 模块测量所得逆变器输出电压 50Hz 基波的幅值,用逆变器模型可以观测在不同调制度不同负载下的工作情况。

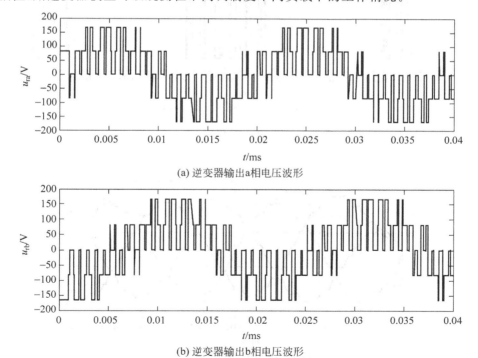

(a) 逆变器输出a相电压波形

(b) 逆变器输出b相电压波形

图 5.43　三相 SPWM 逆变器输出电压波形

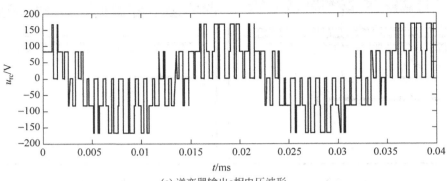

(c) 逆变器输出 c 相电压波形

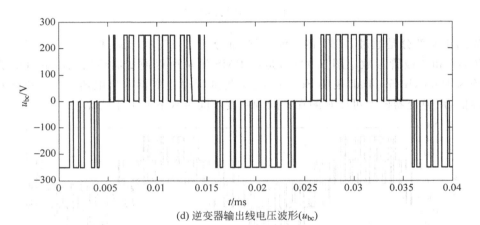

(d) 逆变器输出线电压波形(u_{bc})

图 5.43 （续）

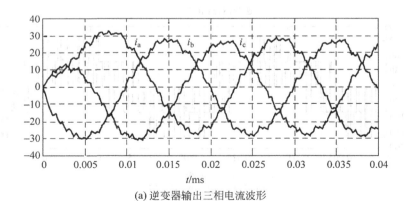

(a) 逆变器输出三相电流波形

图 5.44 逆变器输出电流和器件电流电压波形

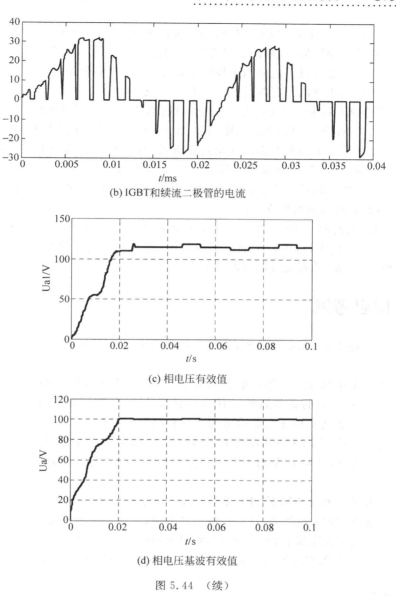

(b) IGBT和续流二极管的电流

(c) 相电压有效值

(d) 相电压基波有效值

图 5.44 （续）

小结

DC/AC 变换器的直流电源有电压源和电流源两种,前者逆变器输出电压呈方波,后者输出电流呈方波。DC/AC 变换器可以是半桥、全桥或三相桥结构;逆变器的换流方式,一般除半控型晶闸管采用电容强迫换流或负载换流方式外,更多的是采用全控型开关器件,利用开关器件自身具有的关断能力,使电路电流从一个开关管换到另一个开关管实现换流,因此减少了换流辅助电路。DC/AC 变换的控制策略很多,主要有方波控制,移相控制和 PWM 控制等,其中 PWM 控制应用极其广泛。DC/AC 变换的输出有调频、调压或者调频调压同时进行的要求,方波型逆变器一般通过直流电源来控制输出电压、电流和输出功率。而 PWM 逆变器的调频和调压可以同时在逆变器控制中完成。

电压空间矢量控制可以通过电压空间矢量的选择,优化逆变器输出波形,改善逆变器的静态和动态性能,并且适合微处理芯片的数字化控制,有很好的发展和应用前景。

桥式逆变器上下桥臂的直通现象是要重视的,互补工作的上下桥臂器件开关要留有一定的"死区",以确保安全换流。逆变器输出一般都含有大量谐波,减小谐波对负载影响的措施主要有:(1)改进逆变器控制策略,如采用特定次谐波消去法等;(2)采取输出滤波的方法。

DC/AC 变换的应用极其广泛,不仅在交流变频调速中大量使用,在其他用电场合,采用变频技术,也可以提高电器的性能,提高电能的传输效率,减小电气设备的体积、重量等,并有良好的节能效果。

练习和思考题

1. 试从输出电压、电流波形,逆变器控制方式等方面比较电压型和电流型逆变器的特点。

2. 为什么电流型逆变器一般不采用 $180°$ 导通型和 PWM 控制方式?

3. SPWM 控制的基本原理是什么? 载波比 N 和调制度 M 的定义是什么? SPWM 控制是如何实现逆变器输出的调频和调压控制的?

4. 什么是同步调制和异步调制,两者各有什么优缺点? 分段同步调制有什么优点?

5. 什么是 SPWM 控制的规则采样法? 规则采样法与自然采样法相比有什么优缺点?

6. 单相和三相 PWM 控制中如何提高直流电压的利用率?

7. 三相 SPWM 控制中,逆变器输出波形中,最低次谐波为多少?

8. 什么是电流跟踪型 PWM 逆变器? 电流滞环控制跟踪型逆变器有什么优缺点?

9. 什么是电压空间矢量? 采用电压空间矢量控制的优点是什么?

仿真题

在图 5.40 模型基础上,仿真 SPWM 逆变器-交流异步电动机直接额定电压起动过程。观察直接起动时电动机的三相定子电流,逆变器输出相电压、线电压波形。并观察不同频率和不同调制度时电动机的转速变化情况。异步电动机模型路径 simulink/power system blocksets/machines/Asynchronous Machine,异步电动机参数可以采用模型自带的蕴含参数,电机测量模块 simulink/power system blocksets/machines/machines Measurement Demux。

第 6 章

交流-交流变换——交流调压和交-交变频器

在电力电子技术出现前交流调压常用变压器,改变交流电频率则很困难。普通变压器只有固定的变比,自耦变压器可以连续调压,但是有滑动触点维护不方便,这些铁磁结构调压设备笨重、体积大,消耗铜铁材料多。现在采用电力电子器件的交流调压器不仅可以实现电压的连续调节,并且装置轻巧,在灯光调节,电风扇调速,交流电动机软起动,供电系统可调无功补偿等场合得到广泛应用。电力电子变频器可以改变交流电的电压、频率和相数。用电力电子开关电路直接改变交流电电压和频率的变频器称为交-交变频器,也称直接变频器。将交流电整流变为直流电,再用逆变器进行变频的交-直-交变频器称为间接变频器,这两种变频器大量应用在交流电动机的变频调速和其他需要变频调压的场合。

本章首先介绍交流无触点开关,交流无触点开关是交-交变换电路(AC/AC)中的基本开关单元,然后依次介绍交流调压和交-交变频。

6.1 交流无触点双向开关

交流无触点双向开关由电力电子器件组成,它要求不仅能控制交流电路的通断,并且能双向导电,即交流电的正负半周都能有电流通过,并利用电力电子器件的可控性对交流电进行控制。和普通的机械式开关相比,无机械触点和零件,开关频率高,开关无火花,响应快,便于自动控制。交流无触点开关也称固体开关。

1. 晶闸管交流无触点开关

晶闸管交流无触点开关由两个反并联连接的普通晶闸管组成(图 6.1(a)),当开关连接在交流电路中时,在开关 AB 端是交流电压正半周时,触发 VT_1 导通可以有正向电流通过;当 AB 端是交流电压负半周时,触发 VT_2 导通则有反向电流通过。两个反并联连接的晶闸管交流开关可以用一个双向晶闸管代替(图 6.1(b)),双向晶闸管承受 du/dt 能力较差,一般只在电阻性负载电路中作交流开关使用。

2. 全控型器件交流无触点开关

全控型器件交流无触点开关有两种形式,图 6.2(a)的交流开关有两个全控器件 T_1 和 T_2,在 T_1 驱动时,正向电流经 T_1、D_1 流通,T_2 驱动时,反向电流经 T_2 和 D_2 流通。图 6.2(b)的交流开关只用一个全控器件 T,正向电流经 D_1,T,D_2 流通,电流反向时从 D_3,T,D_4 流通,而开关 T 始终是单向电流,T 在正反向电流时都要进行通断控制。

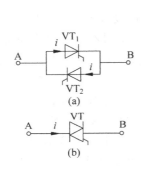

图 6.1 半控器件交流开关

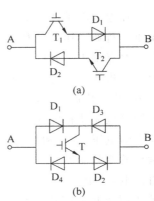

图 6.2 全控器件交流开关

6.2 单相交流调压原理

交流调压电路有采用晶闸管元件的相位控制和采用全控元件的斩波控制(PWM)两种方式。

6.2.1 相控式单相交流调压

1. 电阻负载

由晶闸管交流开关和电阻串联组成的单相交流调压电路如图 6.3(a)。在交流电源 u_1 正半周 $\omega t=\alpha$ 时触发 VT_1,有正向电流 i_0 通过电阻 R,在 u_1 负半周 $\omega t=\pi+\alpha$ 时触发 VT_2,有反向电流 i_0 通过电阻 R,在负载上得到随控制角 α 变化的交流电压和电流,在晶闸管导通时 $i_0=u_1/R$,$u_1=\sqrt{2}U_1\sin\omega t$,且负载电压有效值

$$U_o=\sqrt{\frac{1}{\pi}\int_\alpha^\pi(\sqrt{2}U_1\sin\omega t)^2 d\omega t}=U_1\sqrt{\frac{1}{2\pi}\sin2\alpha+\frac{\pi-\alpha}{\pi}} \tag{6.1}$$

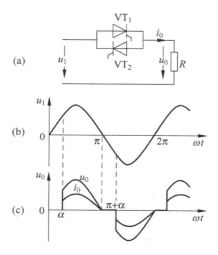

图 6.3 单相交流调压（电阻）

负载电流有效值

$$I_{\text{o}} = \frac{U_{\text{o}}}{R} \tag{6.2}$$

通过晶闸管电流有效值

$$I_{\text{T}} = \sqrt{\frac{1}{2\pi} \int_{\alpha}^{\pi} \left(\frac{\sqrt{2}U_1 \sin\omega t}{R}\right)^2 \text{d}\omega t} = \frac{U_1}{R} \sqrt{\frac{1}{4\pi} \sin 2\alpha + \frac{\pi - \alpha}{2\pi}} = \frac{1}{\sqrt{2}} I_{\text{o}} \tag{6.3}$$

电路的功率因数

$$\lambda = \frac{P}{S} = \frac{U_{\text{o}} I_{\text{o}}}{U_1 I_{\text{o}}} = \sqrt{\frac{1}{2\pi} \sin 2\alpha + \frac{\pi - \alpha}{\pi}} \tag{6.4}$$

从图 6.3 和式(6.1)可见,单相交流调压器电阻负载的移相范围为 $0 \sim \pi$,在 $\alpha = 0$ 时,输出电压 U_{o} 最高, $U_{\text{o}} = U_1$, u_{o} 为完整的正弦波。随 $\alpha \rightarrow \pi$, U_{o} 逐步减小,电流 i_{o} 也随 u_{o} 作相同变化。调压电路对电源的功率因数 λ 随控制角 α 变化,在 $\alpha = 0$ 时, $\lambda = 1$, $\alpha > 0$ 后, $\lambda < 1$,这是因为晶闸管的滞后触发使 i_{o} 落后于 u_1 造成的。

2. 感性负载

设感性负载 RL 的基波阻抗角 $\varphi = \arctan \omega L / R$,阻抗角反映了阻感负载电感作用的大小。阻感负载交流调压时,根据控制角 α 和阻抗角 φ 的关系,电路有两种工作情况。

(1) $\varphi \leqslant \alpha \leqslant \pi$ 时,电路电压和电流的波形如图 6.4。在 $\omega t = \alpha$ 时,触发 VT_1 导通,在电感作用下电流 i_{o} 从 0 增长,在 $\omega t = \pi$ 时, $u_1 = 0$,但是因为电流 i_{o} 仍大于 0, VT_1 将继续导通使 u_{o} 进入负半周,直到电感储能释放, i_{o} 下降到 0, VT_1 关断为止,晶闸管关断后 u_{o} 和 i_{o} 均为 0。在 $\omega t = \pi + \alpha$ 时,触发 VT_2 导通, i_{o} 将经历反方向增加和减小的过程,负载上有正反方向的电压和电流。感性负载时晶闸管的导通角 θ 较纯电阻负载时增加,但 $\theta \leqslant \pi - \varphi$。在 $\alpha > \varphi$ 条件下,负载侧电压电流都是

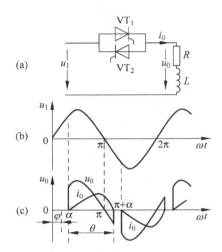

图 6.4　交流调压(感性负载)$\varphi \leqslant \alpha$

断续的,随 α 减小,电压和电流的间断也缩小。在 $\alpha = \varphi$ 时,负载电压电流的正负半周连接呈完整的正弦波,这相当于交流开关被短接,负载直接连接电源的情况,这时负载电流 i_0 滞后于 u_1 的电角度为 φ。

(2) $0 \leqslant \alpha \leqslant \varphi$ 时,因为在 $\alpha = \varphi$ 时,负载电压已经是连续完整的正弦波,在 $\alpha \leqslant \varphi$ 时,负载电压电流波形就不会再随 α 变化,保持着完整的正弦波。但是在起动阶段,因为 α 较小,电感储能时间较长,续流时间也较长,使 VT_1 电流尚未下降到 0 前 VT_2 已经触发(图 6.5(a)),这时 VT_2 不会立即导通,只有当 VT_1 电流下降到零后,如果 VT_2 的触发脉冲还存在,VT_2 才能导通,因此 VT_2 的导通时间较小,并且使下一周期 VT_1 触发时也不会立即导通,只有当电流 VT_2 降为 0 后,VT_1 才能导通,使电流正半周的面积又减小了一点,而电流负半周的面积增加一点,起动的前几个周期电流正负半周是不对称的,如图 6.5(a),经过 3 个周期后 i_0 才进入稳定状态。进入稳态后,负载电压和电流都是连续对称的正弦波,因此交流调压 RL 负载,晶闸管的有效移相范围为 $\alpha = \varphi \sim \pi$,若 $\alpha \leqslant \varphi$,尽管 α 调节,u_0 和 i_0 均不变化。由于开始阶段晶闸管触发但不能立即开通,为了保证晶闸管能可靠导通,交流调

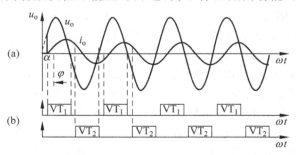

图 6.5　交流调压(感性负载)$\alpha \leqslant \varphi$

压器晶闸管一般采用后沿固定在 $180°$，前沿可调的宽脉冲触发方式(图 6.5(b))。

根据以上分析，在 $\alpha \leqslant \varphi$ 时有

$$u_\mathrm{o} = u_1 = \sqrt{2}U_1 \sin\omega t \tag{6.5}$$

$$i_\mathrm{o} = \frac{u_1}{Z} = \frac{\sqrt{2}U_1}{Z}\sin(\omega t - \varphi) \tag{6.6}$$

$$Z = \sqrt{(\omega L)^2 + R^2}, \quad \varphi = \arctan(\omega L/R)$$

输出电压和电流的最大值分别为 $U_\mathrm{om} = \sqrt{2}U_1$，$I_\mathrm{om} = \sqrt{2}U_1/Z$。

从输出电压和电流的波形可以看出，对 R 负载和 RL 负载，前者在 $\alpha = 0$，后者在 $\alpha \leqslant \varphi$ 时，电压电流是正弦波外，其他情况输出电压电流都不是正弦波，电压电流除基波外还含有大量谐波，并且谐波的含量随控制角变化。

例 6.1 单相交流调压器电阻负载(图 6.3)，电阻值在 $11 \sim 22\Omega$ 之间变化，要求最大输出功率为 2.2kW，电源电压为 220V，试计算负载的最大电流、通过晶闸管的最大电流有效值，和晶闸管承受的最高正反向电压。

解 (1) 当 $R = 22\Omega$，在 $\alpha = 0°$ 时输出电流最大，在最大输出功率为 2.2kW 的条件下，有

$$P_\mathrm{o} = RI_\mathrm{o}^2, \quad I_\mathrm{o} = \sqrt{\frac{P_\mathrm{o}}{R}} = \sqrt{\frac{2200}{22}} = 10\mathrm{A}$$

由式(6.3)

$$I_\mathrm{T} = \frac{I_\mathrm{o}}{\sqrt{2}} = \frac{10}{\sqrt{2}} = 7.07\mathrm{A}$$

(2) 同样在输出功率为 2.2kW 的条件下，当 $R = 11\Omega$，$\alpha < 0$ 时

$$I_\mathrm{o} = \sqrt{\frac{P_\mathrm{o}}{R}} = \sqrt{\frac{2200}{11}} = 14.1\mathrm{A}$$

由式(6.3)，得

$$I_\mathrm{T} = \frac{I_\mathrm{o}}{\sqrt{2}} = \frac{14.1}{\sqrt{2}} = 10\mathrm{A}$$

所以，通过晶闸管的最大电流有效值应取 10A。晶闸管额定电流 $I_\mathrm{NVT} = \dfrac{I_\mathrm{T}}{1.35} = \dfrac{10}{1.35} = 7.4\mathrm{A}$，应选 10A 晶闸管，晶闸管承受的最高正反向电压 $U_\mathrm{Tm} = 220\sqrt{2} = 311\mathrm{V}$。

6.2.2 斩控式单相交流调压

斩控式交流调压也称交流 PWM 调压，图 6.6 中交流开关 S_1 和 S_2 是两个全控器件的交流开关(图 6.2(a))，S_1 和 S_2 也可以采用只有一个全控器件的交流开关(图 6.2(b))。其中 S_1 用于交流电的斩波控制，S_2 用于感性负载的续流控制。

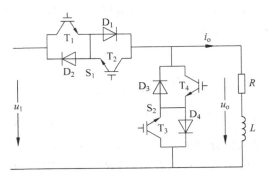

图 6.6　斩控式交流调压器

1. 电阻负载

图 6.7(b)是电阻负载时交流开关 S_1 和 S_2 的驱动脉冲时序图。在交流电源 u_1 正半周,S_1 中的 T_1 作 PWM 通断控制;u_1 负半周,S_1 中的 T_2 作 PWM 通断控制,负载电压 u_o 的波形如图 6.7(c),显然改变脉冲的宽度 τ 可以调节负载电压的大小。电阻负载时,续流开关 S_2 是可有可无的,一般交流调压不仅仅使用于电阻负载,考虑调压器的通用性需要开关 S_2,并且一般在正半周 T_3 恒通,负半周 T_4 恒通。输出电流 $i_o = u_o/R$,波形与 u_o 相似。

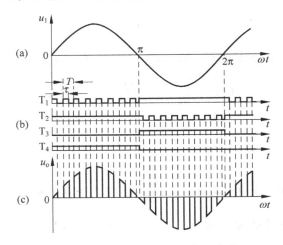

图 6.7　斩控式交流调压器(电阻负载)

2. 感性负载

感性负载的特点是电流滞后于电压,设负载基波阻抗角为 φ_1,输出电压 u_o 和电流基波 i_{o1} 的波形如图 6.8(b),按 u_o 和 i_{o1} 可以划分为 4 个区:A 区,u_o 为"+",

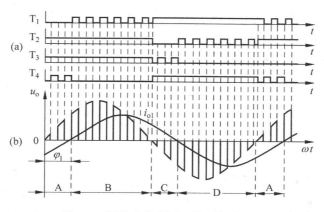

图 6.8　斩控式交流调压器(感性负载)

i_{o1} 为 "$-$"；B 区，u_o、i_{o1} 都为 "$+$"；C 区，u_o 为 "$-$"，i_{o1} 为 "$+$"；D 区，u_o、i_{o1} 都为 "$-$"。其中 B 区和 D 区，u_o 和 i_{o1} 方向相同，是负载从电源吸收电能，除电阻消耗外，电感储能。A 区和 C 区，u_o 和 i_{o1} 方向相反，是电感释放电能，除电阻消耗外，向电源反馈无功电能。因此在开关控制上，B 区应由 T_1 斩波控制，T_3 恒通为 L 提供续流通路；D 区应由 T_2 斩波控制，T_4 恒通为 L 提供续流通路。但在 A 区应由 T_4 斩波控制，在 T_4 关断时，因为 T_2 恒通，为 i_{o1} 反向电流提供续流通路，使 u_o 脉冲与电源电压有相同的 "$+$" 极性；在 C 区则应由 T_3 斩波控制，在 T_3 关断时，因为 T_1 恒通，为 i_{o1} 正向电流提供续流通路，同时 u_o 脉冲与电源电压有相同的 "$-$" 极性。这样按区控制，u_o 的波形与电阻负载时相同，电流的基波 i_{o1} 滞后 u_o 为 φ_1。

在斩波调压时，为避免输出电压中含有次谐波，应采用同步调制的方式，即驱动信号与电源电压保持同步，并且载波比 N 为恒值，为了使输出电压中不含偶次谐波，N 应取偶数，这样输出电压中的最低次谐波为 $(N-1)$ 次。斩波调压时，一般载波比较大，因此电流波形比较光滑，接近正弦波。

6.3　三相交流调压电路

6.3.1　三相相控式交流调压

三相相控交流调压器有星形连接和三角形连接的多种方案。其中星形连接又有无中线和有中线两种电路(图 6.9(a))，三角形连接有支路控制(图 6.9(b))、线路控制(图 6.9(c))和中点控制(图 6.9(d))的不同电路。这里主要介绍两种常用的无中线星形连接电路和支路控制三角形连接线路。相控式三相交流调压有六个晶闸管，因为三相交流互差 $120°$，因此三相开关中对应晶闸管的触发也互差 $120°$，六个晶闸管以 $VT_1 \rightarrow VT_2 \rightarrow VT_3 \rightarrow VT_4 \rightarrow VT_5 \rightarrow VT_6$ 的顺序触发导通，这与三

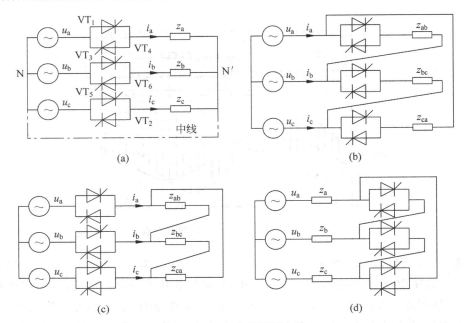

图 6.9　三相交流调压电路

相整流电路相同,每隔 60°触发下一号晶闸管,但是三相调压以相电压过零时刻为 $\alpha=0°$ 位置。

有中线连接的三相交流调压电路相当于三个单相交流调压器的组合,其工作情况与单相调压完全相同,这里主要介绍无中线连接的星形三相调压器。

无中线连接星形三相调压器电路如图 6.10(a)。随控制角的变化,电路有两种工作模式。

模式一:三相同时工作状态,即每相有一个晶闸管导通,三相同时有三个晶闸管导通,在导通区间,各相负载电压等于电源相电压。

模式二:三相中只有两相工作,即同一时刻三相中只有两相有晶闸管导通。这时,导通两相的负载是串联接在这两相电源上,因此导通两相负载上的电压(相电压)为该两相电源线电压的二分之一。

1. $0° \leqslant \alpha < 60°$

在 $\alpha=0°$,电路相当于不控状态(即以二极管代替晶闸管的状态),电路始终工作于模式一,任何时候都有三个晶闸管导通,因此负载电压与电源电压相等。

在 $0° < \alpha < 60°$ 范围内,当 $\alpha > 0°$ 后,电路工作于模式一和模式二交替的状态。图 6.10(b)是 $\alpha=30°$ 的 A 相负载电压波形,在三相同时有晶闸管导通时为模式一,A 相负载电压 $u_{AN'}=u_a$;在只有二相有晶闸管同时导通时,则为相应两相线电压的二分之一。随 α 增加,三相同时导通的区间减小,到 $\alpha=60°$ 时三相同时导通的区间为 0,这时只有模式二的工作情况(图 6.10(c))。

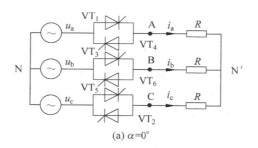

(a) α=0°

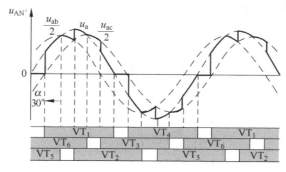

(b) α=30°

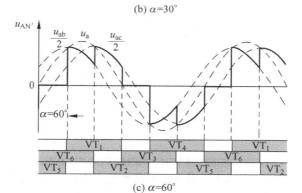

(c) α=60°

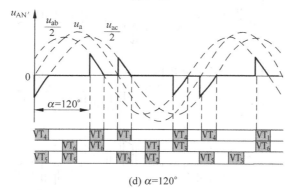

(d) α=120°

图 6.10　无中线星接三相交流调压器

2. $60° \leqslant \alpha < 150°$

控制角在这范围内,电路只有模式二的一种工作方式。从图6.10(c)可以看到,在 $\alpha = 60°$ 后,随 α 继续增加,负载电压下降,在 $\alpha > 90°$ 后,电压电流波形将出现断续(图6.10(d))。并且从图中可以看到,若 $\alpha = 150°$,则交流输出电压为0,因此三相晶闸管交流调压电阻负载时的有效移相控制范围为 $0 \sim 150°$。

6.3.2　三相斩控式交流调压

三相斩控式交流调压电路如图6.11(a),电路包括三个交流开关 S_1、S_2、S_3 和三角形连接负载组成的三相交流调压电路,以及由三相不控桥和 T_4 组成的在感

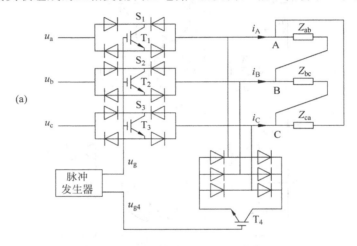

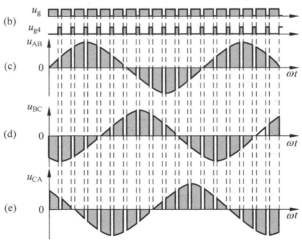

图6.11　三相斩控式交流调压电路

性负载时的续流回路。图中交流开关采用了一个开关器件的形式(图 6.2(b))。三个交流开关 S_1、S_2、S_3 由同一驱动信号 u_g 控制,续流开关 T_4 的驱动信号 u_{g4} 与 u_g 互补,即 T_1、T_2、T_3 导通时 T_4 关断,T_1、T_2、T_3 关断时 T_4 导通。在 T_1、T_2、T_3 导通时,负载上电压与电源电压相等;在 T_1、T_2、T_3 关断时 T_4 导通,使感性电流经不控整流器和 T_4 续流,负载上电压为零。在上述控制方式下,调压器输出线电压波形(图 6.11)与单相交流斩控调压(图 6.7)类似,为了避免输出电压和电流中包含偶次谐波,并且保持三相输出电压对称,载波比 N 必须选为 6 的倍数。

6.4 其他交流调功电路及其应用

1. 交流调功电路

前述晶闸管交流调压器,在每个电压周期中,通过改变晶闸管控制角来调节电压,其输出电压电流含有较多谐波。对一些有大时间常数的惯性环节,如电阻炉的温度控制,温度的变化相对比较缓慢,因此可以利用交流开关对电流进行通断控制,即在电源的若干个周波内交流开关导通($\alpha = 0°$),然后再断开几个周波,如此循环,交流开关仅作无触点开关使用(图 6.12)。改变交流开关的通断时间比,使电流时断时有,从而调节炉温。采用这种控制方式,开关导通期间,电压和电流都是正弦的没有谐波,与相控调压方式相比,可以提高装置的功率因数,减少谐波的影响。

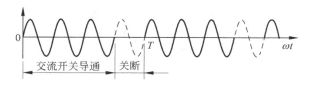

图 6.12 交流开关通断控制

2. 静止无功补偿

在交流电网中经常采用电容器补偿电网无功功率,提高电网的功率因数(图 6.13)。图中 $S_1 \sim S_n$ 为电气开关,$C_1 \sim C_n$ 为补偿电容,通过开关的组合调节电容的补偿量。过去一般采用接触器投切电容,触点易于烧蚀损坏,投切时刻也不易准确控制。采用交流无触点开关代替接触器开关,不仅使投切时刻可以准确控制,由于没有机械触点,提高了开关寿命,并且可以较频繁地根据需要投切相应的电容数量。

使用交流无触点开关投切电容电路如图 6.14(单相)。为了避免电容零状态接入时的电流冲击,一般电容需要预充电,并且在电源电压与电容预充电电压相等时接通开关 S 投入电容。因为电容电流领先于电压 90°,如果选择在电源电压

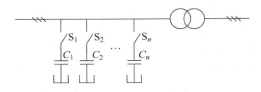

图 6.13　电容无功补偿

过零时刻触发晶闸管($\alpha=0°$),这时电流将断续(图 6.14(b)),因为电流领先的部分,由于晶闸管未导通而不能通过,因此控制角 α 应领先 u_s(电源电压)90°,才能得到完整的正弦波电流输出(图 6.14(c))。

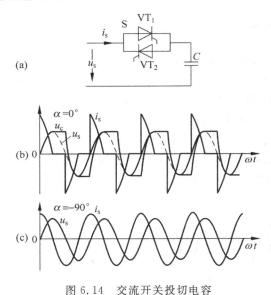

图 6.14　交流开关投切电容

在需要切除电容时,应选择电容电流为零的时刻撤除晶闸管触发信号,使交流开关 S 关断。因为电容电流领先于电压 90°,电流为零时正是电容电压等于电源电压峰值的时候,可以为下次电容的投入做好预充电的准备。

6.5　交-交变频器

交-交变频器是利用电力电子开关改变交流电频率和电压的装置,与交-直-交(AC/DC/AC)变频器不同的是它没有中间直流环节,因此也称为直接变频器,或周波变换器(cycloconvertor)。交-交变频器使用了较早成熟的晶闸管整流技术,通过晶闸管的控制截取电源交流电的片断,重新组合为频率可以调节的交流电。因为采用晶闸管元件,交-交变频器常用在高电压、大电流的场合,在大功率交流电动机变频调速中有广泛应用。

6.5.1 单相交-交变频原理

如图 6.15(a)的两组反并联可控整流器给负载 Z 供电,当正组整流器 VF 工作时可以在负载上得到正向电压,在 ωt_1 时,将 VF 组切换为反组整流器 VR 工作,可以在负载上得到反向电压,两组整流器交替工作,在负载上就可以得到交流电 u_o(图 6.15(b))。改变两组整流器的切换周期,则可以改变负载 Z 上交流电 u_o 的频率,改变两组整流器的控制角 α,则可以调节输出负载电压 u_o 的大小,实现调频调压的控制(VVVF)。交-交变频用整流器可以是单相桥、三相半波、三相桥等全控型整流电路。

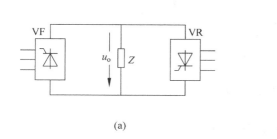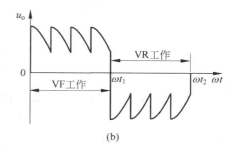

图 6.15 交-交变频原理

6.5.2 交-交变频的调制方式

图 6.15 的交-交变频器,在每组整流器工作时,控制角 α 不变,这称为等 α 控制。显然在等 α 控制时,输出交流电与要求的正弦波输出有较大差距。如果在每组整流器工作时,使控制角从大→小→大变化,整流输出电压将从小→大→小变化,则可以使 u_o 接近正弦波。这样在每组整流器工作周期中,控制角是变化的,称为变 α 控制。实现变 α 控制有多种方法,下面主要介绍余弦交点法和叠加三次谐波的交流偏置法。

1. 余弦交点法

余弦交点法的目标是使交-交变频器的输出电压基本为正弦波,其工作原理以图 6.16 说明。图中 u_r 是调制波(正比于交-交变频器希望输出的正弦波电压),而变频器实际输出的交流电 u_o 是由电源线电压 u_{ab}、u_{ac}、u_{bc}、u_{ba}、u_{ca}、u_{cb} 的各个片断组成的。现研究从 u_{ab} 到 u_{ac} 片断的换流,在换流时刻 C 以前 $u_r-u_{ab}<u_{ac}-u_r$,在 C 以后有 $u_r-u_{ab}>u_{ac}-u_r$,因此 C 点($u_r-u_{ab}=u_{ac}-u_r$)应是从 u_{ab} 切换到 u_{ac} 片断的换流时刻,并且换流点 C 的轨迹是 $u_{Ta}=\dfrac{u_{ab}+u_{ac}}{2}$,从图中可以看到这是落后

于 $u_{ab}30°$ 的相电压 u_a,且 $u_{ab}＝u_{ac}$ 的正半周交点 A 是允许两相换流的起点,现设为 $α＝0°$ 的位置;在 $u_{ab}＝u_{ac}$ 的负半周交点 B 是允许两相换流的终点,是 $α＝180°$ 的位置。如果将 Y 轴放在 $α＝0°$ 位置上,u_{Ta} 则是一条余弦曲线,余弦曲线的下降沿 AB 与调制波 u_r 的交点则决定了 u_{ab} 与 u_{ac}(晶闸管 VT$_6$ 与 VT$_2$)的换流时刻,其他各相换流时刻可以类推。因此在晶闸管触发器中(图 3.34),以 u_{Ta} 为同步信号 u_T,以 u_r 为控制信号 u_c,则可以得到相应控制角的触发脉冲输出。并且 u_r 应是可以调频和调压控制的。

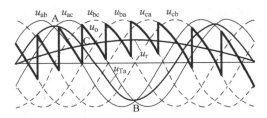

图 6.16　余弦交点法基本原理

在每段晶闸管导通区间整流器输出电压为
$$U_d = U_{d0}\cos α \qquad (6.7)$$
式中,U_{d0}——整流电路系数,为 $α＝0°$ 时的整流输出电压。

设要求的交流输出电压为
$$u_o = U_{om}\sin ω_o t \qquad (6.8)$$
现以整流器输出电压 U_d 等效交流输出电压 u_o,从式(6.7)和式(6.8)可得
$$\cos α = \frac{U_{om}}{U_{d0}}\sin ω_o t = γ\sin ω_o t \qquad (6.9)$$
式中,$γ＝\dfrac{U_{om}}{U_{d0}}$ 称为输出电压比,且 $0≤γ≤1$。所以
$$α = \arccos(γ\sin ω_o t) \qquad (6.10)$$
两组整流器的控制角关系应是
$$α_{VR} = 180° - α_{VF} = 180° - α$$
根据式(6.10)可以用计算的方法确定控制角 $α$。

2. 叠加三次谐波的交流偏置法

交流偏置法与 DC/AC 变换逆变器中叠加三次谐波调制(图 5.17(a))的原理相同,即以马鞍形的调制波 u_r 代替图 6.16 中的正弦波,因此图 6.15(a)的单相交-交变频器输出电压 u_o 中含有三次谐波,但对三相交-交变频器,因为三次谐波可以相互抵消,不会对负载产生影响。

除上述调制方法外,DC/AC 变换逆变器调制中的其他方法,如梯形波调制(图 5.16),直流偏置法(图 5.18)等,也可以应用在交-交变频器的调制中。采用这些方法变频器输出电压不是正弦波,但是都有调制波的顶部比较平坦的特点,

当变频器在低频低压工作时,控制角 α 可以较小(与正弦波输出时的控制角相比),变频器的功率因数也相应有所提高。

采用交流偏置法,因为鞍形或梯形调制波的基波幅值大于鞍形和梯形波幅值 15%左右,因此变频器输出的基波幅值也可以提高 15%左右,这对要求高电压输出时是有利的,也就是说,可以得到基波高于电源电压的变频器输出电压,并且在高电压输出时,对晶闸管的耐压要求没有提高。

6.5.3 交-交变频器的工作特性

1. 交-交变频器的控制

交-交变频器由两组反并联的整流器组成,其主电路与直流可逆电路相同,因此直流可逆电路存在的环流问题,在交-交变频电路中同样存在,直流可逆电路的有环流控制方式和无环流控制方式都可以移植到交-交变频的控制中。有环流控制方式在输出回路中应有限制环流的电抗器,因此现在采用逻辑无环流控制的交-交变频器应用较多。

图 6.17(a)是采用三相晶闸管全控桥逻辑无环流控制的单相交-交变频器主电路,在感性负载时输出电压 u_o、电流 i_o 的波形如图 6.17(b),图中 u_{o1} 为输出电压 u_o 的基波分量。在 i_o 为"+"时,VF 桥工作,在 i_o 为"-"时,VR 桥工作,在两组桥切换时有逻辑切换的"死区",以确保电路无环流安全运行。因为感性负载电流滞后于电压,变频器输出电压和电流可以划分为 4 个区,其中 A 区,u_{o1}、i_o 均为

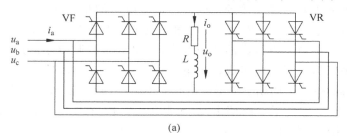

(a)

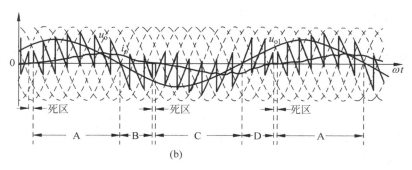

(b)

图 6.17 交-交变频器输出电压、电流波形

"＋",VF 桥处于整流状态;B 区,u_{o1} 为"－"、i_o 为"＋",VF 桥处于有源逆变状态;C 区,u_{o1}、i_o 均为"－",VR 桥处于整流状态;D 区,u_{o1} 为"＋",i_o 为"－",VR 桥处于有源逆变状态。其中 A 区和 C 区,u_{o1} 和 i_o 方向相同,是负载从电源吸收电能,除电阻消耗外电感储能。B 区和 D 区,u_{o1} 和 i_o 方向相反,电感释放电能,除电阻消耗外向电源反馈。

2. 输出电压和控制角的关系

从式 6.10 可知,在交流电源一定时 U_{do} 是恒值,在 U_{do} 和 γ 一定时,输出电压的幅值 $U_{om}=\gamma U_{do}$ 也是固定的。在输出交流电压的一个周期 T_o($T_o=1/f_o$)内,随交流电压的相位角 $\omega_o t$ 从 $0\rightarrow\pi\rightarrow2\pi$,相应控制角 α 从 $90°\rightarrow 0°\rightarrow90°\rightarrow180°\rightarrow90°$ 之间变化。在电压比 γ 较小时,交流输出电压较低,变流器控制角 α 将更接近 $90°$,交交变频器的功率因数将很低。图 6.18 给出了不同电压比 γ 时,控制角 α 与输出交流电压的相位角 $\omega_o t$ 之间的关系。

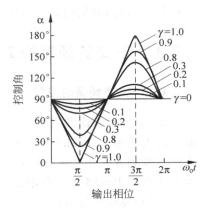

图 6.18　不同 γ 时 α 和 $\omega_o t$ 的关系

3. 输出电压频率和谐波

交-交变频器输出电压波形由电源电压的各个片断组合而成,一周期内组成的片断越多,输出电压波形就越接近正弦波。电源电压的相数越多,可供选择的片断越多,因此交-交变频器一般都采用三相整流桥,甚至 12 相整流电路组成。在输出频率较低时,一周期内组成的片断较多,输出电压波形接近正弦波。如果输出频率较高,则因为一周期内组成输出电压的片断较少,波形畸变严重。例如三相桥,50Hz 电源频率,一周期整流器输出有 6 个脉波,如果交-交输出频率 $f_o=$ 25Hz,则交-交变频输出电压一周期由 12 个脉波(即 12 个片断)组成。若 $f_o>$ 25Hz,则组成输出电压的片断就少于 12 个脉波,波形畸变严重,因此交-交变频器输出电压频率一般在 $1/2\sim1/3$ 电源频率以下。

交-交变频器输出电压的谐波是非常复杂的,它与电源频率 f_s,整流器相数和变频器输出频率 f_o 都有关。对于使用三相桥式电路的单相交-交变频器,输出电压中的主要谐波频率为

$$6f_s\pm f_o, 6f_s\pm 3f_o, 6f_s\pm 5f_o, \cdots \tag{6.11}$$

$$12f_s\pm f_o, 12f_s\pm 3f_o, 12f_s\pm 5f_o, \cdots \tag{6.12}$$

若采用逻辑无环流控制方式时,由于换向死区的影响,输出电压中还将增加 $5f_o$,$7f_o$ 等次谐波。

4. 输入电流谐波和功率因数

图 6.19 为交-交变频器电源 A 相相电压和相电流波形(与图 6.17 对应),交-交变频器电源侧的电流波形比三相桥整流电路感性负载时电流的波形要复杂得多,其基波是正弦波。采用三相桥的单相交-交变频器电源侧电流谐波频率 f_i 为

$$f_i = |(6k \pm 1)f_s \pm 2lf_o.| \tag{6.13}$$

和

$$f_i = f_s \pm 2kf_o \tag{6.14}$$

式中,$k = 1, 2, 3, \cdots$; $l = 0, 1, 2, 3, \cdots$。

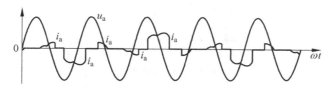

图 6.19 交-交变频器输入电压和电流波形

从图 6.19 可见交-交变频器电源侧电流滞后于电压,实际上交-交变频器输入电流受控制角 α 影响。在输出电压的一周期中控制角 α 是变化的,并且输出电压比 γ 越小,半周期内 α 的平均值越接近 90°,电流与电压之间的位移因数就越大,使交-交变频器的输入功率因数越低。即使在负载功率因数为 1(电阻负载),电压比 γ 也是 1 时,输入功率因数也小于 1。并且无论负载功率因数是超前还是滞后,电源侧电流总是滞后于电压。图 6.20 表示了电源侧功率因数与输入电流位移因数和电压比 γ 的关系,功率因数较低是交-交变频器的一项不足。

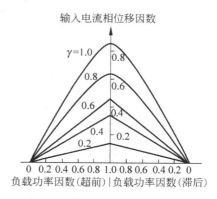

图 6.20 交-交变频输入电流位移因数

6.5.4 三相交-交变频电路

三相交-交变频器基本上由三台单相交-交变频器组成,三台单相交-交变频器有相同的三相交流电源输入,变频器的输出电压、频率相同,但相位互差 120°。图 6.21(a)是由三相半波整流电路为基础组成的交-交变频器,两组三相半波整流电路反并联,组成一相交-交变频,并有均衡电抗器。三相半波整流输出电压的脉波数 $m = 3$。

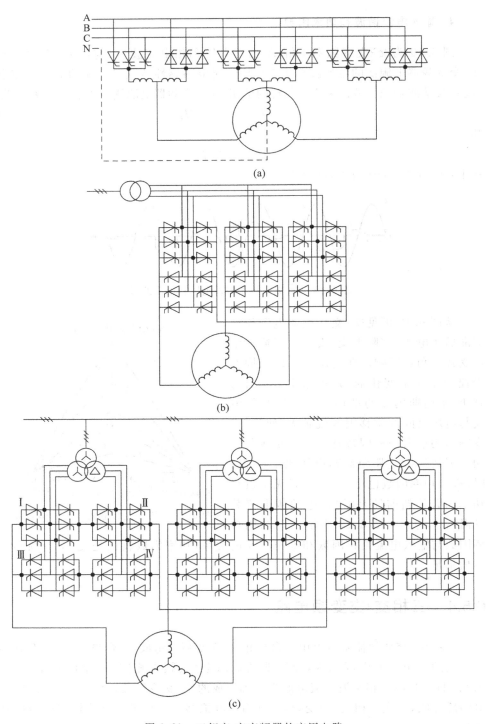

图 6.21 三相交-交变频器的应用电路

图 6.21(b)每相由两组反并联的三相桥式整流电路组成,三相桥式整流输出电压的脉波数 $m=6$,因此变频器输出电压的谐波含量较三相半波整流电路组成的交-交变频器为小。

图 6.21(c)是由 12 相整流效果的整流器组成的交-交变频电路,$m=12$。整流器由Ⅰ和Ⅱ(或Ⅲ和Ⅳ)两组三相桥串联组成,变压器副边分别为星形和三角形接法,两组三相桥的电源电压互差 30°。整流器Ⅰ、Ⅱ和Ⅲ、Ⅳ反并联组成一相交-交变频电路,变频器输出电压的谐波含量更小,但使用的晶闸管数增加。从以上三种交-交变频的比较可以看出,随整流器输出相数的增加,变频器输出的波形将更好,谐波减小,代价是电路更复杂,晶闸管数量多,控制的要求更高。

综上所述,由晶闸管整流电路组成的交交变频器的特点是:

(1) 采用相控方式,变频器输出频率一般低于电源频率的 1/2 或 1/3。在工频(50Hz)电网中,如果为四极三相交流电动机供电,电动机的最高同步转速为 750r/min 或 500r/min,因此交-交变频器常用于低速、大功率的交流调速中,并且可以四象限运行。

(2) 交-交变频器使用的晶闸管较多,如果是三相桥结构的三相交-交变频器,则需要 36 个晶闸管。其控制电路也比较复杂。

(3) 功率因数较低,输入电流的谐波较多,由于谐波频谱较复杂,给滤波器的设计带来困难,这是晶闸管交-交变频器的主要缺点。

(4) 变频器输出谐波与组成交-交变频器的整流器相数有关,增加整流器输出相数 m 可以减少变频器输出的低次谐波,功率因数也可以改善。

(5) 交-交变频器适宜于低速大功率的传动,常应用在轧钢机主传动、粉碎矿石的球磨机、水泥回转窑和矿井升降机的传动控制中,单相交-交变频也可以用在钢水的搅拌中。

*6.6 矩阵式变频器

矩阵式变频器(matrix converter)是交-交直接变频器的一种,与晶闸管交-交变频不同的是采用了全控型双向交流开关(图 6.2)。因为全控交流开关采取斩控方式,矩阵式变频器有更多的控制策略可以研究。

三相矩阵式变频器的主电路拓扑如图 6.22。u_A、u_B、u_C 为三相电源输入端,u_a、u_b、u_c 为三相输出端。S_{11}、S_{12}、S_{13},S_{21}、S_{22}、S_{23},S_{31}、S_{32}、S_{33} 分别为连接电源与输出三相的交流双向开关。在任何时刻,任一相输出都可以通过交流开关与电源三相连接,例如输出端 a 相,可以通过 S_{11}、S_{12}、S_{13} 在输入 u_A、u_B、u_C 中选择一相电压为输出,因此输出 u_a 是

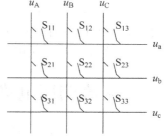

图 6.22 矩阵式变频电路

由电源 u_A、u_B、u_C 三相电压的片断组成。S_{11}、S_{12}、S_{13} 在任何时候都只能有一个开关导通,如果同时有两个以上开关同时导通将引起电源短路。如此输出 a 相电压可以表示为

$$u_a = f_{11}u_A + f_{12}u_B + f_{13}u_C \qquad (6.15)$$

式中 f_{11}、f_{12}、f_{13} 为 S_{11}、S_{12}、S_{13} 的开关函数,其他两相可以同样类推。三相输出电压与输入的关系以矩阵形式表示为

$$\begin{bmatrix} u_a \\ u_b \\ u_c \end{bmatrix} = \begin{bmatrix} f_{11} & f_{12} & f_{13} \\ f_{21} & f_{22} & f_{23} \\ f_{31} & f_{32} & f_{33} \end{bmatrix} \begin{bmatrix} u_A \\ u_B \\ u_C \end{bmatrix} \qquad (6.16)$$

令

$$\boldsymbol{F} = \begin{bmatrix} f_{11} & f_{12} & f_{13} \\ f_{21} & f_{22} & f_{23} \\ f_{31} & f_{32} & f_{33} \end{bmatrix}$$

开关函数组成的矩阵 $\boldsymbol{F}$ 称为调制矩阵,它是时间的函数。矩阵中的 9 个元素决定了矩阵式变频器 9 个开关的开关模式。调制矩阵的研究是矩阵式变频器的关键,它决定了变频器的性能,以及输出电压和电流的波形。

从矩阵式变频器电路分析,矩阵式变频器通过开关控制裁取电源三相交流的片断重组为输出电压的波形,在理论上输出电压的频率可以不受限制,输出频率可以高于电源频率,也可以低于电源频率,甚至可以是直流输出,只是输出频率越高,组成输出波形的片断越少,波形的畸变更严重。如果增加输入电源的相数(如 6 相,12 相),输出选择的可能性增加,对改善输出波形有利,但是要增加电路的复杂性和成本。

矩阵式变频器电路采用了双向可控开关,不仅和晶闸管交-交变频器一样可以实现电能的双向流动,还可以通过开关控制电源侧的功率因数。矩阵式变频器是开关型变流器,其输入电流和输出电压都不可避免地存在谐波,如果开关工作在高频状态,谐波的次数较高,以较小的 LC 滤波器就可以改善输出的电压和电流波形。

矩阵式变频器的开关函数使它适宜于采用微机处理和控制,矩阵式变频器是近年发展起来的一种新型交-交直接变频器,其性能可以优于晶闸管交-交变频器,具有良好的发展和应用前景。

6.7　交流调压电路的仿真

图 6.3、图 6.4 单相交流调压电路的仿真模型如图 6.23 所示。模型中交流电压模块 us,反并联晶闸管模块 VT_1,VT_2 和 RLC 模块 RL 组成了交流调压的主电

路。常数模块 @，函数模块 Fcn 和触发模块 pulse1,2 组成了晶闸管的控制电路。其中常数模块用于给定控制角 α，函数模块的作用是将以"°"表示的控制角变换为触发模块 pulse1,2 的移相控制信号，变换式如图中所示。

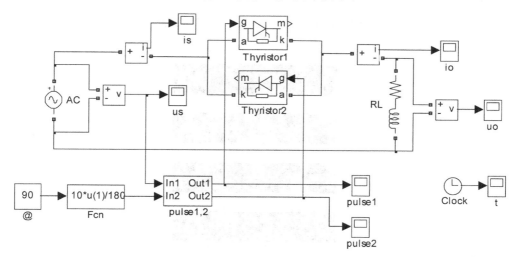

图 6.23　单相交流调压电路仿真模型

单相交流调压器在阻感负载时，控制角 α 的移相范围是 180°，$\alpha = 0°$ 的位置定在电源电压过零的时刻。本模型可以用于仿真电阻，电感和电容负载时的工作情况，只要改变 RL 模块的参数即可。在电容负载时，晶闸管需要超前触发，控制角 α 可以设为 $-90° \sim +90°$ 之间，以观察不同 α 时输出电压电流的变化。

交流调压器模型采用后沿固定在 180° 的宽脉冲触发方式，以保证晶闸管能正常触发。根据以上要求设计的交流调压器触发电路如图 6.24。触发电路由同步、锯齿波形成和移相控制等环节组成。电路的输入 In1 是同步电压输入端，同步电压经 Relay 模块产生与同步电压正半周等宽的方波，该方波经斜率设定（Rate limiter）产生锯齿波，锯齿波与移相控制电压（输入端 In2）叠加调节锯齿波的过零点，再经延迟 Relay1 产生前沿可调后沿固定的晶闸管触发脉冲，触发电路各部分

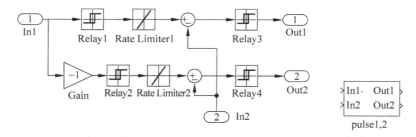

图 6.24　脉冲发生器模块电路

的输出波形见图 6.25。波形从上至下分别为：同步信号、半周等宽方波、锯齿波、迭加移相控制和触发信号。触发电路的下半部分用于产生反向晶闸管的触发脉冲。

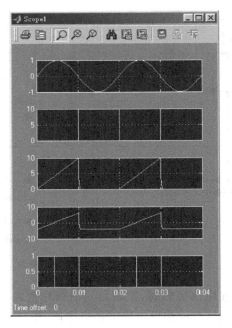

图 6.25　脉冲发生器波形

例 6.2　观察交流调压器在 $\alpha \geqslant \varphi$ 和 $\alpha \leqslant \varphi$ 两种情况下输出电压和电流的波形，负载 $R=1\Omega, L=10\text{mH}$。

仿真步骤：(1) 按图 6.23 绘制交流调压器仿真模型。

(2) 设置模块参数如表 6.1。

表 6.1　交流调压器主要参数设置

模块	电源 u_{in}	Relay1、Relay2		Rate limiter1、Rate limiter2		Relay3、Relay4	
参数设置	220V	Switch on point	eps	Rising slew rate	1000	Switch on point	eps
	50Hz	Switch off point	eps	Fallingslew rate	−1e8	Switch off point	eps
		Output when on	10			Output when on	1
		Output when off	0			Output when off	0

(3) 设置仿真参数。仿真时间 0.04s，仿真算法 ode15s。

(4) 启动仿真，仿真结果如图 6.26。其中图 6.26(a) 为 $\alpha=90°$ 时的调压器输出电压、电流波形。由于晶闸管的斩波作用并且控制角较大，输出电压、电流波形的正负半周是不连续的，调节 α 可以观察输出电压电流的变化。图 6.26(b) 为控

制角较小 $(0° \leqslant \alpha \leqslant \varphi)$ 时,输出电压和电流为完整的正弦波,交流调压器失去了调压控制作用。比较电流和晶闸管的触发脉冲,可以看到在正向电流尚未为零前反向晶闸管的触发脉冲已经到来,如果触发脉冲很窄,在正向电流到零时反向晶闸管的触发脉冲已经消失,则反向晶闸管就不能导通,因此需要采用宽脉冲触发方式,脉冲的后沿应设在 $180°$ 的位置,和交流调压器的移相范围相适应。在电流的第一个周期,因为电感电流较大,电感储能较多正向晶闸管的导通时间较长,使反向晶闸管的实际导通时间滞后于触发时间,因此电流的正半周大于负半周,经 2个周期的调节达到正负半周相等的平衡状态。图中方波为正反向晶闸管的触发脉冲。

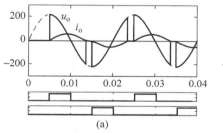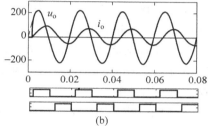

图 6.26 单相交流调压器仿真波形

在单相交流调压模型的基础上,可以设计三相交流调压的模型,读者可以自己进行。

小结

本章介绍的交流-交流变换包括交流调压和交-交变频,交流调压和交-交变频都有相控和斩控两种控制方式,前者常使用半控型晶闸管器件,后者使用全控型器件组成的交流无触点开关。介绍的交流调压和交-交变频电路是 $m \times n$ 个开关变流电路的应用特例。采用斩控方式的交流调压和矩阵式变流器,因为斩波频率比较高,对减小输出谐波含量是十分有利的,具有良好的发展前景。

单相交流调压经常使用在灯光控制,单相交流电动机调压调速和电加热温度控制中,三相交流调压常用于三相交流电动机的软起动、轻载时的节能运行和调压调速中。相控晶闸管交-交变频器常用于高电压、大电流、低速传动控制系统,并且可以四象限运行,由于可以实现回馈发电制动,有很好的节电效果,在需要较频繁正反转的大容量调速系统中得到应用,其不足是功率因数较低,谐波含量较大,频谱较为复杂。晶闸管交流调压,交-交变频的原理和特性是本章重点,也是变流器应用中进行方案比较和选择的重要依据。

练习和思考题

1. 单相交流调压电阻负载,$\alpha=0°$时输出负载功率为P,分别导出$\alpha=30°$、$90°$时的输出功率。

2. 单相晶闸管交流调压器,电源电压220V,阻感负载$R=0.5\Omega$,$L=2\text{mH}$。求①控制角α的调节范围;②最大电流的有效值;③最大输出功率和这时电源侧的功率因数;④当$\alpha=\pi/2$时,晶闸管电流的有效值、晶闸管导通角和电源侧功率因数。

3. 单相晶闸管交流调压器,阻感负载时为什么会出现不控现象?为什么要采用后沿固定的宽脉冲触发方式?

4. 比较相控交流调压和斩控交流调压的优缺点。

5. 无中线三相晶闸管交流调压为什么有两种工作模式?电阻负载时,其控制角有效移相范围是多少?

6. 无中线三相晶闸管交流调压,已知三相电源线电压为380V,负载$R=1\Omega$,$\omega L=1.73\Omega$,计算晶闸管的最大电流有效值和控制角的移相范围。

7. 叙述晶闸管交-交变频的原理。为什么其输出最高频率只能达到$1/2\sim1/3$工频?

8. 叙述余弦交点法原理。

9. 归纳交-交变频器的优缺点。

实践和仿真题

1. 拆卸一个家用调光开关或电扇调速开关,观察开关的组成,分析调光或调速原理,并提出改进意见。注意调光是光度从小向大变化,电扇要求启动时电压最高,以利于快速启动。

2. 在单相相控交流调压的基础上仿真三相交流调压电路,观察和比较电阻负载和电阻电感负载时,调压器的输出电压和电流波形。

3. 仿真单相斩控交流调压(图6.6),观察和比较电阻负载和电阻电感负载时,调压器的输出电压和电流波形。

第 7 章

PWM整流器和功率
因数控制

二极管整流和晶闸管可控整流是常用的两种整流器,但这两种整流器在感性和容性负载时都有交流侧电流谐波较大和功率因数低的问题,减小谐波、提高整流器功率因数对提高电网品质有重要意义。本章主要介绍通过 PWM 控制减小谐波提高整流器功率因数的方法。

7.1 单相桥式不控整流器的单位功率因数校正(APFC)

单相桥式二极管整流电容滤波电路(图 3.16(a))是仪器仪表和节能灯具的常用整流电源,其交流侧电压电流波形如图 7.1,该电路只有在交流电压 u_s 高于电容电压时才有电流 i_s,i_s 与正弦波形相比畸变较大,功率因数较低,为了改善电流波形提高功率因数需要对电流进行控制。

图 7.2 是带 Boost 功率因数校正的高频整流器电路,电路在二极管整流器直流侧插入了由电感 L,开关管 T 和二极管 D 组成的 Boost 升压电路(参见 4.2 节),电路工作原理如下。

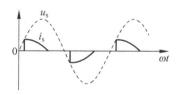

图 7.1 二极管整流电容滤波
电路电流波形

1. 单位功率因数控制

单相不控桥输出电压 u_d 为正弦半波,单位功率因数控制是通过开关管 T 控制电感电流 i_L,使 i_L 跟踪电压 u_d 作正弦半波变化(图 7.3(a)),这样二极管整流器交流侧电流 i_s 与电压 u_s 相位相同(图 7.3(b)),功率因数为 1,即实现单位功率因数控制,i_s 波形近似正弦波,畸变和谐波较小。

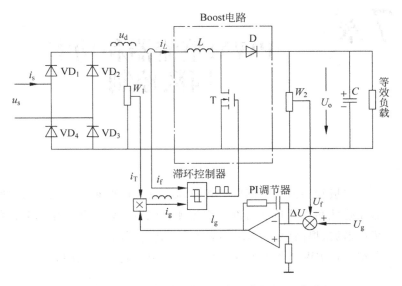

图 7.2　二极管整流器功率因数校正电路

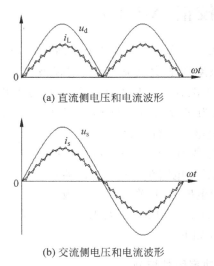

(a) 直流侧电压和电流波形

(b) 交流侧电压和电流波形

图 7.3　单位功率因数控制

2. 电流跟踪和整流器输出电压控制

电路由电位器 W_1 取 u_d 信号为 i_L 的同步控制信号 i_T,通过电位器 W_2 取输出侧电压 U_o 的反馈信号 U_f,U_f 与直流输出电压 U_o 的给定值 U_g 比较,以 U_g 与 U_f 的偏差 $\Delta U(\Delta U = U_g - U_f)$ 经 PI 调节器得到电流 i_L 的幅值信号 I_g,$I_g \times i_T$ 得到电流 i_L 的给定信号 i_g,i_g 是幅值为 I_g 的正弦半波。实测电感电流 i_L 得反馈信号 i_f,

i_g 和 i_f 经滞环控制器比较产生开关管 T 的驱动脉冲,使 i_L 跟踪 i_g 变化(图 7.4)。在 $U_g > U_f$ 时 PI 调节器输出 I_g 增加,经滞环控制使 i_L 幅值提高,在 T 导通时电感有较大电流,电感 L 储能增加,在 T 关断时 u_d 与较高电感电动势共同给电容 C 充电,使电容电压和输出电压 U_o 提高。在 $U_g < U_f$ 时 I_g 减小并通过滞环跟踪控制使 i_L 减小,在 T 导通时电感 L 储能较小,在 T 关断时电

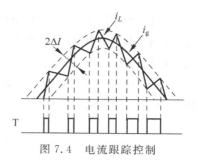

图 7.4　电流跟踪控制

感以较小电动势与 u_d 共同给电容 C 充电,使输出电压 U_o 下降从而保持直流电压 U_o 稳定不变。

　　电流跟踪单位功率因数校正器电流精度和谐波取决于滞环宽度 ΔI,主要应用在小功率单相整流场合,单相不控整流电能只能从交流侧流向直流侧,不能如晶闸管整流器那样进行有源逆变是其不足。

7.2　PWM 整流器和功率因数控制

　　PWM 整流器与晶闸管相控整流不同之处是整流桥采用可关断器件和 PWM 控制,属于斩控式整流。第 3 章介绍了晶闸管桥式全控整流电路的整流和有源逆变状态,电能可以从交流侧流向直流侧,也可以从直流侧流向交流侧,进行电能的双向流动和控制,但是交流侧电流是方波或阶梯波,谐波较大,深控状态时功率因数很低。第 5 章介绍的逆变器用桥式电路将直流变为交流,不过逆变得到的交流电直接提供给负载,属于无源逆变,如果逆变器交流侧连接交流电网则是有源逆变。SPWM 控制的逆变器输出为较好的正弦波,有效地减少了交流侧谐波。导论中开关变流原理介绍了桥式电路既可以用于逆变也可以整流,电路的工作状态(整流和逆变)主要取决于控制和直流侧电压,适当的控制既可以将直流变为交流(逆变),也可以将交流变为直流(整流),即一台变流器既可用于整流也可用于逆变并控制电能双向流,采用 PWM 控制的桥式变流电路现在一般称为 PWM 整流器。桥式变流器交流侧连接电源时,通过 PWM 控制可控制交流侧电流与交流电源电压的相位,即可以控制交流侧的功率因数。

　　PWM 整流器有单相和三相,从其直流侧滤波方式区分有电压型和电流型,目前以直流侧连接大电容的电压型 PWM 整流器使用较多,本节也主要介绍电压型 PWM 整流器,PWM 整流器开关频率较高,也常称为高频整流器。

7.2.1　单相桥式 PWM 整流器

1. 单相桥式 PWM 整流的电路特点

　　单相桥式 PWM 整流器如图 7.5,开关管 $T_{1\sim4}$ 和二极管 $D_{1\sim4}$ 组成单相桥,u_s

是其交流侧电源,E 是直流侧电源,电感 L 用于交流侧滤波,电容 C 用于直流侧滤波,电路采用 PWM 控制。单从二极管看,交流电源和四个续流二极管组成不控整流电路,在 $E<U_d$ 时,电流 i_d 方向为正;单从直流电源和开关管看电路为逆变器,在 $E>U_d$ 时,i_d 方向为负,而整个电路则是整流和逆变的结合,开关管的通断将影响二极管整流的工作状态。

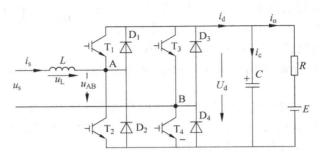

图 7.5　单相桥式 PWM 整流器

2. 整流工作状态($E<U_d$)

在 u_s 正半周,整流器 A 点电位高于 B 点,若有 T_2 或 T_3 触发,T_2 和 D_4 或 T_3 和 D_1 导通将短路 AB 两点,交流侧电流 i_s 上升,在 T_2 或 T_3 关断时,电源 u_s 和电感电势 u_L 将共同经 D_1 和 D_4 向电容充电,$U_d=u_s+L\dfrac{di_s}{dt}$。$u_s$ 负半周的工作情况与正半周相同,在 T_1 和 T_4 触发时 T_1 和 D_3 或 T_4 和 D_2 的导通将短路 AB 两点,i_s 负向上升,关断时电源 u_s 和电感电势 u_L 经 D_3 和 D_2 向电容充电,电感 L 和变流器组成了 Boost 升压电路,直流侧可有较高电压。通过电路 SPWM 脉宽控制可以调节直流电压 U_d,调节 SPWM 的相位可以控制交流侧的功率因数。

3. 逆变工作状态($E>U_d$)

单相 PWM 整流器若 $E>U_d$,直流侧电流 i_d 将改变方向,交流侧电流 i_s 也改变方向从变流器流出,直流电源 E 输出电能,经变流器流向交流侧电源 u_s,整流器工作于逆变状态,其工作与单相 PWM 逆变器相同。

归纳 PWM 整流器,若整流器交流侧电压 u_s 不变,调节脉冲宽度可以调节直流侧电压 U_d,在 $U_d>E$ 时,i_o 自变流器直流侧输出,变流器工作于整流状态。若 PWM 整流器直流侧电源电压 E 不变,调节脉冲宽度可以调节交流侧电压 u_{AB},在 $u_{AB}>u_s$ 时,交流侧电流自变流器流出,这时变流器工作在逆变状态。

4. PWM 整流器工作过程和波形分析

在单相桥式 PWM 整流器每个导通区段,四个 IGBT 中同时驱动两个,共有六种组合,因为 T_1 和 T_2 驱动信号互补,T_3 和 T_4 驱动信号互补,即 T_1 和 T_2 或 T_3 和 T_4 不能同时导通,去除这两种情况,还有 T_1 和 T_3,T_2 和 T_4,T_1 和 T_4,T_2 和 T_3 四种组合,这四种组合,电路有三种工作模式。

模式一　　$u_{AB}=0,i_d=0$

在 $u_s>0$ 时,同时驱动 T_1、T_3,则有电流自 A→D_1→T_3→B,T_1 因反偏不会导通;同时驱动 T_2、T_4,则有电流自 A→T_2→D_4→B,T_4 因反偏不会导通。在 $u_s<0$ 时,同时驱动 T_1、T_3,则有电流自 B→D_3→T_1→A,T_3 因反偏不会导通;同时驱动 T_2、T_4,则有电流自 B→T_4→D_2→A,T_2 因反偏不会导通。这两种情况 AB 两点均被短路,$u_{AB}=0,u_s=L\dfrac{di_s}{dt},i_d=0$。

模式二　　$u_{AB}=\pm U_d$,i_d 方向为正。

要获得向 i_d 正方向电流,可能的通路是 D_1 和 D_4 导通或 D_3 和 D_2 导通。在 D_1 和 D_4 导通时,$u_{AB}=U_d$,i_s 方向为正;在 D_3 和 D_2 导通时,$u_{AB}=-U_d$,i_s 方向为负。在模式二,T_1、T_4 或 T_3、T_2 即使驱动也不会导通。

模式三　　$u_{AB}=\pm U_d$,i_d 方向为负。

i_d 为负方向电流,则必然是 T_1、T_4 导通或 T_2、T_3 导通。若驱动 T_1、T_4 导通,电流 i_d 经 T_4、T_1 流向电源 u_s,i_s 方向为负,$u_{AB}=U_d$;若驱动 T_2、T_3 导通,电流 i_d 经 T_2、T_3 流向电源 u_s,i_s 方向为正,$u_{AB}=-U_d$。

在模式二和模式三时都有通路的电压方程:$u_s+L\dfrac{di_s}{dt}=\pm U_d$。

当 PWM 整流器采取单极倍频正弦脉宽调制时(参见图 5.9),$T_1\sim T_4$ 脉冲驱动序列如图 7.6(a),在区段 1 驱动 T_1、T_3,有正向 i_s 经 D_1、T_3 使 AB 端短路,电感电流上升,电感储能增加(模式一)。区段 2 时 T_1、T_4 驱动,正向 i_s 经 D_1、D_4 流向负载,T_1、T_4 受反向电压,虽被驱动但不能导通(模式三)。区段 3 驱动 T_2 和 T_4,但是 D_1 与 D_4 导通 AB 端短路(模式一),如此进行得到 AB 两端电压波形如图 7.6(b),其中 u'_{AB} 为 u_{AB} 的基波分量。图 7.6(c)为交流侧电流 i_s 波形,其中 i'_s 为电流的基波分量。调节驱动脉冲的宽度,可以调节 u_{AB} 基波分量 u'_{AB} 的幅值,i_s 也随之改变,直流侧的输出平均电压 U_d 也随驱动脉冲宽度而改变。当 u_{AB} 与 i_s 同向时(时区 a、c),u_s 经二极管桥流向直流侧输出电能;当 u_{AB} 与 i_s 反向时(时区 b、d),u_s 吸收电能,电容输出电能。时区 a、c 宽于时区 b、d,直流侧平均电流 $I_d>0$,意味着电路处于整流状态。

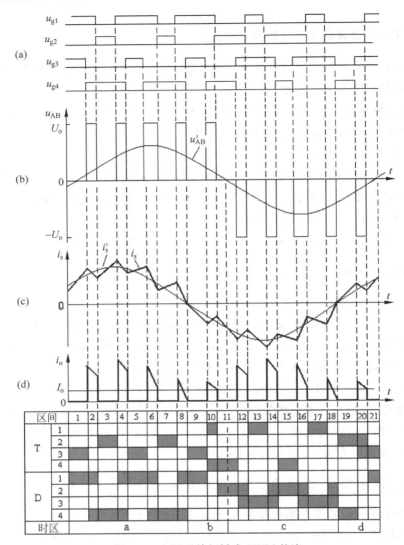

图 7.6 电压型单相桥式 PWM 整流

7.2.2 PWM 整流器交流侧功率因数

　　PWM 整流器交流侧(网侧)电路如图 7.7，图中 u_s 与 u_{AB} 频率相同，一般电源 u_s 是正弦的，u_{AB} 是矩形脉冲含有基波和谐波。在交流侧回路，u_{AB} 的谐波主要降落在电感 L 上，电流接近正弦。以相量 $\dot{U}_s$、$\dot{U}_L$、$\dot{U}_{AB}$ 和 $\dot{I}_s$ 表示电压 u_s、u_L、u_{AB} 和电流 i_s 的基波分量，在电源侧有

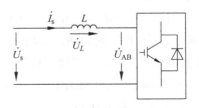

图 7.7 交流侧等效电路

$$\dot{U}_{s} = \dot{U}_{L} + \dot{U}_{AB} \tag{7.1}$$

$$\dot{U}_{L} = \mathrm{j}\omega L\,\dot{I}_{s} \tag{7.2}$$

调节 $\dot{U}_{AB}$ 的大小和相位可以控制 $\dot{I}_{s}$，当 $\dot{I}_{s}$ 与 $\dot{U}_{s}$ 同相时，功率因素 $\lambda = 1$，电压相量关系如图 7.8(a)，$\dot{U}_{AB}$ 滞后于 $\dot{U}_{s}\psi$ 角。当 $\dot{I}_{s}$ 与 $\dot{U}_{s}$ 反相时，功率因素 $\lambda = -1$，电压相量关系如图 7.8(b)，$\dot{U}_{AB}$ 领先于 $\dot{U}_{s}\psi$ 角。从相量图可以看到 $\dot{U}_{AB}$、$\dot{U}_{L}$ 与电流 $\dot{I}_{s}$ 有关，因为 $\dot{I}_{s}$ 是随负载变化的，根据电流调节 $\dot{U}_{AB}$ 的模和相位角(图 7.8(c))，即控制驱动信号的相位和宽度可以控制电源侧的功率因数。

PWM 变流器功率因数控制原理如图 7.9，图中根据给定的功率因数 λ^{*} 计算功率因数角 φ，$\lambda = \cos\varphi$，用锁相环 PLL 检测 u_{s} 相位 φ_{1}，然后由电流给定 I_{s} 计算电流 i_{s}^{*}，$i_{s}^{*} = I_{s}\sin(\varphi + \varphi_{1})$，将 i_{s}^{*} 与实测电流 i_{s} 比较，经滞环控制器驱动 $T_{1} \sim T_{4}$，使 i_{s} 跟踪 i_{s}^{*} 变化从而控制电流与电压 u_{s} 的相位，进行了功率因数控制。

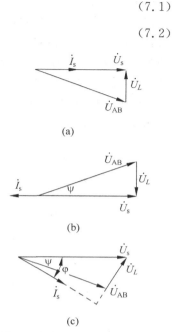

(a)

(b)

(c)

图 7.8　交流侧电压相量图

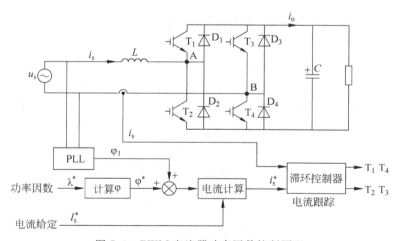

图 7.9　PWM 变流器功率因数控制原理

7.2.3　单相半桥式和三相桥式 PWM 整流

除上面介绍的单相桥式 PWM 整流电路外，电压型 PWM 整流还有单相半桥式和三相桥式电路(图 7.10)。对单相半桥电路，直流侧电容由两个电容串联组成以便引出中点,半桥电路比较简单,常用于小容量的 PWM 整流。三相 PWM 整流工作原理与单相桥相似,仅是增加一对桥臂,在控制上从单相变为三相,它适用于大容量的 PWM 整流,应用更为广泛。PWM 整流器因为器件的开关频率高,输出调节速度快,电路有良好的动态响应能力,并且可以进行网侧单位功率因数控制(PFC),目前大功率 PWM 控制整流器还受器件容量限制,但是它具有整流和有源逆变两种工作状态,可以进行功率因数控制,在提高电网供电质量,动态无功补偿、有源滤波和潮流控制方面都有很好的应用,也是风力发电和光伏发电等的重要技术。

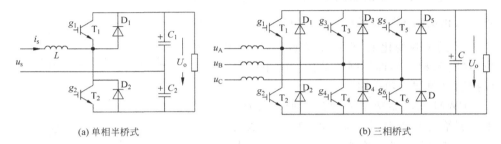

(a) 单相半桥式　　　　　　　　　　　　　　　　(b) 三相桥式

图 7.10　单相半桥和三相桥式 PWM 整流电路

7.3　PWM 整流器仿真的研究

7.3.1　单相桥式 PWM 整流器仿真

PWM 整流器模型如图 7.11 所示,模型用 Universal Bridge 模块和交流电压源 AC,电感 L,电容 C 和电阻 R 组成整流器电路,由 PWM Generator 模块提供驱动,Sine Wave 模块产生正弦调制波。由 Multimeter 观测单相桥 T_1 和 D_1 桥臂的电压 us1 和电流 is1,T_2 和 D_2 桥臂的电压 us2 和电流 is2,单相桥的交流侧电压 UAB,直流侧电压 UDC,以及直流侧电容电流 ic,电阻电流 iR。用 Active & Reactive Power 模块观测交流侧有功功率 P 和无功功率 Q。各模块参数如表 7.1 所示,仿真结果:图 7.12 为三角载波频率为 500Hz,调制波为 $0.6\sin\left(2\pi\times50+\dfrac{2\pi\times50\times29.18°}{360°}\right)$ 时的驱动脉冲,图 7.13 为单相桥交流侧 u_{AB} 和直流侧输出电流 i_d 波形,图 7.14(a) 为交流电源电压 u_s 和电流 i_s 波形,u_s 和 i_s 相位相同功率因数为 1。图 7.14(b) 是负载电阻的电压和电流波形。仿真表明 PWM 整流交流电源电压为 220V 时,直流侧输出电压约为 550V,大于晶闸管整流时的最高电压 $U_d = 0.9U_s = 0.9\times220 = 198V$,PWM 整流器是升压整流。在 PWM 调制波领先 u_s 29.18°时,交流侧电压和电流相位相同,功率因数为 1,实现单位功率因数控制,电流波形接近正弦波,随调制频率增加,低谐波将减小,PWM 整流较晶闸管整流有较好效果。

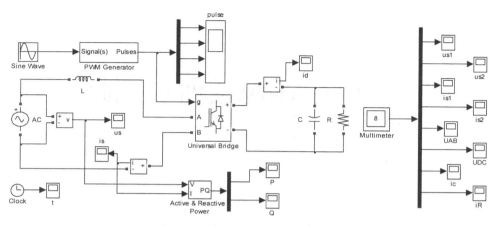

图 7.11　单相桥式 PWM 整流模型

表 7.1　单相桥式 PWM 整流器模型参数

模　　块	参　　数	模　　块	参　　数
交流电压源 AC	幅值：220 * sqrt(2) 频率：50 Hz	PWM Generator	载波频率 500Hz
电感 L	2mH	Active & Reactive Power	基波频率 50Hz
滤波电容 C	2000e-6 F	仿真时间	2s
负载电阻 R	10Ω	仿真算法	Ode23tb
Sine Wave	幅值：0.6　频率：100pi　弧度/秒	相位：−2 * 50 * pi * 29.18/360 弧度	

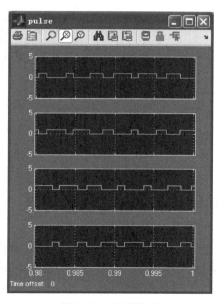

图 7.12　驱动脉冲

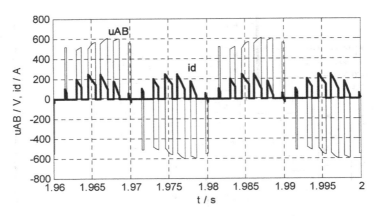

图 7.13　整流器交流侧电压和直流侧电流波形

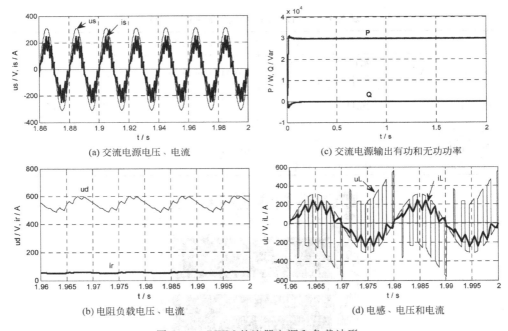

(a) 交流电源电压、电流

(c) 交流电源输出有功和无功功率

(b) 电阻负载电压、电流

(d) 电感、电压和电流

图 7.14　PWM 整流器电源和负载波形

7.3.2　PWM 整流器无功补偿器仿真研究

　　PWM 整流器无功补偿器用于改善电网功率因数,单相 PWM 无功补偿仿真模型如图 7.15,模型交流侧电源 u_s 接自电网,直流侧采用大电容滤波,比较图 7.15 和图 7.11 仅减少了负载电阻 R,模型 Sine Wave 模块参数设置为调制波幅值 0.6,相位为 35.9993°,其他参数同表 7.1。

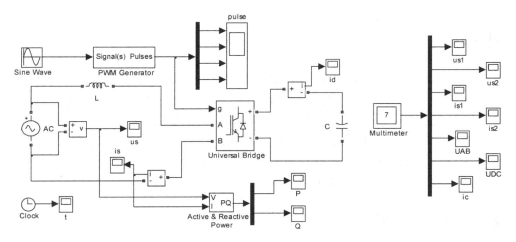

图 7.15　单相 PWM 无功补偿器仿真模型

　　启动仿真后可观察无功补偿器交流侧电压和电流波形如图 7.16(a)，在整流器 PWM 调制波幅值为 0.6 领先 u_s35.9993°时，电流 i_s 领先电源电压 u_s90°，电源 u_s 输出有功功率为 0，输出容性无功为 10kVar 左右(图 7.16(b))。图 7.17(a)为单相桥式变流器交流侧电压 u_{AB} 波形，图 7.17(b)为直流侧电压和电流波形，直流侧电容两端电压为 600V，直流侧电流反映了电容的充放电情况。

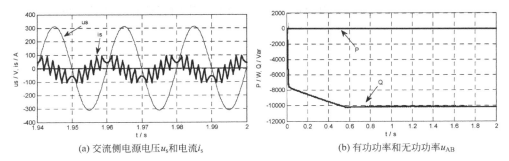

(a) 交流侧电源电压 u_s 和电流 i_s　　　　　　(b) 有功功率和无功功率 u_{AB}

图 7.16　PWM 无功补偿交流侧电压、电流和功率

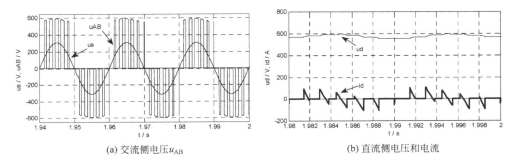

(a) 交流侧电压 u_{AB}　　　　　　　　(b) 直流侧电压和电流

图 7.17　PWM 整流器电压和电流波形

小结

本章介绍了单相不控整流器功率因数校正和 PWM 可控整流器,单相桥式不控整流器嵌入 Boost 升压电路后可以实现网侧单位功率因数控制,改善电网质量,单相不控整流器功率因数校正已在 LED 光源中大量使用。PWM 整流器采用高频 PWM 调制,可以实现电能双向流动,既可以整流也可以逆变,与晶闸管整流器相比可以改善交流侧谐波,提高功率因数,是重要的电能变换和控制技术,已广泛应用在光伏发电、风力发电和电网无功补偿、潮流控制等方面。

练习和思考题

1. 简述单相不控整流单位功率因数控制原理?

2. PWM 整流器交流侧电感的作用是什么?

3. 单相 PWM 整流器有几种工作模式,这些工作模式的特点是什么?

4. 在单相 PWM 整流器仿真模型(图 7.10)中改变调制波 Sine Wave 的幅值,观察对直流侧电压和交流侧电流的影响,以及对交流侧有功和无功功率的影响。

5. 在单相 PWM 整流器仿真模型(图 7.10)中改变调制波 Sine Wave 的相位,观察对直流侧电压和交流侧电流的影响,以及对交流侧有功和无功功率的影响。

第8章

软开关变换技术

>>>>

电力电子开关器件在功率变换过程中自身要产生一定的损耗,当器件在高频情况下工作时开关动作的频度高,这些损耗是很可观的。开关器件的损耗降低了电能变换的效率,并且造成开关器件的发热和温升。一般开关器件管壳的温度可以达到 $70 \sim 80$℃,其管芯的温度更高,当管芯温度大于 150℃时,器件的性能迅速变差并可能损坏,因此降低开关器件自身的功率损耗,无论对提高电能变换效率还是对保证器件安全可靠工作都很重要。电力电子器件软开关技术就是采取一定措施,通过改变电路结构和控制的方法来减小开关时的损耗,同时也减小开关时产生的电磁噪声(EMN),改善电力电子装置的电磁兼容性(EMC)。

电力电子器件理想的开关状态是在端电压为零时开通,在电流为零时关断,这时器件没有开关损耗,理想的开关状态较难做到。如果在开关过程中,电力电子器件开通时端电压(或电流)较小,在关断时能以较小电流(或端电压较低)关断,器件的开关损耗就比较小,这称为软开关。本章首先介绍开关损耗和软开关的基本概念,然后介绍几种典型的软开关电路。

8.1 开关损耗和软开关的基本类型

电力电子器件的损耗主要有通态损耗和开关损耗两部分,通态损耗与器件的通态电阻(管压降)有关,它取决于器件的性能。开关损耗是器件在开通和关断过程中产生的损耗,影响开关损耗的因素有器件自身的开关特性,电路的结构和负载的性质等,这些因素都影响通断过程中器件电流和端电压的变化曲线,按器件的开关情况可分为硬开关和软开关两类。

1. 硬开关和开关损耗

硬开关依靠器件自身的开关能力在驱动信号作用下通断,例如

图 2.21 所示 IGBT 的开关过程，开通时集极电流上升到 I_{CM} 的 90%，管压降 U_{CE} 才开始下降，在关断时，集极电流下降过程中 U_{CE} 也较大。因此开关时电流都在较高电压下升降，开通和关断的损耗都很大，处于硬开关状态。如果将开关过程中的电压电流变化近似为图 8.1 的直线，硬开关时的开关损耗为

$$P_T = f_s \left[\int_0^{t_r} u_T i_T \, \mathrm{d}t + \int_0^{t_f} u_T i_T \, \mathrm{d}t \right] = \frac{1}{2} U_T I_T f_s (t_r + t_f) \tag{8.1}$$

式中，U_T——关断时器件两端电压，I_T——器件导通后电流，f_s——开关频率。

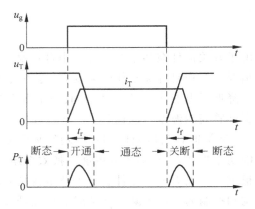

图 8.1 硬开关过程

从式(8.1)可见，开关损耗与器件电流的上升时间 t_r、下降时间 t_f 和开关频率 f_s 有关。在晶闸管电路中，因为晶闸管本身允许的开关频率较低，采用缓冲电路限制电压或电流的上升率后，开关损耗的影响较小。而采用全控型器件的 PWM 控制，尽管现代全控型器件的 t_r 和 t_f 都达微秒级，但是开关频率很高，开关损耗仍是很大，需要采取措施减小开关损耗。

2. 软开关

在电力电子器件的开通过程中如果采取措施，使器件端电压下降为零后才驱动开关器件使电流上升(图 8.2)，在电流建立的过程中因为电压为零，开通损耗为零，这谓之零电压开通(ZVS)。如果在器件的关断过程中采取措施，使器件电流下降为零后才撤除驱动信号，这时器件内电阻增加，端电压上升管子关断，在电压上升的过程中因为电流为零，关断损耗亦为零，这谓之零电流关断(ZCS)。这两种情况开关损耗都为零，是理想的开关状态，也常称为零开关。

如果在电力电子器件开通过程中使端电压较快下降或限制电流的上升率，器件关断过程中，电流下降时保持器件仍有较低端电压(图 8.3)，器件都可以有较小的开通和关断损耗，这称为软开通和软关断，与前述的零开关一起也统称为软开关。

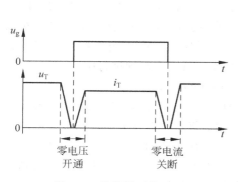

图 8.2　零损耗开关过程

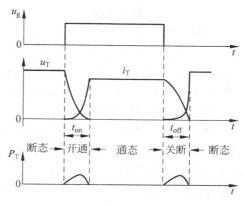

图 8.3　软开关开关过程

软开关的开关损耗小,不仅可以提高变流电路的变换效率,并且减小了开关器件的发热和温升,器件可以在高频情况下安全运行,在变流器日益高频化的趋势下,软开关技术受到广泛重视。

3. 软开关的分类

软开关的实现一般都使用谐振原理,利用 LC 谐振时的电压过零或电流过零,使开关在零电压或零电流状态下通断,减小开关损耗。实现软开关的电路很多,如今使用于 DC/DC 和 DC/AC 变流器的软开关主要可以分为下面几类。

1) 谐振型变流器(resonant converter)

谐振型变流器由 LC 电路和负载组成负载谐振回路,LC 元件在整个开关周期中都参与能量的变换,谐振型变流器根据负载与 LC 元件的连接方式又有串联谐振(电压谐振)和并联谐振(电流谐振)两种。图 5.10 的单相电流型逆变器就使用了并联谐振的原理。谐振型变流器的工作状态对负载的变化很敏感,谐振频率随负载的变化而变化。

2) 准谐振型变流器(quasi-resonant converter)

准谐振型变流器与谐振型不同的是谐振仅发生在一个开关周期的部分时段中,其余时间变流器仍运行在非谐振模式,即谐振仅发生在变流器能量变换的某一阶段。它有零电压开关准谐振型、零电流开关准谐振型和零电压开关多谐振型软开关电路等多种,其中零电压开关准谐振和零电流开关准谐振电路只能改善变流器中一个器件(开关管或二极管)的开关条件,多谐振变流器可以同时改善开关管和二极管的开关条件。

3) 零开关 PWM 变流器(zero switching PWM converter)

这类变流器软开关的特点是在准谐振回路中加入了辅助开关来控制谐振的过程,在需要谐振时才启动谐振回路,形成零电压或零电流的开关条件,因此变流器能以 PWM 方式工作。

4) 零转换 PWM 变流器(zero transition converter)

零转换 PWM 变流器与零开关 PWM 变流器的不同是:将控制谐振的辅助开关与主开关由串联改为并联,并联后辅助开关不流过负载主电流,负载电流对谐振的影响减小,辅助谐振回路的功耗也减小。零转换 PWM 变流器是在零开关 PWM 变流器基础上的改进,其电路结构和控制的研究在继续进行中。

5) 谐振直流环节逆变器(resonant DC link inverter)

谐振直流环节逆变器(RDCLI)在 DC/AC 变换的直流部分插入了 LC 谐振电路,利用 LC 谐振时电压周期性过零的特点,为后级逆变器开关器件创造零电压开通或零电压关断条件,减少逆变器的开关损耗。RDCLI 的特点是用一套直流环节上的谐振电路为三相逆变器六个开关器件提供软开关条件,在 RDCLI 的基础上延伸了多种三相逆变器软开关的方案,这些方案也正在不断研究完善中。

8.2　准谐振软开关电路

8.2.1　零电压(ZVS)开通准谐振电路

图 8.4(a)是准谐振零电压开通的 Buck 直流斩波电路,电路中 C_r 和 L_r 组成谐振回路。电路在电感 L 和电容 C 较大时,电流 i_L 近似不变,因此负载回路可以用定流源 I_L 等效,等效后的电路如图 8.4(b)所示。现将电路的工作过程分为 3 种模态来分析软开关过程。

设 $t<t_0$ 时,电路状态为开关 T 导通,则有 $i_T=I_L$,$u_T=u_{C_r}=0$,二极管 D 截止。

模态一: $t_0\sim t_1$　电容 C_r 充电阶段

在 t_0 时刻开关 T 驱动信号变为零,i_T 下降 T 开始关断,与 T 并联的电容 C_r 从 0 开始充电,电容 C_r 钳制了开关 T 的端电压,使 T 关断过程中 u_T 较低,开关 T 软关断。在 T 关断后,原通过 T 的电流($i_T=I_L$)转移到电容 C_r,使 C_r 恒流充电,u_{C_r} 继续上升,到 t_1 时 $u_{C_r}=E$,二极管 D 两端电压为 0 处于临界导通状态。

模态二: $t_1\sim t_2\sim t_3$　C_r、L_r 谐振阶段

在 t_1 后 $u_{C_r}>E$,二极管 D 导通,C_r、L_r 经 D 和 T 形成谐振回路,回路电压方程为

$$E = U_{C_r0} + \frac{1}{C_r}\int_{ti}^{t} i_{L_r}\,\mathrm{d}t + L_r\frac{\mathrm{d}i_{L_r}}{\mathrm{d}t} \tag{8.2}$$

式中,U_{C_r0} 为 t_1 时电容电压,$U_{C_r0}=E$。所以

$$\frac{1}{C_r}\int_{ti}^{t} i_{L_r}\,\mathrm{d}t + L_r\frac{\mathrm{d}i_{L_r}}{\mathrm{d}t} = 0 \tag{8.3}$$

$$L_rC_r\frac{\mathrm{d}^2 i_{L_r}}{\mathrm{d}t} + i_{L_r} = 0 \tag{8.4}$$

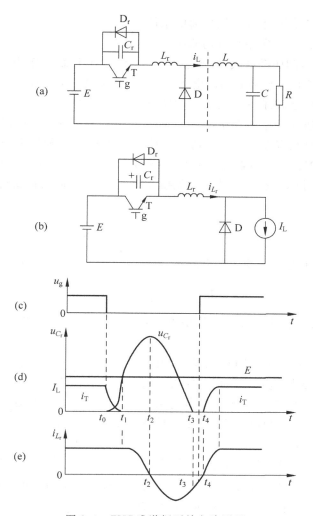

图 8.4 ZVC 准谐振开关电路原理

以初始条件 $i_{L_r} = I_L$，解方程式（8.4）得

$$i_{L_r} = I_L \cos\omega_r(t-t_1) \tag{8.5}$$

$$u_{C_r} = E + I_L Z_r \sin\omega_r(t-t_1) \tag{8.6}$$

式中，$\omega_r = 1/\sqrt{L_r C_r}$，$Z_r = \sqrt{L_r/C_r}$。

从式（8.6）可见，当 $\omega_r(t-t_1) = \dfrac{\pi}{2}$ 时，即图中 t_2 时刻，电容 C_r 两端电压达到最高值 $u_{C_r m} = E + I_L Z_r$，电流 $i_{Lr} = 0$。在 $t > t_2$ 后 i_{Lr} 进入谐振的负半周。

在 t_2 时，由于 i_{L_r} 反向，电感 L_r 储能向电源 E 回馈，C_r 反向充电，u_{C_r} 下降。到 t_3，u_{C_r} 下降到零后，二极管 D_r 开始导通，电感 L_r 改经 D_r 向电源回馈储能，D_r 的导通钳制了开关管 T 和电容 C_r 两端电压，并且在 i_{L_r} 维持期间（$t_3 \sim t_4$）都有 $u_{C_r} =$

$u_T = 0$,为开关 T 创造了零电压导通的条件。

模态三：$t_3 \sim t_4$　零电压开通阶段

在 $t_3 \sim t_4$ 区间驱动开关 T 导通,电感 L_r 电流在电源 E 作用下上升。因为 t_4 前,D_r 导通钳制了 T 导通时的端电压,开关 T 在零电压下导通,开关损耗最小,实现了软开通。t_4 之后开关 T 的关断和导通重复上述过程。

零电压开通准谐振电路的 $t_3 \sim t_4$ 时间与谐振回路参数和初始电流 I_L 有关(式(8.6)),并且只有在 t_3,D_r 导通后才具备零电压导通条件,并且负载电流越大零电压开通的时间区间就越宽。并从式(8.6)可见,若正弦项幅值小于 E,u_{C_r} 就不能在谐振中回到 0,也就不能使开关无损开通,因此准谐振电路实现零电压开通的条件为

$$\sqrt{\frac{L_r}{C_r}} I_L \geqslant E \qquad (8.7)$$

在谐振中开关 T 承受的最高电压为

$$U_{C_r m} = \sqrt{\frac{L_r}{C_r}} I_L + E \qquad (8.8)$$

综合式(8.7)和式(8.8),谐振中电压将高于输入 E 的 2 倍,因此要求开关 T 有较高耐压。

准谐振零电压开通同样可以应用于 DC/DC-Boost 变换电路,下面以图 8.5 简述其工作原理。图中在 Boost 基本电路中插入了谐振电容 C_r 和电感 L_r。在 T 导通时电感 L 储能,$u_{C_r} = 0$,在 T 关断时,C_r 电压不能突变,使 T 软关断。T 关断后 C_r 以

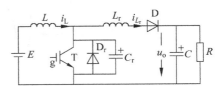

图 8.5　Boost-ZVS 准谐振电路

电流 i_L 充电,u_{C_r} 上升,当 $u_{C_r} \geqslant u_o$ 时二极管 D 导通,C_r 和 L_r 开始谐振,电容两端电压 u_{C_r} 按正弦变化,当 u_{C_r} 谐振到零时则为开关 T 创造了零电压导通条件,这时驱动 T,T 在零电压情况下导通,开通损耗为零。

8.2.2　零电流(ZCS)关断准谐振电路

图 8.6(a)是零电流关断准谐振 Buck 电路,与零电压开通不同是谐振电容与二极管 D 并联,其等值电路如图 8.6(b)。设 t_0 前电路状态为开关 T 截止,二极管 D 续流,$u_T = E$,$i_D = I_L$,$i_T = i_{L_r} = 0$。电路的开关过程可分如下两种模态。

模态一：$t_0 \sim t_1$　开关 T 导通阶段(软开通)

t_0 时 T 驱动导通,i_T 和 i_{L_r} 上升,$i_D = I_L - i_{L_r}$ 下降,到 t_1 时 $i_T = i_{L_r} = I_L$,二极管 D 截止,L_r 和 C_r 开始谐振。在该阶段中 u_T 下降,i_T 上升,T 软开通。

模态二：$t_1 \sim t_4$　电流谐振阶段(零电流关断)

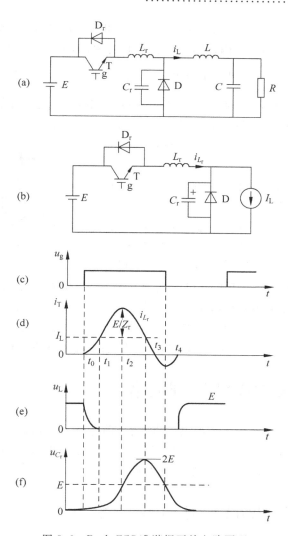

图 8.6 Buck-ZCS 准谐振开关电路原理

L_r 和 C_r 谐振时的回路方程为

$$E = L_r \frac{\mathrm{d}i_{L_r}}{\mathrm{d}t} + u_{C_r} \tag{8.9}$$

$$u_{C_r} = \frac{1}{C_r} \int_{t_1}^{t} (i_{L_r} - I_L) \mathrm{d}t \tag{8.10}$$

以初始条件：$u_{C_r} = 0, i_{L_r} = I_L$ 代入，联解方程式(8.9)和方程式(8.10)可得

$$i_T = i_{L_r} = I_L + \frac{E}{Z_r} \sin\omega_r(t - t_1) \tag{8.11}$$

$$u_{C_r} = E[1 - \cos\omega_r(t - t_1)] \tag{8.12}$$

式中：$\omega_r = 1/\sqrt{L_r C_r}, Z_r = \sqrt{L_r/C_r}$。

在 t_3 时电流 i_{L_r} 谐振过零并反向,这时二极管 D_r 导通,主开关 T 断流。在 $t_3 \sim t_4$ 二极管 D_r 导通区间内,若停止开关 T 的驱动,T 将在零电流状态下关断。从式(8.11)和式(8.12)可得谐振中电流峰值为 $i_T = I_L + \dfrac{E}{Z_r}$,从图 8.6(d)可见负载电流 I_L 不能大于 E/Z_r,否则电流不能谐振过零,电容 C_r 电压峰值为 $2E$。

图 8.7 为零电流关断准谐振 Boost 电路,在 T 导通时,L_r、C_r 经 T、E 产生谐振,i_{L_r} 按正弦变化,在 i_{L_r} 由正变负时二极管 D_r 导通,T 断流,在 D_r 导通期间若撤销 T 的驱动信号,T 将零电流关断。

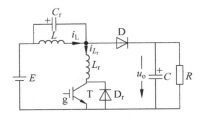

图 8.7　Boost-ZCS 准谐振电路

上述准谐振型软开关,零电压型开关承受的电压高,电流小,零电流型开关承受的电压较低,但电流大。准谐振软开关变流器,在零电压或零电流期间是电感 L_r 或电容 C_r 将储能回馈电源,电路的输出电压与输入电压之比 U_o/E 将随开关频率与谐振频率之比 f_s/f_r 而变动,因此在 L_r 和 C_r 一定,谐振频率 f_r 固定时,只能通过调节开关频率 f_s 来调节输出电压,所以上述准谐振型软开关电路主要以脉冲频率调制(PFM)方式工作,而不适合工作于 PWM 方式。

8.3　零开关 PWM 控制电路

零开关 PWM 电路也采用准谐振方式,与前述准谐振电路不同的是在谐振元件上增加了辅助开关支路来控制谐振开始的时刻,使输出电压的脉冲宽度可以控制,同样它有零电压开通和零电流关断两种。

8.3.1　零电压 PWM 控制 Buck 电路

零电压 PWM 控制 Buck 电路的等效电路如图 8.8(负载以定流源 I_L 表示),在谐振电感 L_r 上并联了 T_1 和 D_1 组成的辅助开关支路,其脉宽控制的原理如下。

在主开关管 T 关断时刻 t_0 前,提前给辅助开关 T_1 驱动信号(图 8.8(b)、(c)),因为 $i_{L_r} = I_L$,忽略 L_r 的电阻压降,T_1 尚没有电流通过。t_0 时 T 关断,负载 I_L 经二极管 D 续流,电感 L_r 电流以 T 关断时的值 I_L 经 D_1、T_1 流通。因为 D、D_1、T_1 同时导通,A、B、C 三点等电位,电容 C_r 端电压为 E。在 t_1' 时 T_1 关断,C_r、L_r 经 E、D 形成谐振回路,二极管 D 电流 $i_D = I_L - i_{L_r}$,在谐振电压 $u_{C_r} = u_T = 0$ 后 $(t \geqslant t_3)$ 驱动 T,主开关管可以在零电压下导通。电路工作过程中,开关管 T 的导通和关断过程与零电压准谐振电路(图 8.4)相同,不同是增加 T_1 后控制了谐振开始的时间 t_1',通过控制 T_1 的关断时刻 t_1' 控制了脉冲宽度(图中阴影部分),使变流

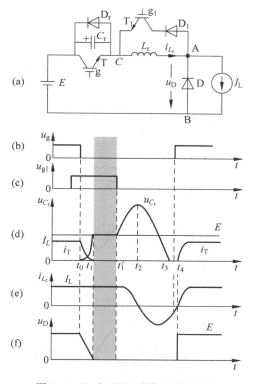

图 8.8　Buck-ZVS 开通 PWM 原理

器可以进行 PWM 控制。

8.3.2　零电流 PWM 控制 Buck 电路

零电流 PWM 控制 Buck 电路是在零电流准谐振电路(图 8.6(b))的基础上，在电容回路中串联了由 T_1、D_1 组成的支路(图 8.9(a))。在 t_0 时驱动主开关 T，L_r 经 D_1、C_r 开始谐振，t_2 时电感电流 i_{L_r} 达到最大值，之后 i_{L_r} 下降(见式 8.11)。因为 $i_{D1} = i_{L_r} - I_L$，到 t_2' 时 $i_{L_r} \leqslant I_L$，D_1 因电流 i_{D1} 要反向而截止。在 D_1 截止期间，主开关 T 和 L_r 将通过恒定的负载电流 I_L(图 8.7(d))。

在 D_1 截止期间 C_r 端电压为 $2E$(式(8.12))，T_1 受正向电压，因此 t_3 时驱动开关 T_1，T_1 导通，L_r、C_r 继续谐振，i_{L_r} 继续下降，在 i_{L_r} 过零并要反向时 T 断流，I_L 将经二极管 D 续流，因此在 t_4 时 T 驱动停止，开关 T 零电流关断。零电流 PWM 控制的导通和关断原理与零电流准谐振电路相同，不同的是 T_1、D_1 控制了谐振的过程(图中阴影部分)，调节阴影的宽度可以使准谐振电路进行 PWM 控制。

图 8.10、图 8.11 分别为 Boost 升压斩波电路的零电压和零电流控制 PWM 电路，与 Buck 电路一样可以通过辅助开关 T_1 控制 PWM 的脉冲宽度。

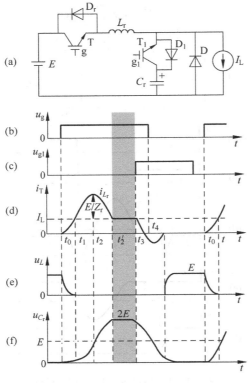

图 8.9　Buck-ZCS 关断 PWM 原理

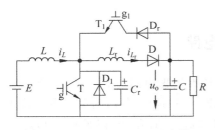

图 8.10　Boost-ZVS PWM 电路

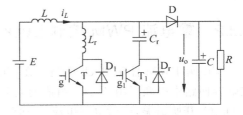

图 8.11　Boost-ZCS PWM 电路

8.4　零转换 PWM 电路

　　在前述准谐振和零开关 PWM 电路中,主谐振元件基本上都在电路的主功率通道上,谐振时 i_{L_r} 都包含了负载电流 i_L 的成分,谐振时过高的电压和电流使开关器件的通态损耗有所增加,部分抵消了通过软开关降低电路损耗的效果。本节讨论的零转换 PWM 电路主要特点是把谐振元件从主功率通道中移开,变串联为并联,谐振元件不通过负载电流,使负载对谐振过程的影响减到最小,这样电路可以

在很宽的输入电压和负载变化范围内实现软开关工作,同时也减小了谐振时高电
压和大电流对主开关的影响。零转换 PWM 电路有多种形式,图 8.12 是零电压转
换 Buck 和 Boost 电路的基本拓扑,图 8.13 是零电流转换 Buck 和 Boost 电路的基
本拓扑,现以零电流转换 Boost 电路(图 8.13(b))为例进行分析。

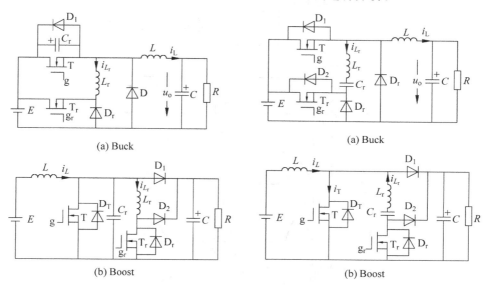

图 8.12　ZVS 转换 PWM 电路　　　图 8.13　ZCS 转换 PWM 电路

假设电感 L 足够大 $i_L=I_L$,输出电容足够大 $u_C=U_O$,因此电路的输入和输出
可以分别以恒流源 I_L 和恒压源 U_O 代替,其等值电路如图 8.14(a)。设 t_0 前主开
关 T 在关断状态,有 $u_T=E=U_O$,$i_{D_1}=I_L$。

模态一:$t_0 \sim t_1 \sim t_2$　谐振开始阶段

t_0 时驱动开关 T 导通,L_r、C_r 经 D_r 和 T 形成谐振回路,i_{L_r} 方向如图,可列谐
振回路方程:

$$L_r \frac{di_{L_r}}{dt} + u_{C_r} = 0 \tag{8.13}$$

$$C_r \frac{du_{C_r}}{dt} = i_{L_r} \tag{8.14}$$

以初始条件 $u_{C_r 0}=U_{C_r m}$,$i_{L_r 0}=0$ 解方程式(8.13)和方程式(8.14)得

$$u_{C_r} = U_{C_r m}\cos\omega_r(t-t_0) \tag{8.15}$$

$$i_{L_r} = -\frac{U_{C_r m}}{Z_r}\sin\omega_r(t-t_0) \tag{8.16}$$

式中,$\omega_r=1/\sqrt{L_r C_r}$,$Z_r=\sqrt{L_r/C_r}$。

谐振半个周期后,在 t_1 时 D_r 截止,谐振过程暂停,电路状态维持一直到 t_2。

模态二:$t_2 \sim t_3 \sim t_4$　零电流阶段

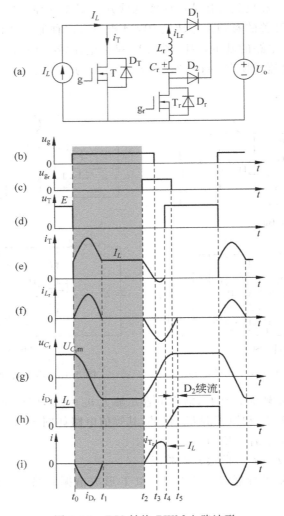

图 8.14　ZCS 转换 PWM 电路波形

在 t_2 时驱动辅助开关 T_r，L_r、C_r 经 T_r 和 T 形成谐振回路，C_r 放电 i_{L_r} 反向，$i_T = I_L - i_{L_r}$ 下降，到 t_3 时 i_T 反向，D_T 导通为主开关造成零电流环境，因此在 $t_3 \sim t_4$ 区间停止主开关 T 的驱动，T 将在零电流状态下关断。

模态三：$t_4 \sim t_5$　D_1、D_2 导通阶段

当 i_{L_r} 下降到 $i_{L_r} \leqslant I_L$ 时，D_1 将导通(图 8.14(h))。在 t_4 停止 T_r 驱动，T_r 关断，因为此时 i_{L_r} 不为零，L_r 将经 D_2、D_1 续流，$i_{D_1} = I_L - i_{D_2}$，$i_{D_2} = i_{L_r}$。到 t_5 时电感 L_r 储能释放完毕，D_2 截止，C_r 充电至 $U_{C_r m}$，为下一周期的工作做好准备。

零电流 PWM-Boost 电路使主开关管在零电流状态下关断，可以降低类似 IGBT 有较大电流拖尾现象的开关器件的关断损耗。虽然电流 i_T 上叠加了一个

正弦脉冲,但是因为 L_r 和 C_r 的谐振周期远小于电路的开关周期,因此通过主开关管 T 的电流平均值增加不大,对 T 的通态损耗影响很小。电路的软开关条件与输入和输出无关,使它可以在输入电压和负载的较大变化范围内实现软关断。为了实现零电流关断,一般谐振电流峰值要大于 $1.1I_L$。电路的不足是主开关管 T 的开通还是硬开通,辅助开关 T_r 的关断还是硬关断,因此也提出了进一步的改进措施,例如在主开关管 T 导通前也使辅助开关 T_r 导通一次,利用谐振使 T 能软导通等。

8.5 直流环节谐振型软开关逆变电路

在三相 AC/DC/AC 变频器中,三相逆变器六个开关器件的开关损耗使变频器的效率降低,同时也使器件温度升高易于损坏。逆变器通常使用缓冲电路(subber)来限制开关时的 $\mathrm{d}i/\mathrm{d}t$ 和 $\mathrm{d}v/\mathrm{d}t$,缓冲电路同时也起减小开关损耗的作用,但是减小的这部分损耗或在缓冲电阻上消耗,或是暂存在缓冲电容中,之后这部分能量还要通过逆变器开关释放,逆变器的总体效率并没有明显的提高。若对各个开关分别采取软开关措施,逆变器的结构将很复杂,控制的难度增加,也降低了逆变器的可靠性,因此逆变器软开关技术的进展晚于 DC/DC 变换。1986 年 D. M. Diven(美)提出了直流环节谐振(resonant DC link)的概念,由于其潜在的价值受到广泛的重视,至今三相逆变器软开关和控制方案都在研究进行中。本节将介绍直流环节谐振逆变器 RDCLI(resonant DC link inverter)的基本原理和它的一些衍生方案。

8.5.1 直流环节谐振型逆变器 RDCLI

直流环节谐振型逆变器的原理电路如图 8.15,在电路的直流环节中插入了开关 T 控制的 LC 谐振电路。在开关 T 导通时电感 L 储能,在开关 T 关断时 LC 产生谐振,谐振中当电容 C 两端电压过零时,为后级逆变器开关提供了零电压导通和关断的条件。在逆变器负载电感远大于谐振回路电感 L 时,在一个谐振周期中逆变器负载电流 I_x 可以近似认为不变,逆变器部分可以用恒流源 I_x 代替,I_x 的数值与逆变器各相电流有关,同时考虑谐振回路 L 的电阻,RDCLI 的等值电路如图 8.16(a)。

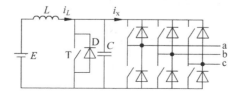

图 8.15 直流环节谐振型逆变器

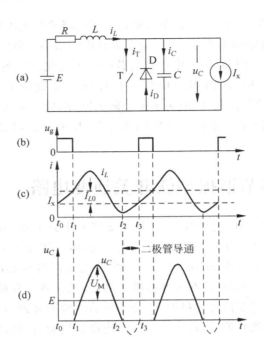

图 8.16　直流环节谐振波形

在谐振回路工作前,设开关 T 关断,$i_L = I_x$,$u_C = 0$,其工作有如下几种模式:

模式一: $t_0 \sim t_1$　电流上升阶段

在 t_0 时开关 T 驱动导通,电感 L 电流从 I_x 上升,电容 C 被短路,可列电路方程为

$$Ri_L + L\frac{\mathrm{d}i_L}{\mathrm{d}t} = E \tag{8.17}$$

$$i_L = i_T + I_x \tag{8.18}$$

在初始条件 $i_T = 0$ 下解方程式(8.17)和方程式(8.18),得

$$i_T = \left(\frac{E}{R} - I_x\right)(1 - \mathrm{e}^{-\frac{R}{L}t}) \tag{8.19}$$

$$i_L = I_x + \left(\frac{E}{R} - I_x\right)(1 - \mathrm{e}^{-\frac{R}{L}t}) \tag{8.20}$$

因为在 $\frac{R}{L} \ll 1$ 时,$\mathrm{e}^{-\frac{R}{L}t} \approx 1 - \frac{R}{L}t$,代入上式得

$$i_T \approx \frac{E - RI_x}{L}t \tag{8.21}$$

$$i_L \approx I_x + \frac{E - RI_x}{L}t \tag{8.22}$$

令 t_1 时 $i_T \approx \frac{E - RI_x}{L}t = I_{L0}$,$I_{L0}$ 即为 i_L 在 t_1 时的增量。

模态二：$t_1 \sim t_2$　谐振阶段

在 t_1 时关断 T，LC 开始谐振，这时电路方程为

$$Ri_L + L\frac{\mathrm{d}i_L}{\mathrm{d}t} + u_C = E \qquad (8.23)$$

$$i_L = I_x + C\frac{\mathrm{d}i_L}{\mathrm{d}t} \qquad (8.24)$$

以 t_1 时 $i_L = I_x + I_{L0}$，$u_C = 0$ 为初始条件，解方程式(8.23)和方程式(8.24)得谐振时

$$i_L = I_x + \mathrm{e}^{-at}\{I_{L0}\cos\omega_r(t-t_1) - [(RI_x - E)/\omega_r L + (R/2\omega_r L)I_{L0}]\sin\omega_r(t-t_1)\} \qquad (8.25)$$

$$u_C = E - RI_x + \mathrm{e}^{-at}\{(RI_x - E)\cos\omega_r(t-t_1)$$
$$+ [(R/2\omega_r L)(RI_x - E) + I_{L0}/\omega_r C]\sin\omega_r(t-t_1)\} \qquad (8.26)$$

式中，$a = R/2L$，$\omega_r = \sqrt{\omega_0^2 - a^2}$，$\omega_0 = 1/\sqrt{LC}$。

在 $R \approx 0$ 时，上式可近似为

$$i_L = I_x + (U_M/\omega_r L)\cos[\omega_r(t-t_1) - \varphi] \qquad (8.27)$$

$$u_C = E + U_M\sin[\omega_r(t-t_1) - \varphi] \qquad (8.28)$$

式中，$U_M = \sqrt{(\omega_r L I_{L0})^2 + E^2}$，$\varphi = \arctan(E/\omega_r L I_{L0})$。

模态三：$t_2 \sim t_3$　二极管导通阶段

在 t_2 电容两端电压 u_C 谐振为 0 并开始反向时，二极管 D 导通，钳制了直流环节电压为 0，电感 L 经 D 续流，到 t_3 时电感电流恢复到 $i_L = I_x$，一个周期结束。t_3 后再次驱动开关 T 继续下一个工作周期，使逆变器输入电压成为一系列有间隔的正弦脉冲(图 8.16(d))。

在上述直流环节谐振中，零电压的时间($t_2 - t_3$)与 T 导通时电感电流的增量 I_{L0} 有关，I_{L0} 大，零电压的维持时间也可以较长，逆变器的六个开关在谐振直流环节电压为零时通断，则为零电压通断，开关损耗为零。从图 8.15 也可以看到，若令逆变器某一相上下两个开关同时导通，则可以代替谐振开关 T 的作用，不过这样逆变器的控制要复杂。直流环节的二极管 D 实际上也是不必要的，逆变器中的续流二极管可以代替它的作用。

RDCLI 的不足是：(1)直流环节零电压出现是周期性的，逆变器的六个开关必须在 $u_C = 0$ 时动作，这会对逆变器 PWM 控制带来一定的时间误差，并且 PWM 波形在脉宽范围内不再是矩形，而是由一系列正弦脉冲组成，会使逆变器输出含有更多的谐波成分。(2)为了使直流环节电压能够归零，电感电流 i_L 必须有足够的增量 I_{L0}，并且该增量是随负载电流 I_x 变化的，当然可以先确定最大 I_x 时需要的增量 I_{L0}，但较大的 I_{L0} 意味着谐振时的电流峰值 I_{Lm} 和电压峰值 U_{Cm} 都更高，对开关管的耐压和电流的要求也更高，因此在 RDCLI 的基础上又提出了许多更有应用价值的改进电路。

8.5.2　有源箝位谐振直流环节逆变器 ACRLI

ACRLI(active clamp resonant DC link inverter)电路是通过有源箝位方法将直流环节的谐振电压限制到 1.2～1.4 倍的电源电压,从而减小逆变器开关器件的电压应力,其电路如图 8.17。电路在 RDCLI 的基础上增加了由开关 T_c、二极管 D_c 和电容 C_c 组成的箝位电路。设 RDCLI 直流环节的箝位电压为 $kE(k>1)$,在电路开始工作前先将电容 C_c 充电到 $(k-1)E$,当直流环节谐振电压 U_c 超过 kE 时,二极管 D_c 导通 C_c 充电,若 C_c 足够大,则 C_c 电压有增加但不会很高。在谐振电感电流 $i_L<I_x$ 时,驱动开关 T_c 导通,C_c 经电感 L 放电,当 C_c 电压下降到 $(k-1)E$ 时关断 T_c,C_c 上维持电压 $(k-1)E$,为下一阶段直流环节谐振箝位做好准备,k 值可以根据电路实际需要而定。

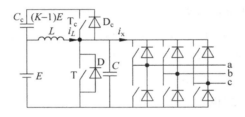

图 8.17　有源箝位谐振直流环节逆变器

8.5.3　直流环节并联谐振逆变器 PRDCLI

RDCLI 电路的主要问题是直流环节的谐振电压过高,直流环节电压是一系列正弦脉冲而不是恒定的直流,给 PWM 调制带来困难。ACRLI 降低了直流环节电压,但是第二个问题还没有解决。直流环节并联谐振逆变器(parallel resonant DC link inverter) 就是针对这两个问题而提出的。

PRDCLI 的电路如图 8.18,电路在直流环节中插入了由三个开关 T_0、T_1、T_2,三个二极管 D_0、D_1、D_2 和电感 L 组成的谐振控制电路,谐振电容由逆变器三相桥臂开关器件上并联的六个电容器组成,其等值电路如图 8.19(a)。电路的工作过

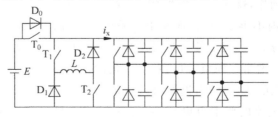

图 8.18　直流环节并联谐振逆变器

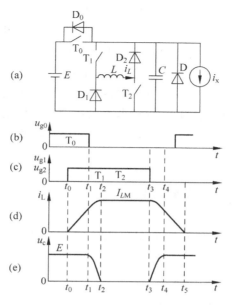

图 8.19　PRDCLI 电路工作过程

程可分四种状态分析。

首先在 t_0 前,设开关 T_0 导通,逆变器由电源 E 经 T_0 传输电能,电流为 I_x。

模态一: $t_0 \sim t_1$　电流上升阶段

在逆变器某一开关器件需要通断时,提前在 t_0 时驱动 T_1 和 T_2,电感 L 电流 i_L 上升(图 8.19(d)),因为 i_L 从 0 上升,T_1 和 T_2 为软开通。因为这时 T_0 尚在导通中,电容两端电压仍为 E。

模态二: $t_1 \sim t_2$　电压下降阶段

在 t_1 时关断 T_0,电感 L 和电容 C 开始谐振,电容 C 放电,到 t_2 时电容电压下降到 0,为逆变器开关器件创造零电压开关条件。随电容电压下降到 0,电感 L 电流 i_L 上升到峰值 I_{LM}(图 8.19(e))。在该阶段中逆变器电流 I_x 由电容 C 提供。

模态三: $t_2 \sim t_3$　零电压阶段

在 $t_2 \sim t_3$ 区间因为 T_0 关断,T_1 和 T_2 尚在导通中,电感电流 i_L 要经 D_2 和 T_1、T_2 和 D_1 两条支路续流,不考虑损耗的话基本维持在 I_{LM}。$t_2 \sim t_3$ 的时间段是可以控制的,T_1、T_2 的关断控制了该时间段的长短,并且在该时间段中 $u_C = 0$,这是 PRDCLI 电路的重要特点,即当逆变器 PWM 控制时,在逆变器开关器件需要通断时,可以通过 T_1、T_2 控制直流环节出现零电压,使逆变器开关能在零电压状态下通或断,将开关损耗降低到最小。

模态四: $t_3 \sim t_5$　电容 C 充电阶段

当逆变器开关器件的通断完成后,在 t_3 时刻关断 T_1 和 T_2,谐振电感 L 储能经 D_1、D_2 向负载(逆变器)释放,i_L 下降,同时电容 C 充电到 $E(t_4)$。电容 C 充电完毕后,电感的剩余能量还可以通过二极管 D_0 回馈电源 E。在 t_4 后,驱动开关 T_0 恢复电源对逆变器的供电。到 t_5 时 i_L 下降到 0,直流环节零电压控制一个周期结束,到下一次逆变器需开关时再重复上述过程。

PRDCLI 三相软开关电路除直流环节增加的元器件稍多外,谐振电路的开关动作都在零电压条件下进行,所有开关器件的电压应力不超过 E。并且谐振电感不在主回路通道上,谐振电感仅作保证谐振电压过零的储能元件。另外谐振电容还可以利用逆变器开关器件自身的寄生电容,更主要的是可以控制零电压发生时刻,适合于 PWM 调制,是一种很有意义的软开关方案。

8.6　软开关电路的仿真

以 Buck-ZCS 准谐振开关等效电路(图 8.6(b))为例介绍软开关电路的仿真,建立电路的仿真模型如图 8.20。

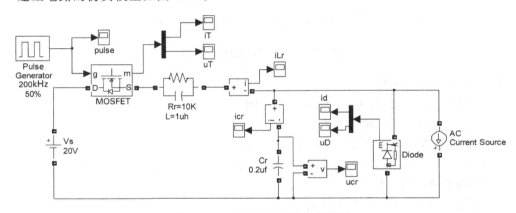

图 8.20　ZCS-QRC 电路仿真模型

模型由直流电源 V_s、开关管 MOSFET、谐振电感 L_r、电容 C_r、二极管 D 和等效电流源 AC 组成,驱动信号由脉冲发生器 Pulse Generator 产生。因为模型库里没有直流恒流源,这里等效负载的恒流源用交流电流源代替,在交流电流源频率很低时,电流的波顶部分可认为不变,可以用它近似直流恒流源。交流电流源和开关管 MOSFET 的参数如图 8.21 和图 8.22。仿真时电流源回路中如果没有电阻,系统则认为是电流源开路,仿真不能进行,因此在 L_r 上并联了一个大电阻 $R_r = 10\text{k}\Omega$。其他参数设定如下:

电源电压:20V

谐振电感 L_r:$1\mu\text{H}$

谐振电容 C_r:$0.2\mu\text{F}$

谐振频率:$f_r = \dfrac{1}{2\pi\sqrt{L_r C_r}} = 566 \times 10^3\,\text{Hz}$

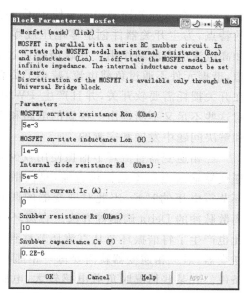

图 8.21 交流电流源对话框   图 8.22 MOSFET 对话框

驱动脉冲频率：200kHz，脉冲宽度：50%

仿真算法：ode23tb

仿真得到电路波形如图 8.23，与图 8.6 的分析一致。

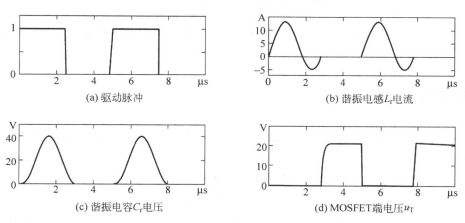

(a) 驱动脉冲   (b) 谐振电感L_r电流

(c) 谐振电容C_r电压   (d) MOSFET端电压u_T

图 8.23 ZCS-QRC 电路仿真波形

小结

无论 DC/DC 变换或 AC/DC/AC 变换在高频化调制的同时都面临开关损耗问题，软开关研究减小开关损耗的方法，本章讨论了软开关的基本思路和一些主要方案。在软开关控制中普遍使用了谐振技术,利用谐振中电压过零或电流过零的特点,为主开关器件创造零电压或零电流开关条件,但是谐振也产生了高电压和高电流应力的副作用。并联谐振通过辅助开关控制使谐振元件脱离主功率通道,谐振元件不通过负载电流,减小了负载对谐振过程的影响,但是辅助开关也存在开关损耗需要软开关,并且产生 PWM 占空比变小使输出电压下降等问题,针对这些不足又不断提出一些新的电路和方案,软开关技术就是在不断地产生问题和解决问题中发展和完善的。

　　三相逆变器直流环节谐振使用较少元件实现逆变器开关器件的软开关,但是逆变器输入电压不是恒定直流,是离散化的脉冲,逆变器开关时刻要选择在直流环节零电压的时候,因此对逆变器的调制提出了新的要求,从而产生了诸如适应离散脉冲的 Delta 调制等方法。直流环节的零电压同时对三相输出都有影响,因此也产生了将谐振环节从直流环节移到逆变器后的软开关方案,这称为极谐振型逆变器,对三相逆变器就需要每一相都有独立的谐振电路为该相开关创造零电压条件。在某些情况时负载电感较大,电感限制了电流的上升速度,使开关可以在接近零电流的状态开通,而与开关并联的缓冲电容也可以使开关在接近零电压的状态开通以减小开关损耗。软开关技术以减小开关损耗和改善开关电路的电磁兼容性为目标,它可以为高效、高性能变流器创造基础,感兴趣的读者可以关注这方面的研究进展。

　　软开关电路采用分段处理的方法研究各时段电路的工作情况和谐振特点,并得到元器件参数与电路工作状态的关系。本章以掌握软开关电路的原理为主,要重视各种软开关电路的特点,电路解决了哪些问题,还存在哪些不足,并思考如何进一步改进这些不足之处。

思考题

　　1. 为什么高频变流电路需要软开关? 零电压开通和零电流关断的意义是什么?

　　2. 软开关电路可以分为哪几类? 这些电路各有什么特点?

　　3. 准谐振变流电路与谐振型变流电路的区别是什么?

　　4. 比较 ZVS 准谐振 Buck 开关电路与 ZCS 准谐振 Buck 开关电路在结构上和性能上的不同?

　　5. 比较 ZCS-PWM 控制 Buck 电路与 ZCS 准谐振 Buck 电路在结构上的不同? 其性能有哪些改进?

　　6. 零开关 PWM 控制 Buck 电路图 8.8 和图 8.9 中的辅助开关 T_1 是否能零电压开通或零电流关断? 为什么?

　　7. 零转换 PWM 电路的特点是什么?

8. 直流环节谐振型逆变器 RDCLI 是如何使逆变器开关器件在零电压或零电流状态下导通或关断的？

仿真题

将图 8.20 模型中的交流电流源以滤波电感 L、滤波电容 C 和电阻 R 的电路代替，即仿真图 8.6(a)电路。取 $R=2.5\Omega$，$L=100\mu$H，$C=10\mu$F。

① 观察谐振电感 L_r、谐振电容 C_r 和开关 MOSFET 的电压和电流波形，并与交流电流源为负载时的波形比较有何变化。

② 观察驱动脉冲宽度或负载电阻改变时，MOSFET 零电流关断的情况，并研究两者对零电流关断的影响。

第 9 章

变流电路的组合

前四章已经介绍了 AC/DC、DC/DC、DC/AC、AC/AC 四种基本的变换电路,在此基本变换的基础上可以组合成功能更强、性能更好,并且多样化的变流电路来满足各种场合对电源的要求。本章介绍变流电路的串并联,多重化措施,以及组合的多级变流器。开关电源是一种新型的直流电源,它具有高频、高功率密度的特点,使用软开关、有源功率因数控制等新技术,电源体积重量减小、性能提高,已在仪器仪表、通信、家电中广为应用,这里作扼要介绍。

9.1 相控整流电路的串并联

相控整流电路串并联的目的是提高输出电压和电流,或改善输出的波形。通过串并联,可以用较低电压或电流等级的变流器得到高电压或大电流的输出。下面以晶闸管整流电路的串并联介绍。

9.1.1 整流电路的并联

1. 直接并联

图 9.1(a)是两组三相半波整流电路的并联,整流变压器副边有两组同名端相反的丫接绕组,故该并联整流器也称双反星形连接整流器。同名端相反的两组丫接绕组输出电压在相位上互差 $180°$,两组三相半波整流器 VT_1、VT_3、VT_5 和 VT_4、VT_6、VT_2 都是共阴极接法。设 $\alpha=0$,在 ωt_1 时触发 VT_1 导通,在 ωt_2 时触发 VT_2,因为 $u_c' \geqslant u_a$,因此 VT_2 导通,VT_1 承受反向电压关断。在 ωt_3 时触发 VT_3,因为 $u_b \geqslant u_c'$,因此 VT_3 导通,VT_2 关断,如此继续,得到整流输出电压 u_d 波形如图 9.1(b)。输出电压 u_d 在一周期的脉动数 $m=6$,比三相半波整流一周期三个波头,脉动数增加,脉动量减小,整流的效果与三相桥相同。实际上三相半波双反星形连接整流电路就是 6 相半波整流器,其变压器原

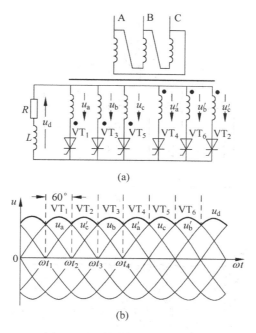

(a)

(b)

图 9.1　三相半波电路直接并联

边是三相,副边通过两组Y接绕组得到 6 相输出。改变控制角 α 可以调节整流输出电压 $U_d = 1.35 U_2 \cos\alpha$(式中 U_2 为相电压有效值),输出电压较三相半波整流 $u_d = 1.17 U_2 \cos\alpha$ 略有提高,但是每个晶闸管的导通角 $\theta = 60°$,较三相半波整流变压器 $\theta = 120°$ 减少一半,也就是说,直接并联连接后,两组桥和变压器的利用率变小。但是变压器原边正负半周都有电流通过,没有三相半波整流时的直流磁化现象。

图 9.2 是两组三相桥式整流电路的并联。整流变压器副边采用Y形和△形的双绕组。在相位上,△形连接组输出线电压 $u_{l\triangle}$ 领先Y形连接组输出线电压 u_{lY} 为 30°,且使Y形和△形绕组的输出线电压相等 $U_{lY} = U_{l\triangle}$。现在 ωt_1 时触发 I 桥 a、b 相上的 VT_1 和 VT_6,并联整流器输出电压 $u_d = u_{ab}$,在 ωt_2 时触发 II 桥 VT_1 和 VT_2,因为 $u'_{ac} \geqslant u_{ab}$,因此 I 桥 VT_1 和 VT_6 关断,II 桥 VT_1 和 VT_2 导通,并联桥输出电压 $u_d = u'_{ac}$。在 ωt_3 时触发 I 桥 VT_1 和 VT_2,并联整流器输出电压 $u_d = u_{ac}$,且 $u_{ac} \geqslant u'_{ac}$,因此 II 桥 VT_1 和 VT_2 关断,如此继续,得到的整流输出电压 u_d 波形如图 9.2(b),u_d 波形为 12 相线电压在正半周的包络线。输出电压 u_d 在一周期中有 12 个波头,得到 12 相的整流效果,其脉动进一步减小,改变控制角可以调节 U_d。

利用变压器的连接组整流器并联可以减小整流输出电压的脉动,使输出直流电压更平稳,谐波含量减少,但是直接并联的两组整流器交替工作,晶闸管的导通角减小,变压器的利用率降低,对每组整流器而言,其电流能力没有充分利用。

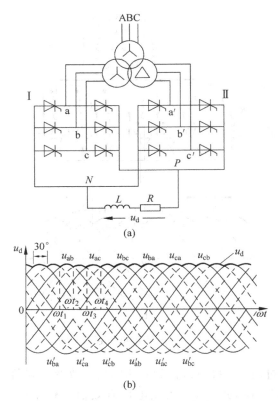

图 9.2　三相桥式整流电路直接并联

2. 带均衡电抗器的并联整流电路

为了在减小整流电压脉动的基础上,提高整流器和变压器的利用率,使两组并联整流器能同时工作,充分利用整流器的供电能力,可以将两台整流器通过均衡电抗器并联起来。

(1)带均衡电抗器的三相半波并联整流电路

图 9.3 为接入带中心抽头均衡电抗器 L_P 的三相半波并联整流电路。在 ωt_1 时触发 VT_1,因为 $u'_b \geqslant u_a$,在 u'_b 和 u_a 相间将产生环流,i_P 经 $u'_b \to VT_6 \to VT_1 \to u_a \to L_P$,环流在均衡电抗器的两个绕组中产生感应电动势 e_{p1} 和 e_{p2},其极性如图,且有 $u_a + e_{p1} = u_d = u'_b - e_{p2}$,因为是中心抽头电抗器 $e_{p1} = e_{p2} = e_p$,感应电势 e_p 使 $u_a + e_p = u'_b - e_p$,VT_1 和 VT_6 承受相同电压,在 $\omega t_1 \sim \omega t_2$ 区间,VT_1 和 VT_6 能同时导通,各承担 $I_d/2$。且

$$u_d = u_a + e_p = u_a + \frac{u'_b - u_a}{2} = \frac{u_a + u'_b}{2} \tag{9.1}$$

在 $\omega t_2 \sim \omega t_3$ 区间,$u'_b < u_a$,环流 i_p 改变方向,感应电动势 e_{p1} 和 e_{p2} 极性也改变

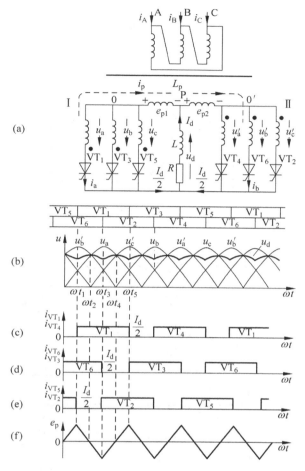

图 9.3　带均衡电抗器的三相半波并联整流电路

（图 9.3(f)），但是 VT_1 和 VT_6 同时导通，u_d 仍为式(9.1)。

ωt_3 时触发 VT_2 导通，VT_6 关断，因为 $\omega t_3 \sim \omega t_4$ 区间，$u_a \geqslant u_c'$，在 u_a 和 u_c' 相间产生环流，使 VT_1 和 VT_2 同时导通，同理可导得 $u_d = \dfrac{u_a + u_c'}{2}$，如此进行可得各区间的 u_d，图 9.3(b)为 $\alpha = 0°$ 时 u_d 的波形，u_d 波形将随控制角 α 的改变而变化。带均衡电抗器后，三相半波并联整流电路的输出电压平均值为 $U_d = 1.17 U_2 \cos\alpha$，与三相半波整流电路相同。带均衡电抗器的三相半波并联电路与直接并联(图 9.1)不同的是，两组整流器同时工作，每组整流器的导通角增加了，变压器和整流器的利用率较直接并联提高一倍，两组整流器输出电流如图 9.3(c),(d),(e)。

（2）带均衡电抗器的三相桥式整流并联电路

带均衡电抗器的三相桥式整流并联电路如图 9.4，该电路也称 12 脉波或 12 相整流电路。与图 9.2 直接并联不同的是，均衡电抗器平衡了两组整流桥的电

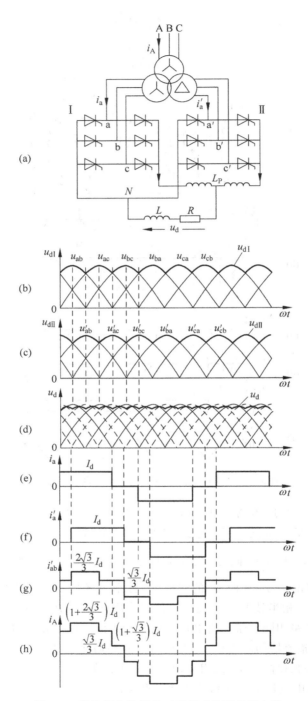

图 9.4　带均衡电抗器的三相桥式并联整流电路

压,使两组整流桥的工作互不影响,各承担 1/2 的负载电流,均衡电抗器的作用与双反星形连接相同。整流器输出电压

$$u_{\mathrm{d}} = u_{\mathrm{dI}} - e_{\mathrm{p}} = u_{\mathrm{dII}} + e_{\mathrm{p}} = \frac{u_{\mathrm{dI}} + u_{\mathrm{dII}}}{2} \tag{9.2}$$

整流器输出平均电压

$$U_{\mathrm{d}} = \frac{U_{\mathrm{dI}} + U_{\mathrm{dII}}}{2} = 2.34 U_2 \cos\alpha \tag{9.3}$$

每台整流器输出电压和电流波形与三相桥相同(图 9.4),但在相位上互差 30°。带均衡电抗器后,并联整流器输出电压波形如图 9.4(d),u_{d} 波形有 12 相整流的效果,u_{d} 的最低次谐波为 12 次。因为原边绕组与副边丫接和△接绕组匝数比为 $1:1:\sqrt{3}$,因此△接绕组线电流如图 9.4(f),△接绕组相电流波形如图 9.4(g)。三相电源侧电流如图 9.4(h),电流为 12 阶梯波,电流波形比较接近正弦波,其基波幅值为

$$I_{\mathrm{m1}} = \frac{4\sqrt{3}}{\pi} I_{\mathrm{d}} \tag{9.4}$$

n 次谐波幅值为

$$I_{\mathrm{mn}} = \frac{1}{n} \frac{4\sqrt{3}}{\pi} I_{\mathrm{d}} \quad n = 12k \pm 1, k = 1, 2, 3, \cdots \tag{9.5}$$

输出电流谐波次数为 $12k \pm 1$,谐波幅值随次数增加而减小。

根据变压器移相的原理,由三组、四组整流器并联可以得到 18 相、24 相的整流效果,但是 18 相整流要求交流电压相位差 20°,变压器需要采用曲折接法。

9.1.2 整流电路的串联

整流电路的串联可以用较低电压等级的整流器得到较高电压的输出。图 9.5(a)是两组三相桥的串联,电源采用了三绕组变压器,与三相桥并联一样,其输出电压 u_{d} 一周期的脉动为 12 次。

两组整流器工作可以有多种方式。(1)两组整流器以相同控制角工作,$U_{\mathrm{d}} = U_{\mathrm{dI}} + U_{\mathrm{dII}}$。(2)I 桥 $\alpha = 0$,或者采用不控整流,II 桥进行移相控制,$U_{\mathrm{d}} = U_{\mathrm{d0}} + U_{\mathrm{dII}}$($U_{\mathrm{d0}}$ 为 $\alpha = 0$ 时整流器输出平均电压)。采用这种控制方式,I 桥的功率因数高。II 桥的功率因数随 α 变化。(3)I 桥处于整流状态,II 桥处于有源逆变状态(控制角为 β),$U_{\mathrm{d}} = U_{\mathrm{d0}} - U_{\mathrm{dII}}$,输出电压 U_{d} 可以从 $0 \sim U_{\mathrm{d0}}$ 调节。采用上述控制,串联整流器可以有很宽的调压范围,不仅可以减小输出电压的脉动,并且在调压时保持一组整流器工作在 $\alpha = 0°$ 状态,有较高的功率因数,以另一组整流器进行调压控制,避免两组整流器都工作在深控状态(α 较大),使整个装置的功率因数降低。

如果同时使用整流器的串联和并联,则可以用相对较低电压和电流的整流器

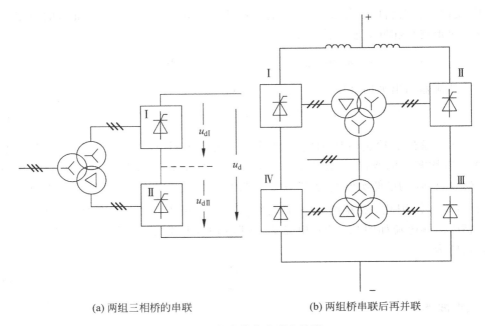

(a) 两组三相桥的串联　　　　　　　(b) 两组桥串联后再并联

图 9.5　整流器的串联和并联

组合得到大功率,高电压大电流的整流装置。图 9.5(b)是两组桥串联后再并联,其中 Ⅲ 和 Ⅳ 桥使用了不控整流器。整流器的串联和并联经常使用在大功率的直流传动和高压直流输电中。

9.2　多重化逆变电路

在大规模工业生产中常需要高电压大电流的逆变器,目前大容量的晶闸管和 GTO,其额定电压和电流分别可以达到 6～7kV,3～6kA,而 IGBT 和 BJT 的额定电压和电流远低于此,因此用这些器件组成的逆变器,其输出功率很难满足高压大功率要求。如果每个桥臂用几个开关器件串联和并联,则要保证开关的导通和关断一致,并采取均压和均流的措施。多电平逆变器可以减小开关的电压应力,使直流输入电压可以较高,扩大逆变器输出容量,但是超过三电平的逆变电路结构和控制都很复杂,这限制了它的应用。逆变器输出是交流,因此可以使用变压器将几个逆变器组成多重化的复合结构,通过变压器对输出电压进行升压或降压,尽管变压器变比是固定的,但配合逆变器的电压电流控制,是扩大逆变器输出容量减小谐波的有效措施。

1. 单相多重化逆变电路

图 9.6(a)是单相桥式二重化逆变电路,每台逆变器输出是 180°的方波,两台

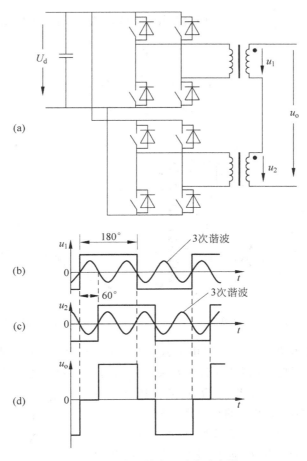

图 9.6　单相桥式二重化逆变器

逆变器的输出错开 60°,经变压器叠加后得到宽为 120°的方波输出(图 9.6(d))。每台逆变器输出的 180°方波中含有 3 次谐波,经移相 60°后,两台逆变器的 3 次谐波相位相反互相抵消(图 8.6(b)、(c)),因此输出 u_o 不含 3 的整倍数次谐波,仅含 $6k\pm1(k=1,2,3,\cdots)$ 次谐波。

2. 三相多重化逆变电路

图 9.7 是由两组三相电压型逆变器组成的两重化逆变器电路。逆变器 I、II 的输出分别连接两台三相变压器的原边绕组,原边匝数都为 N_P;变压器 T_1 副边每个绕组匝数为 N_S,副边绕组 a_1 与原边 A_1B_1 绕组共铁芯柱,则 $U_{a1}=\dfrac{N_S}{N_P}U_{A_1B_1}$;变压器 T_2 有两组相同的绕组,其匝数为 $N_S/\sqrt{3}$,副边 a_{21}、a_{22} 绕组与原边 A_2B_2 绕

组共铁芯柱，$U_{a2} = \dfrac{N_S}{\sqrt{3} N_P} U_{A2B2}$。两台变压器的副边绕组的连接如图 9.8，则

$$\dot{U}_a = \dot{U}_{a1} + \dot{U}_{a2} - \dot{U}_{b'2}$$

$$\dot{U}_b = \dot{U}_{b1} + \dot{U}_{b2} - \dot{U}_{c'2} \tag{9.6}$$

$$\dot{U}_c = \dot{U}_{c1} + \dot{U}_{c2} - \dot{U}_{a'2}$$

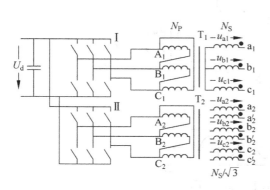
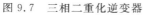

图 9.7　三相二重化逆变器

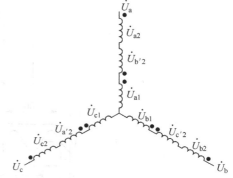

图 9.8　副边绕组连接

若逆变器 Ⅰ 和 Ⅱ 都按 180° 导电方式工作，变压器原边线电压都是 120° 方波，幅值为 U_d。且控制逆变器 Ⅱ 的各相开关器件的通断时间比逆变器 Ⅰ 延迟 30°，那么副边电压 u_{a2}、$u_{a'2}$ 也要比 u_{a1} 滞后 30°。图 9.9 为按图 9.8 连接后，输出电压的相量图。图 9.10(a)、(b)、(c) 为电压 u_{a1}、u_{a2}、u'_{b2} 的波形，图 9.10(d) 为这 3 个电压合成后的电压 u_a 波形，经合成后，输出电压为 12 阶梯波，对 12 梯波其最低次谐波为 11 和 13 次，其值约为基波的 9% 和 7.69%。

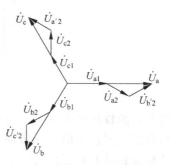

图 9.9　电压相量图

如果有四组三相桥式逆变器，它们输出接四台三相变压器(每台变压器原副边各为三个绕组)，而四组逆变器的驱动信号依次相差 15°，则可以组合成 24 阶梯波的输出，其电压中将没有 21 次以下的谐波，输出电压的最低次谐波为 23、25 次，其值约为基波的 4.35% 和 4%。采用多组逆变器变压器多重化措施后，逆变器采用低开关频率的器件，不用高频 PWM 控制也能获得较好的输出波形。

上述多重化电路都采用变压器副边串联方式，并采取了移相控制，改善了输出电压波形。多重化也可以采用并联方式，将几个逆变器并联起来。电压型逆变器采用串联方式较多，电流型逆变器采用并联方式较多。

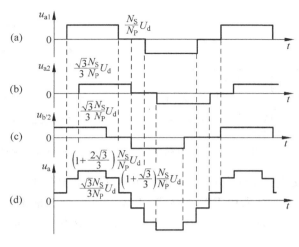

图 9.10　输出电压波形

9.3　级联式变流器

级联式变流器是将基本变流器的功能结合起来,组成新的变流装置。常见的 AC/DC/AC 变频器就是带中间直流环节的级联式变流器,也称间接变频器,按使用的整流单元不同,它有多种形式。

9.3.1　AC/DC/AC 变换的主电路

图 9.11 是采用不控整流的电压型变频器主电路,不控整流器将三相交流变换为直流,再由三相逆变器将直流变换为三相交流电,因为采用不控整流,直流环节电压不能调节,因此逆变器一般采用 PWM 控制,以进行输出交流的变压变频控制(VVVF)。图中 R_0 用于限制电容 C_0 在零状态起动时过大的充电电流,在起动完毕后,闭合开关 K 将 R_0 短接切除。若变频器连接电动机负载,在电动机制动时,电动机工作在发电状态,逆变器中的续流二极管将把电动机输出的交流电整流为直流电,向电容 C_0 充电,使电容电压升高,这称为泵升电压。因为前级为不控整流,不能将电能回输电网,若电容电压过高,将危及逆变器开关管的安全,因此主电路中设计了泵升电压限制电路。当直流回路电压超过安全值时,通过分压电阻 R_1、R_2 取得信号使开关管 T 导通,电容 C_0 经 R_3 放电,使直流环节电压不超过规定值。由 T 和 R_3 组成的泵升电压限制电路,多余电能通过电阻 R_3 消耗,属于能耗制动不节能。图 9.12 在电容两端反并联了一组可控整流器,在电动机制动时,切断不控整流器,使可控整流器工作在有源逆变状态。在电动机再生制动时,制动能量经可控整流器回馈电网,可以起到很好的节电效果,同时也限制了直流环节的电压过高。

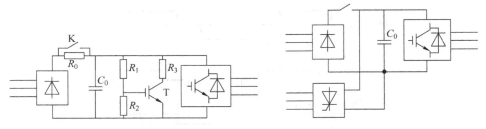

图 9.11　交-直-交电压型变频器主电路　　　图 9.12　带可控整流的交直交变频电路

图 9.13 的交直交变频电路,整流和逆变都采用了 PWM 控制,是一种性能优良的变频器。因为前级采用 PWM 整流,不仅可以工作于整流和有源逆变,还能控制电源侧的功率因数,虽然全部采用全控型器件,成本较高,但应用和发展的前景很好。

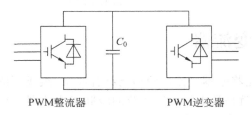

PWM整流器　　　　　　　　PWM逆变器

图 9.13　双 PWM 控制交直交变频电路

以上主要介绍了电压型变频器的主电路。交直交电流型变频器(图 5.34,图 5.37),第一级都采用可控整流,在交流电动机变频调速中能四象限运行,并且使用晶闸管器件,成本较低,在大功率调速系统中也常使用。

9.3.2　不间断电源 UPS

重要金融、通信、交通、军事等部门的计算中心和计算机不能停电,一旦停电将发生数据和信息丢失,使控制发生错乱和中断造成重大事故。为了保障这些要害部门的安全,需要用不间断电源 UPS 来供电。UPS(uninterruptible power supply)是一种 AC/DC 和 DC/AC 的两级恒压恒频变换电路,典型的 UPS 结构如图 9.14。在市电正常时,计算机等负载由市电供电,并且 UPS 的蓄电池组经开关 S 和整流器充电,在电网因故障停电时,整流器停止工作,由蓄电池经逆变器产生恒压恒频的交流电输出,成为负载的电源。交流电子开关 S_1 和 S_2 用于市电和逆变器供电的切换。

UPS 的种类很多,如果电网供电质量较好,逆变器只需要在偶然停电时工作,如果电网供电质量较差,则负载需要长期经逆变器供电,而仅是在逆变器故障时改由市电供电。如果电网停电时间较长,蓄电池不能满足要求时,可以由柴油发

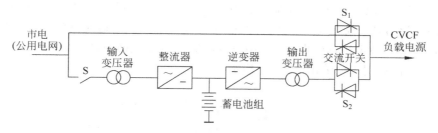

图 9.14　典型不间断电源 UPS 结构图

电机组经整流器为逆变器提供直流电源。负载电源如果是三相的,则整流器、逆变器也应该是三相的。对要求较高的场合,UPS 需要在线运行,这时还要求逆变器输出电压、相位和频率与市电一致,以减小 UPS 与市电切换时的冲击。

9.4　开关电源

　　电源是电气装置的重要组成部分,现代通信、仪器仪表、计算机等都需要多种电源,电源的性能、体积、重量和能耗都关系到整机的水平。现代开关电源使用了高频变换技术,具有效率高、功率密度高、功率因数高、可靠性高和体积小、重量轻、能耗低等特点,受到广泛重视和应用。开关电源是一种组合级联式的电路。本节首先介绍带隔离变压器的 DC/DC 变换,然后介绍开关电源的基本组成。开关电源由于工作频率高都使用全控型器件,其整流部分常采用快恢复二极管和通态压降较低的肖特基二极管。

9.4.1　带隔离变压器的单端变换电路

　　带隔离变压器的 DC/DC 单端变换电路是从 Buck、Boost、Boost-Buck 和 Cuk 四种基本 DC/DC 变换派生而来,在基本 DC/DC 变换电路中插入了隔离变压器,使电源和负载之间有电气隔离,提高变换器运行的安全可靠性和电磁兼容性,适当的电压比还可以使电源电压与负载电压匹配。

　　带隔离变压器的 DC/DC 变换电路可分为单端电路(single end)和双端电路(double end)两大类,单端变换器变压器磁通只在一个方向上变化,双端变换器变压器磁通作正反方向变化,下面介绍的正激和反激电路属于单端电路,半桥和全桥电路属于双端电路。

1. 单端正激变换器(forward converter)

　　单端正激变换器(图 9.15)的隔离变压器有三个绕组:原边绕组 N_1、副边绕组 N_2 和磁通复位绕组 N_3,其同名端如图 9.15(a)。开关管 T 作斩波控制,当 T

导通时，N_1 电流 i_1 上升，变压器铁芯磁通增加，在副边绕组 N_2 中感生电势，使二极管 D_2 导通，D_3 截止，电感电流 $i_L = i_2$ 向负载供电。T 导通时，因为磁通复位绕组 N_3 中感生负电压，D_1 截止，N_3 中没有电流。当 T 关断时，电感 L 经负载和 D_3 续流。电容 C 用于使输出电压 U_o 稳定。

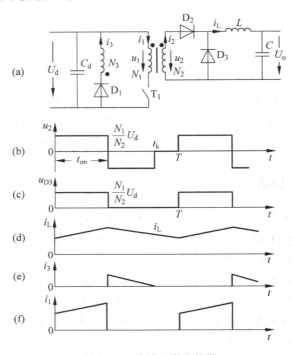

图 9.15　单端正激变换器

磁通复位绕组 N_3 的作用是，因为变压器原边只在 T 导通时有单方向电流，铁芯的磁化也是单向的，在电流为零时，铁芯仍有剩磁，当下次 T 导通时，变压器磁通从剩磁开始上升，在 T 重复通断中，剩磁越积越多，最后导致铁芯饱和，使变压器励磁电流迅速增加可能损坏开关管 T。为了避免铁芯的饱和现象，增加了磁通复位绕组。在 T 关断时，变压器电流下降，磁通下降，在 N_3 中感应电动势为上"＋"，下"－"，D_1 导通，产生电流 i_3，i_3 与 i_1 反方向使铁芯消除剩磁，这过程称为磁通的复位，这对单激式变换器是很重要的。单端正激变换器的工作过程如下。

（1）在 T 导通时（$0 \sim t_{on}$）变压器副边电压如图 9.15(b)，$u_2 = \dfrac{N_2}{N_1}U_d$。

（2）T 关断时（$t_{on} \sim T$），其中 $t_{on} \sim t_k$ 是消磁过程，副边电压 $u_2 = -\dfrac{N_2}{N_3}U_d$；在消磁过程中，由 N_3 在 N_1 中感生的电压为 $u_1 = -\dfrac{N_1}{N_3}U_d$，因此开关管 T 承受的峰值电压为

$$u_{Tm} = U_d - u_1 = U_d + \frac{N_1}{N_3}U_d = \frac{N_1 + N_3}{N_3}U_d \tag{9.7}$$

$t_k \sim T$ 消磁结束 $u_2 = 0$。二极管 D_3 两端电压波形如图 9.15(c)，因此变换器输出电压

$$U_o = U_{D3} = \frac{t_{on}}{T}\frac{N_2}{N_1}U_d = \alpha k U_d \tag{9.8}$$

式中：$\alpha = \frac{t_{on}}{T}$ 为占空比，$k = \frac{N_2}{N_1}$ 为变压器变比。若取变压器 $N_3 = N_1$，则正激变换器的最大占空比 $\alpha_{max} = 0.5$，而开关管 T 的最大反向电压为 $2U_d$。

如果变流器需要有几组不同的直流电压输出，可以在图 9.15 的变压器副边增加几个不同匝比的绕组，调整匝比输出电压 U_o 可以高于 U_d，也可以低于 U_d，这是插入变压器后的优点。

图 9.15 的正激变换器，开关管 T 承受的正向电压较高（式(9.7)），为降低 T 承受的电压，可以采用图 9.16 的双开关正激变换电路。图中 T_1、T_2 同时导通和关断，导通时电源经变压器向负载端输出电流，T_1 和 T_2 关断时，电感 L 经二极管 D_3 续流，同时变压器励磁电流经 D_1、D_2 向电源 U_d 返回磁能。由于 D_1 和 D_2 导通时 T_1 和 T_2 仅承受电源电压 U_d，双管正激变换器比单管电路多用一个开关管，但开关管的耐压可以比单管电路低一倍，并且变压器不需要磁通复位绕组也是其特点，双管正激变换器常用于功率较大的 DC/DC 变换。

2. 单端反激变换器（flyback converter）

单端反激变换器（图 9.17）的电路较正激变换器没有了磁通复位绕组和输出电感 L，反激变换器中变压器起着磁场储能的作用。在开关 T 导通时，电流 i_1 上升，铁芯磁通增大，原边绕组电感 L_1 储能 $W_1 = \frac{1}{2}L_1 i_1^2$。T 关断时，原边电流 i_1 转移到副边，即铁芯磁场储能经 N_2 绕组输出，在转换瞬间电感 L_2 储能 $W_2 = \frac{1}{2}L_2 i_{20}^2 = W_1$。在不考虑绕组电阻和漏感情况下，$\frac{L_1}{L_2} = \frac{N_1^2}{N_2^2}$，所以 i_2 的初始电流为

$$i_{20} = \frac{N_1}{N_2}i_{1max} \tag{9.9}$$

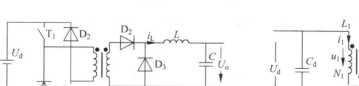

图 9.16　双管正激变换器

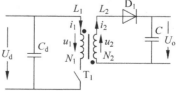

图 9.17　单端反激变换器

电流 i_2 有两种情况。

(1) 电流连续时：T_1 导通前，i_2 下降为 I_{10}，T_1 导通时 i_1 从 I_{10} 开始增加。T_1 关断时，i_2 从 I_{20} 下降，i_1 和 i_2 波形如图 9.18(b)、(c)。

(2) 电流断续时：T_1 导通前，i_2 已经下降为 0，T_1 导通时 i_1 从 0 开始增加，i_1 和 i_2 波形如图 9.19(b)、(c)。

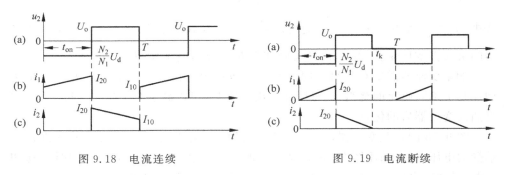

图 9.18　电流连续　　　　　　　　　　图 9.19　电流断续

电流连续时，在 $0 \sim t_{on}$ 和 $t_{on} \sim T$ 区间内，变压器磁场储能变化量应该相等，即 u_2 正负半周面积应相等，因此

$$t_{on} U_o = (T - t_{on}) \frac{N_2}{N_1} U_d$$

从而

$$U_o = \frac{T - t_{on}}{t_{on}} \frac{N_2}{N_1} U_d = \frac{\alpha}{1 - \alpha} \frac{N_2}{N_1} U_d \tag{9.10}$$

式中，占空比 $\alpha = \dfrac{t_{on}}{T}$，从式(9.10)可见，单端反激电路是 DC/DC 升压-降压型变换器，所以电路不能空载运行。

3. 变压器隔离型 Cuk 变换器

隔离型 Cuk 变换器(图 9.20)是在图 4.8(a)的基础上，将电容 C_1 拆分为 C_{11}、C_{12} 两个电容，并在两电容间插入了隔离变压器。如果取变压器原副边匝数相等，图 9.20 和图 4.8(a)电路完全等效，Cuk 电路的特性都适用于图 9.20 电路。两者不同仅在于负载与电源已经隔离。与原 Cuk 电路相比，变压器副边电压应乘以变压器变比 $k = \dfrac{N_2}{N_1}$，副边电流应除以变比 k，而电感值应乘以 k^2 和电容应除以 k^2。

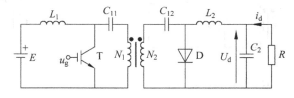

图 9.20　变压器隔离型 Cuk 变换器

9.4.2　双端 DC/AC/DC 变换电路

1. 半桥式 DC/AC/DC 变换电路

图 9.21(a)是带隔离变压器的半桥式 DC/AC/DC 变换电路。T_1、T_2 和 C_1、C_2 组成半桥式电路,取直流侧串联电容 $C_1 = C_2$,且电容足够大,C_1、C_2 将直流电压 U_d 一分为二。当两个开关管以相同占空比交替通断时,变压器原边电压 u_{AB} 波形如图 9.21(b)。副边带中心抽头的变压器和 D_3、D_4 组成单相双半波整流,在开关管导通时,整流输出电压与变压器变比有关,$u_o = \dfrac{N_2}{N_1} u_{AB}$。在电流 i_L 连续时,变换器输出电压

$$U_o = \frac{N_2}{N_1} \cdot \frac{1}{2} U_d \frac{\alpha T}{T/2} = \frac{N_2}{N_1} \alpha U_d \tag{9.11}$$

式中,α 为占空比,$0 < \alpha < 0.5$。

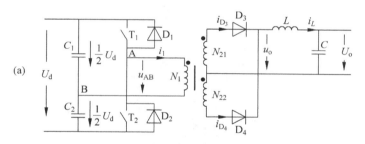

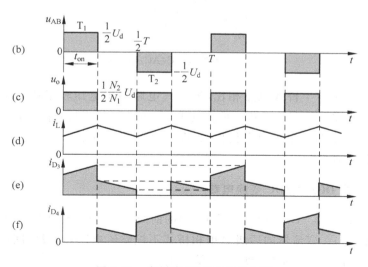

图 9.21　半桥式 DC/AC/DC 电路

工作时,副边绕组 N_{21} 和 N_{22} 在 u_{AB} 的正负半周里,分别通过大小相等方向相反的电流,变压器磁通是交变的,没有直流磁化问题,提高了铁芯利用率。在两个开关管都关断区间($t_{on} \sim T$),负载电流由电感 L 和电容 C 提供,电感的续流分别经 D_3 或 D_4 形成回路,D_3 和 D_4 各通过 i_L 的一半,因此 i_{D3} 和 i_{D4} 的波形如图 9.21(e),(f)。半桥式电路若两个开关管的占空比略有不同时,电容 C_1 和 C_2 的 B 点电位将随之浮动,对变压器原边电流 i_1 的正负半周有自平衡作用,使变压器不易发生偏磁现象。

2. 推挽式 DC/AC/DC 变换电路

推挽式 DC/AC/DC 变换电路如图 9.22,图中变压器原副边都带中心抽头,在 T_1 导通时,原边绕组 N_{11} 有正向电流,在 T_2 导通时,原边绕组 N_{12} 有反向电流通过,改变 T_1、T_2 的占空比可以调节电压,占空比 α 应小于 0.5,以避免 T_1 和 T_2 同时导通。副边的 AC/DC 变换与半桥式电路相同。因为 T_1 或 T_2 导通时,变压器原边绕组电压为 U_d,因此变流器输出电压为

$$U_o = 2 \times \frac{N_2}{N_1} \alpha U_d \tag{9.12}$$

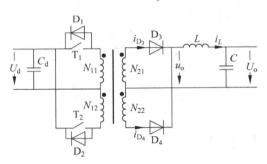

图 9.22　推挽式 DC/AC/DC 电路

推挽式电路与半桥式电路相比,推挽式电路输出电压较半桥式电路提高一倍。推挽式电路开关器件阻断时承受电压是二倍 U_d,较半桥式高一倍。推挽式电路没有半桥式电路的电流自平衡作用,在两个开关管占空比有误差时,变压器将出现直流偏磁现象。

3. 全桥式 DC/AC/DC 变换电路

全桥式 DC/AC/DC 变换器(图 9.23)的前级是第 5 章介绍的电压型全桥式逆变电路(图 5.4)。变流器的后级是单相桥式不控整流电路,二级之间由高频变压器连接,变流器输出经过 LC 滤波,其输出电压

$$U_o = \frac{N_2}{N_1} U_d \cdot \frac{t_{on}}{T/2} = 2 \frac{N_2}{N_1} \alpha U_d \tag{9.13}$$

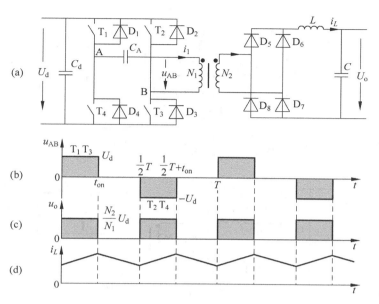

图 9.23　全桥式 DC/AC/DC 电路

全桥式 DC/AC/DC 变换器输出电压与推挽式电路一样,但是开关器件承受电压仅是电源电压 U_d。若 T_1、T_3 和 T_2、T_4 的驱动脉冲不完全对称,u_{AB} 的正反方波宽度不一致,变压器要产生直流偏磁现象,为此一般在变压器原边串入隔直电容 C_A,以避免直流偏磁引起变压器饱和。

9.4.3　全桥移相式软开关变换电路

全桥移相式软开关变换电路(图 9.24(a))与图 9.23(a)不同是前级四个开关管上并联了电容,变压器原边串联了谐振电感 L_r。后级变压器副边是中点抽头的双半波整流,其输出是倍频式 PWM 直流电压,并经 LC 滤波。C_1、C_2、C_3 和 C_4 的作用是使开关管关断时,开关两端电压从零缓慢上升,实现软关断。

工作中开关 T_1 和 T_4 的驱动信号互补,但是需要有一死区 t_d 间隔以免出现直通现象;T_2 和 T_3 驱动信号互补,同样有死区 t_d,T_3 驱动滞后 T_1 时间 t_δ,同样 T_2 驱动滞后 T_4 时间 t_δ(图 9.25(a))。因为 T_1、T_4 的驱动分别超前 T_3、T_2,因此称 T_1、T_4 为超前桥臂,T_3、T_2 为滞后桥臂。

电路的工作情况基本与全桥式电路移相控制相同,但后级是双半波整流,下面主要分析软开关过程。

设:电容 $C_1=C_4=C_2=C_3$,变压器变比 $K=N_1/N_2$,直流滤波电感 $L\gg L_r/k^2$。在时间 t_0 前是 T_1、T_3 导通(图 9.25),$u_{AB}=U_d$,副边绕组 N_{21} 的感应电势使 D_5 导通,D_6 截止,输出电压 $u_o=\dfrac{N_2}{N_1}U_d$,谐振电感电流 $i_p=\dfrac{N_2}{N_1}i_L$,$u_{C_1}=u_{C_3}=0$,$u_{C_2}=u_{C_4}=U_d$。

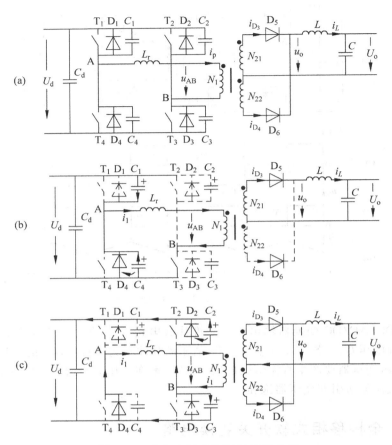

图 9.24 移相全桥式 DC/AC/DC 电路

换流阶段 1($t_0 \sim t_1$)：t_0 时 T_1 关断，i_{T_1} 开始下降，电容 C_1 从 0 开始充电，u_{C_1} 逐步上升，使 T_1 软关断。该阶段 L_r 和变压器原边等效电感经 T_3、D_4 释放储能（图 9.24(b)），因为原边等效电感 k^2L 较大，使原边电流 i_p 下降很慢，基本不变，为图 9.25(b) 的 i_1 段。变压器原边电压 u_{AB} 随 C_1 充电和 C_4 的放电，逐步下降，到 t_1 时为 $u_{AB}=0$，输出 u_o 也同时变化到 0。

换流阶段 2($t_1 \sim t_2$)：在 t_1 时因为 C_4 放电结束，$i_p>0$，故 D_4 导通，i_p 经 $L_r \rightarrow T_3 \rightarrow D_4$ 续流，i_p 下降为图中的 i_2 段。在 $t_1 \sim t_2$ 中因为 D_4 导通，$u_{C_4}=0$，所以 T_4 能在零电压状态导通。

换流阶段 3($t_2 \sim t_3$)：t_2 时 T_3 要关断，而与之并联的 C_3 充电需要一定时间，因此 T_3 能在零电压状态下关断。随 C_3 充电，u_{C_3} 升高，B 点电位上升，u_{AB} 逐步从 0 反向增加（图 9.24(c) 和图 9.25(b)），u_{AB} 进入负半周。C_3 充电电流仍是等效电感和 L_r 的续流电流，该电流一方面经 $C_3 \rightarrow D_4 \rightarrow L_r$ 给 C_3 充电，同时还经 $C_2 \rightarrow C_d \rightarrow D_4$

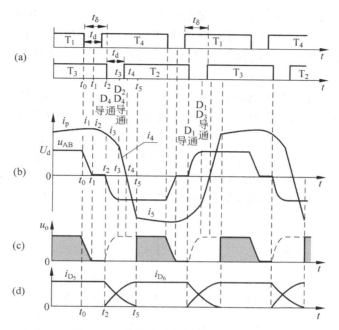

图 9.25　全桥式移相软开关工作过程

将储能回馈电源,因此 i_p 继续下降为图 9.25(b)的 i_3 段。

　　换流阶段 $4(t_3 \sim t_4 \sim t_5)$:t_3 时随 C_2 放电结束,D_2 导通,因此 i_p 经 D_2 和 D_4 续流,电流迅速下降$(i_p = i_4)$。在 t_4 时 i_p 到 0,T_2、T_4 开始导通(之前 T_2、T_4 已经有驱动,但没有电流通过),i_p 负向增加(反向建流),L_r 反向储能。在 $t_4 \sim t_5$ 间 $u_{AB} = -U_d$,但 D_5 和 D_6 尚在换流中(图 9.25(d)),D_5 和 D_6 都导通,因此 $u_o = 0$。在 t_5 后,D_5 和 D_6 换流完毕,$u_o = \dfrac{N_2}{N_1} U_d$(图 9.25(c))。

　　t_5 后的换流情况与上述过程相似,读者可以自行分析。

9.4.4　开关电源芯片和应用举例

　　现在 PWM 开关电源的控制电路已经集成化,这些 IC 芯片以国产 CW1524/2524/3524 为例,大写字头,表示生产国或公司,如 CW 系国产,TL 系美国德克萨斯仪器公司等;其中 1524 系 Ⅰ 类军品,适于$-40 \sim +125$℃环境温度,2524 系 Ⅱ类工业品,适于$-55 \sim +85$℃环境温度,3524 系 Ⅲ 类民品,适于$-10 \sim +75$℃环境温度。CW1525A/1527A 为第二代芯片,1525A 适用于 N 沟道 MOSFET,1527A 适用于 P 沟道 MOSFET。CW1842 为双列 8 脚芯片。一般脉宽调制器是按反馈电压来调节脉宽的,如第 4 章 4.5 节介绍的 3525。UC1846/UC1847 是电流控制型脉宽调制器,由美国 UNITRODE 公司最先生产,它在脉宽比较器的输入端直接用电感线圈电流的信号与误差放大器输出信号比较,从而调节占空比,使输出的电感峰值电流跟随误差电压而变化。由于结构上是有电压环和电流环的双环系统,因此开关电源的电压调整率、负载调整率和瞬态响应特性都有提高。

图 9.26 是带光电隔离的电压反馈开关电源电路。该电路以市电输入经不控整流和 C_4 滤波,得到直流。变压器和开关管 T 组成反激式开关电路。其输出电压 U_o 在 R_5 上的电压 U_{R5}(反映了输出电压的变化)输入到放大器 A 的反相端,与同相端输入的固定基准电压 V_{ref} 进行比较。放大器输出电压随基准电压和反馈电压 U_{R5} 的差值变化,使光耦二极管发光强度变化,通过光耦三极管控制 R_L 上的电压降,从而控制 PWM 发生器,调节脉宽,使输出 U_o 保持稳定。

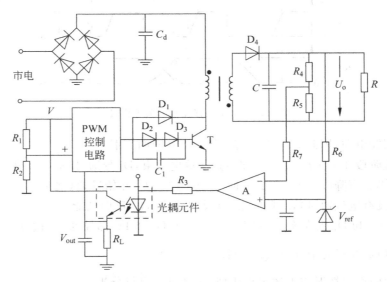

图 9.26　光电隔离电压反馈开关电源

图 9.27 是用模块 3842 控制的反激型开关电源电路。3842 的原理框图见图 9.28。电路中 R_2、$(C_2 + C_4)$ 构成启动电路,在 $(C_2 + C_4)$ 上电压超过 15V 时电路启动,然后由变压器 N_{S2} 绕组与 D_2、C_4 构成的自馈电路产生模块 3842 的振荡控制信号。与晶体管 T 射极串联的电阻用于电流反馈,电阻 R_S 上的电压控制了工作电流峰值。电压 V_{CC} 除了是芯片的工作电压外,也是电压闭环的信号电压。因此该电路有电压电流的双闭环。高频变压器和晶体管开关均接有 RCD 缓冲电路,用于吸收尖峰电压,防止开关管损坏。如果采用 MOSFET 管,工作频率可高达 500kHz,但一般建议用到 250kHz 较易获得稳定。

图 9.29 是采用电流型推挽式逆变电路的荧光灯电子镇流器原理图。二极管

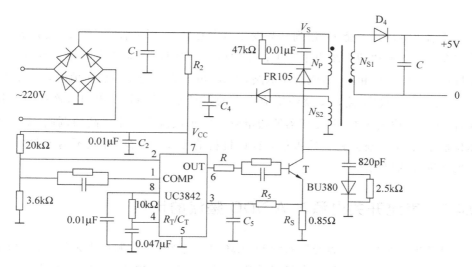

图 9.27　UC3842 驱动开关电源原理图

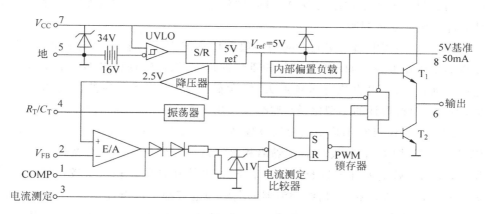

图 9.28　UC3842 内部方框图

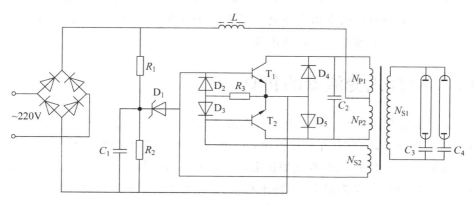

图 9.29　电子镇流器电路原理图

整流器输出电压经电感 L_1 送到高频变压器中心抽头,开关管 T_1 和 T_2 交替导通,分别在变压器原边两个绕组中产生正反向电流,在副边感应产生高频交流电供荧光灯点亮。C_1、R_1 和 D_1 组成启动电路,当 R_2 电压大于稳压管稳压值时,T_1 导通,原边绕组 N_{P1} 通过电流,N_{S2} 绕组感应电压的正反变化控制 T_1 和 T_2,产生自激振荡,振荡频率取决于 C_2 和变压器原边电感。电子镇流器采用了高频调制,变压器体积很小,比原电感式镇流器重量和铜铁材料消耗大大减少,并且不需要起辉器,是现在推荐的照明灯具。

9.4.5 直流开关电源与 AC/DC 整流的比较

开关电源采用带隔离变压器的 DC/AC/DC 电路,其电源可以采用电池(包括可充电电池),在有市电的场合可以采用二极管整流,这时电路成为 AC/DC/AC/DC 结构,显然开关电源结构较 AC/DC 整流电路的变换级数多,那它有哪些特点使它能受到广泛重视呢?

AC/DC 整流电路与交流电网间一般采用整流变压器隔离和调整电压,整流变压器工作在工频 50 Hz,变压器体积重量都很大,消耗铜铁材料多。整流器输出电压波动较大,输出直流电压纹波大,常含低次谐波,使后级滤波器的体积也较大,不利于整机设计的小型化、轻型化,主要用于中、大容量设备的整流。

AC/DC/AC/DC 结构虽然变换级数多,但是其中间 DC/AC 变换采用了高频 PWM 技术,并插入高频变压器作隔离和电压调整。变压器的铁芯截面与频率成反比,在几千赫至上百千赫的工作频率下,高频变压器的体积重量较工频变压器大大缩小,并且在高频下,后级滤波器的电感和电容都可以设计得较小,便于装置的小型化轻型化设计。因此在便携式电器、仪表、通信和计算机中广为应用。高频变压器的铁芯一般采用铁氧体磁芯,坡莫合金,以及新型的非晶合金材料等。若采取软开关和单位功率因数控制,AC/DC/AC/DC 变换具有更高的性能,AC/DC/AC/DC 变流器也称高频链整流器。

9.5 组合式变流器的仿真

本节以高频逆变电焊机主电路仿真来介绍组合式变流器的仿真。普通交流电焊机采用变压器原理,在变压器副边得到低压大电流的输出,在电焊枪与被焊工件接触时产生电弧,熔化焊丝焊接金属。因为普通电焊变压器工作在 50 Hz 工频,变压器体积、重量都很大,不便于移动,使用很不方便;并且电焊变压器采用移动中间铁芯柱的方法来调节焊接电流,磁路的损耗较大,使电焊变压器的效率很低。采用现代变流技术设计的逆变电焊机,通过高频化调制提高了电能的传输密度,使变压器的体积、重量可以减小到原来的几十分之一,使笨重的焊机变得轻巧、便携,电焊机的效率也大大提高,逆变焊机已经较多使用。

逆变焊机的原理是通过 AC/DC/AC 变换将工频交流电变换为几千赫至几十千赫的高频交流电,经过高频变压器变压和隔离,再经高频整流得到直流输出,采用直流电焊接可以使电弧平稳,焊接质量大大提高,逆变焊机还可以通过电流的闭环控制进一步提高焊接电流的平稳性和可控性。

逆变焊机的原理电路如图 9.30,电路中,市电 220V 经单相桥式不控整流器整流,再经大电容 C 滤波,四个 IGBT 组成单相桥式逆变器,逆变器输出高频交流,副边带中心抽头的高频变压器 T 和二极管 D_1、D_2 组成单相全波整流,输出直流经电感 L 和电容 C_1 滤波后连接焊枪和工件。

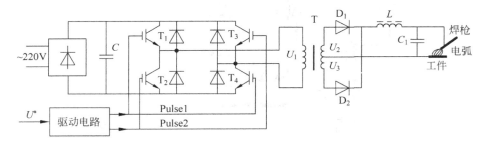

图 9.30　高频逆变电焊机电气原理图

逆变焊机的仿真模型如图 9.31,模型中高频变压器原副边电压分别取 220V和 100V,为仿真方便暂取变压器原副边绕组的电阻和漏感为 0,焊接电弧在仿真中以电阻 R 代替,取 R=2Ω,平波电感 L=2mH,滤波电容 C=C1=5000μF。在模型中使用了两个 PWM Generator 模块来产生驱动脉冲,并通过常数模块 U^* 的设定值来调节脉冲宽度,设定值可以在 0~1 之间调节。第二个 PWM Generator模块前加放大器 Gain,并取放大倍数为 −1,起信号倒相作用。PWM Generator模块和变压器的参数设置如图 9.32,逆变器模块 Universal Bridge 开关器件为IGBT。仿真时间取 0.4S,仿真算法为 ode23tb。仿真得到的电路各部分波形如图 9.33,其中图 9.33(a)为二极管整流器输出电压波形,因为滤波电容偏小,整流器输出电压 ud 的波动较大。图 9.33(b)和(c)分别为变压器原边和副边电压波形,经逆变器后两电压波形为交流方波,但电压幅值不同。图 9.33(d)和(e)为负载电阻 R 两端电压和电流波形,负载电压 uR 约为 45V,负载电流 iR 约为 22A,尽管二极管整流器输出电压波动较大,但经电感 L 平波和电容滤波后,负载电压和电流波动不大,使焊接电弧较平稳,图 9.33(f)是平波电感 L 两端的电压波形。图 9.31 模型经适当改变也可以仿真其他结构相近的开关电源电路。

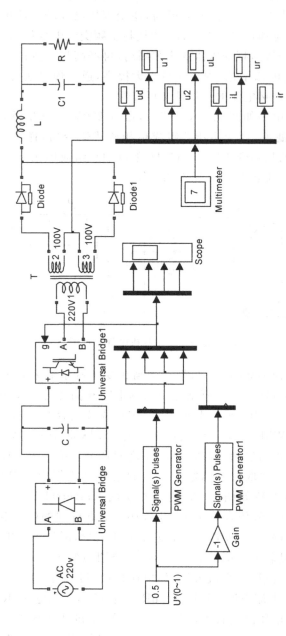

图 9.31　高频逆变电焊机仿真模型

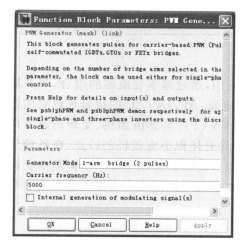

(a) 脉冲发生器参数

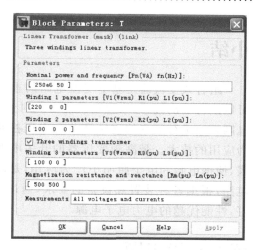

(b) 变压器参数

图 9.32　脉冲发生器和变压器参数设置

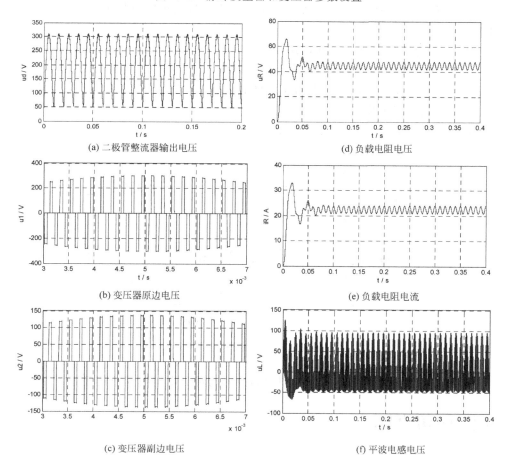

(a) 二极管整流器输出电压

(d) 负载电阻电压

(b) 变压器原边电压

(e) 负载电阻电流

(c) 变压器副边电压

(f) 平波电感电压

图 9.33　高频逆变电焊机仿真波形

小结

　　组合式变流器是基本变流电路的重要应用,通过基本变流器的组合,串并联可以改善输出波形,增强负载能力。对变频电路,AC/DC/AC的组合可以对固定电网频率进行频率的连续调节和电压控制(VVVF),是感应加热、变频调速等广为应用的技术。带高频变压器的开关电源,具有体积小重量轻的特点,在各种仪表、便携电脑和电子照明中广为应用,是高效节能的轻型化电源。掌握基本变流电路,根据各种装置和设备的要求,通过基本变流电路的组合可以创造出更多更好,性能优越的电力电子电源。

练习和思考题

　　1. 均衡电抗器在整流器并联中起什么作用? 带均衡电抗器的整流器并联与直接并联有什么不同?

　　2. 逆变电路多重化的目的是什么?

　　3. 开关电源的原理是什么? 它有何特点?

　　4. 如图9.34是一种可充电的应急灯电路图,发光光源为冷阴极4W荧光管。

　　(1)分析电路工作原理。

　　(2)电路中 R_1、C_1 的作用是什么?

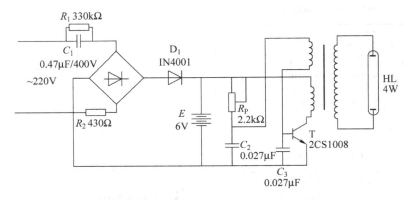

图9.34　应急灯原理图

　　(3)图中整流部分的 R_2 起什么作用,你对这部分电路有何改进建议?

实践和仿真题

　　1. 拆开一个日光灯电子镇流器或节能灯的管座部分,观察、测绘电子镇流器的电路,并分析其工作原理。

2. 仿真图 9.31 模型,①观察改变脉冲宽度、变压器变比和滤波电容、电感等参数,对负载电压、电流波形的变化。②在图 9.33(a)~(d)的电压和电流波形中都含有频率为 100Hz 的波动,试分析该固定频率波动产生的原因,并提出减小此波动的措施。

第10章

电力电子装置的谐波和功率因数

谐波和功率因数是电力电子电路的重要问题,由于电力电子装置的应用日益增多,容量越来越大,其谐波和功率因数对电网的影响也越来越严重。本章重点介绍谐波分析的方法,典型波形的谐波,功率因数的基本定义,以及谐波和功率因数治理的方法等。

10.1 电力电子装置的谐波

电力电子器件是开关器件,由于其开关特性使电力电子电路的输出电压和电流都不是理想的正弦波或直流电;其输入电压在电源阻抗很小,即假定为无穷大电网时,输入电压可以认为是正弦的,但是一般输入电流不是正弦波。非正弦或非恒定直流的电压和电流给负载带来一些不利的影响,如增加附加损耗,造成负载的波动等等。对电网而言,谐波对通讯和电网上其他用电装置也将产生不利的影响。

10.1.1 谐波分析方法

对于周期性的非正弦函数可以根据数学上傅里叶提出的方法,只要周期函数满足狄里赫利条件,就可以把非正弦的周期函数分解为一个收敛的无穷三角级数(傅里叶级数),级数中每一项都是一个正弦函数,然后根据迭加原理来研究电路问题。

设非正弦函数 $f(t)$ 的周期为 T,其角频率为 $\omega = \dfrac{2\pi}{T} = 2\pi f$,则可把 $f(t)$ 分解为

$$f(t) = A_0 + A_{1m}\sin(\omega t + \psi_1) + A_{2m}\sin(2\omega t + \psi_2) + \cdots$$

$$= A_0 + \sum_{n=1}^{\infty} A_{nm}\sin(n\omega t + \psi_n) \tag{10.1}$$

这个无穷三角级数称为傅里叶级数,其中 A_0 是常数项,称为恒定分量,它是函数 $f(t)$ 在一周期中的平均值,即直流分量:

$$A_0 = \frac{1}{T}\int_0^T f(t)\,\mathrm{d}t = \frac{1}{2\pi}\int_0^{2\pi} f(\omega t)\,\mathrm{d}(\omega t) \tag{10.2}$$

式(10.1)中的第二项 $A_{1\mathrm{m}}\sin(\omega t + \psi_1)$ 的频率与原周期函数的周期相同,称为基波,$A_{1\mathrm{m}}$ 为基波幅值,ω 为基波角频率,ψ_1 为基波相位角。式中的第三项 $A_{2\mathrm{m}}\sin(2\omega t + \psi_2)$ 的频率 2ω 为基波频率的二倍,故称为二次谐波,$A_{2\mathrm{m}}$ 为二次谐波幅值。如此类推,有三次谐波、四次谐波……除恒定分量和基波分量外,其余各项都可以称为谐波。因此把一个周期函数分解为傅里叶级数,也称为谐波分析。

若要求基波和各次谐波的幅值和初相角,可将式(10.1)化为

$$\begin{aligned}
f(t) &= A_0 + B_1\sin\omega t + B_2\sin 2\omega t + \cdots \\
&\quad + C_1\cos\omega t + C_2\cos 2\omega t + \cdots \\
&= A_0 + \sum_{n=1}^{\infty} B_n\sin n\omega t + \sum_{n=1}^{\infty} C_n\cos n\omega t
\end{aligned} \tag{10.3}$$

式中

$$B_n = \frac{2}{T}\int_0^T f(t)\sin n\omega t\,\mathrm{d}t = \frac{1}{\pi}\int_0^{2\pi} f(\omega t)\sin n\omega t\,\mathrm{d}(\omega t) \tag{10.4}$$

$$C_n = \frac{2}{T}\int_0^T f(t)\cos n\omega t\,\mathrm{d}t = \frac{1}{\pi}\int_0^{2\pi} f(\omega t)\cos n\omega t\,\mathrm{d}(\omega t) \tag{10.5}$$

$$n = 1,2,3,\cdots$$

式(10.2)、式(10.4)、式(10.5)是求傅里叶级数系数的三个基本公式。而式(10.1)中 n 次谐波的幅值

$$A_{nm} = \sqrt{B_n^2 + C_n^2} \tag{10.6}$$

n 次谐波的相角

$$\psi_n = \arctan\frac{C_n}{B_n} \tag{10.7}$$

傅里叶级数有三种特殊情况:

(1) 若函数 $f(t)$ 为奇函数,即 $f(t) = -f(-t)$,也就是函数的波形对称于原点,则所有各偶函数项,包括恒定直流分量以及各余弦项都应为零,即 $A_0 = 0$,$C_n = 0$,而根据式(10.6)和式(10.7),$A_{nm} = B_n$,$\psi_n = 0$ 或 π。

(2) 若函数 $f(t)$ 为偶函数,即 $f(t) = f(-t)$,也就是函数的波形对称于纵轴时,则所有各奇函数项,包括所有各正弦项都应为零,即 $B_n = 0$,且根据式(10.6)和式(10.7),$A_{nm} = C_n$,$\psi_n = \pi/2$ 或 $3\pi/2$。

(3) 若函数 $f(t)$ 上下半周期对称,即 $f(t) = -f\left(t + \dfrac{T}{2}\right)$,也就是函数的波形的负半周是正半周的镜像时,则傅里叶级数不含有恒定分量和偶次谐波,即 $A_0 = A_{2\mathrm{m}} = A_{4\mathrm{m}} = \cdots = 0$。

在某些情况下,适当选择时间起点,函数可能同时适合(1)、(3)或(2)、(3)两种情况,例如图 10.1 波形即同时适合(1)和(3)两种情况,因此该函数展开为傅里

叶级数的形式为

$$f(t) = A_{1m}\sin\omega t + A_{3m}\sin3\omega t + A_{5m}\sin5\omega t + \cdots \quad (10.8)$$

其中 A_{1m}, A_{3m}, A_{5m} 等可能为正值或负值。

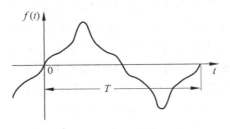

图 10.1 奇函数镜像对称波形

10.1.2 描述波形的各种方法和频谱

（1）有效值。任何周期量都可以按照方均根值计算其有效值，因此式（10.1）函数的有效值 A 为

$$A = \sqrt{\frac{1}{T}\int_0^T \left[f(t)\right]^2 dt} = \sqrt{\frac{1}{T}\int_0^T \left[A_0 + \sum_{n=1}^{\infty} A_{nm}\sin(n\omega t + \psi_n)\right]^2 dt}$$

$$= \sqrt{\frac{1}{T}\int_0^T A_0^2 dt + \frac{1}{T}\int_0^T 2A_0 \sum_{n=1}^{\infty} A_{nm}\sin(n\omega t + \psi_n)dt + \frac{1}{T}\int_0^T \sum_{n=1}^{\infty} A_{nm}^2\sin^2(n\omega t + \psi_n)dt +}$$

$$\frac{1}{T}\int_0^T \sum_{n=1}^{\infty}\sum_{\substack{n'=1\\n\neq n'}}^{\infty} A_{nm}A_{n'm}\sin(n\omega t + \psi_n)\sin(n'\omega t + \psi_{n'})dt \quad (10.9)$$

式（10.9）中四项积分的第一项 A_0^2 是常数项（直流分量）。第二项是各次正弦量 $\sum_{n=1}^{\infty} A_{nm}\sin(n\omega t + \psi_n)$ 在一周期内的平均值，由于函数 $f(t)$ 的一个周期是 n 次正弦波的 n 个整周期，因此其平均值为零。第三项表示各次正弦量 $A_{nm}\sin(n\omega t + \psi_n)$ 的平方在它自身的 n 个周期内的平均值，故应为其幅值平方之半 $\frac{1}{2}A_{nm}^2$。第四项表示两个不同频率正弦量的乘积，根据数学三角函数的正交性，这项平均值应为零。所以函数 $f(t)$ 的有效值为

$$A = \sqrt{A_0^2 + \frac{1}{2}\sum_{n=1}^{\infty} A_{nm}^2} = \sqrt{A_0^2 + A_1^2 + A_2^2 + A_3^2 + \cdots} \quad (10.10)$$

式中，$A_1 = \frac{1}{\sqrt{2}}A_{1m}$，$A_2 = \frac{1}{\sqrt{2}}A_{2m}$，$A_3 = \frac{1}{\sqrt{2}}A_{3m}$，$\cdots$ 分别为基波、二次谐波、三次谐波的有效值。这里应注意的是非正弦函数（波形）的有效值既不是基波和各次谐波有效值的代数和，也不是基波和各次谐波有效值的矢量和，而应该按式（10.10）的合成。

（2）波形因数。为了反映周期波形的性质,规定其有效值与平均值 A_0 的比为波形因数,即

$$K_f = \frac{A}{A_0}, \quad A_0 = \frac{1}{T}\int_0^T f(t)\,\mathrm{d}t \tag{10.11}$$

（3）畸变因数。也称基波因数,用以表示任意交变量与正弦波的差异,畸变因数为基波分量的有效值与原交变量 $f(t)$ 有效值之比

$$K_d = \frac{A_1}{A} \tag{10.12}$$

（4）纹波因数。用于表述波形中所含谐波的总体情况,纹波因数为波形中谐波分量有效值 A_R 与波形直流平均值 A_0 之比

$$\gamma_d = \frac{A_R}{A_0} \tag{10.13}$$

由式（10.10）,

$$A_R = \sqrt{\frac{1}{2}\sum_{n=1}^{\infty} A_{nm}^2} = \sqrt{A_1^2 + A_2^2 + A_3^2 + \cdots} = \sqrt{A - A_0} \tag{10.14}$$

（5）脉动系数。脉动系数定义为最低次频率的谐波分量幅值与平均值之比

$$S_n = \frac{A_{nm}}{A_0} \tag{10.15}$$

描述波形的这些因数,无论波形因数、畸变因数、纹波因数都只是大体上表明波形是尖还是平,与正弦波相差大还是不大,而不能代替波形。

（6）交流电的谐波含量 HR 和总畸变率 THD。在交流电压电流的傅里叶级数中,频率为 $1/T$ 的分量称为基波,将频率大于基波频率的分量称为谐波,因此定义交流电路电压电流的谐波含量 HR（harmonic ratio）和总畸变率 THD（total harmonic distortion）分别为

电压谐波含量

$$U_H = \sqrt{\sum_{n=2}^{\infty} U_n^2} \tag{10.16}$$

电流谐波含量

$$I_H = \sqrt{\sum_{n=2}^{\infty} I_n^2} \tag{10.17}$$

电压谐波总畸变率

$$\mathrm{THD}_u = \frac{U_H}{U_1} \times 100\% \tag{10.18}$$

电流谐波总畸变率

$$\mathrm{THD}_i = \frac{I_H}{I_1} \times 100\% \tag{10.19}$$

式中,U_1、I_1 分别为基波电压和基波电流有效值。

（7）频谱:为了更确切地反映波形的性质,最好给出各谐波分量的大小,这就

是所谓的频谱图。频谱图用横坐标表示各谐波分量的频率,用纵坐标表示谐波的幅值或相位,而用长短不等的垂直线段表示各次谐波的幅值或相位。图 10.2 是矩形波的幅度频谱图。

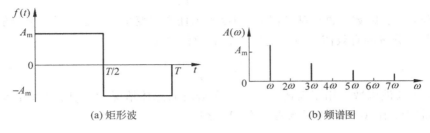

(a) 矩形波　　　　　　　　　(b) 频谱图

图 10.2　矩形波的频谱

　　根据波形作谐波分析,按式(10.4)～式(10.6)计算傅里叶级数的系数是很复杂的,尤其在函数 $f(t)$ 难以用解析式表达的时候。利用傅里叶级数的性质,即三种特殊情况可以简化系数的计算,但是也不很方便。现在快速傅里叶分析已经软件化,在 MATLAB 中也有谐波分析的模块,已是分析波形频谱的重要工具,这在本章仿真中介绍。

10.1.3　典型波形的谐波

1. 整流器输出电压的谐波分析

　　整流器输出电压是周期性的非正弦函数,它含有直流成分和谐波。图 10.3 是一周期有 m 个脉波的整流电压波形($\alpha=0°$),单相桥 $m=2$,三相半波 $m=3$,三相桥相当于 6 相半波整流 $m=6$。如果将纵坐标放在某一脉波的中心位置,则波形对称于纵轴,根据傅里叶级数的性质,所有各奇函数项,包括所有正弦项都应为零,即 $B_n=0$,而 $A_{nm}=C_n$,$\psi_n=\pi/2$ 或 $3\pi/2$。

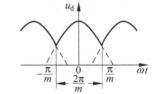

图 10.3　$\alpha=0°$时 m 脉波整流电压波形

　　由函数

$$u_d = \sqrt{2}U_2\cos\omega t \quad -\frac{\pi}{m} \leqslant \omega t \leqslant \frac{\pi}{m} \quad (10.20)$$

将 u_d 代入式(10.5),可得

$$C_n = -\frac{2\cos k\pi}{n^2-1}U_{do} \quad (10.21)$$

式中

$$U_{do} = \sqrt{2}U_2\frac{m}{\pi}\sin\frac{\pi}{m} \quad (10.22)$$

$n=mk$,$k=1,2,3,\cdots$。m 为工频一周期中的脉波个数。

因此 m 脉波整流输出电压（$\alpha=0°$）的傅里叶级数表达式为

$$u_{d0} = U_{d0} + \sum_{n=mk}^{\infty} C_n \cos n\omega t = U_{d0}\left[1 + \sum_{n=mk}^{\infty} \frac{2\cos k\pi}{n^2-1}\cos n\omega t\right] \quad (10.23)$$

上面式(10.23)是 m 相半波整流电路 $\alpha=0°$ 时整流输出电压表示的通式，该式应用于一周期有 m 个脉波的桥式整流电路时，式中相电压 U_2 应以线电压 U_{2l} 代替。

m 脉波整流电压的有效值 U 为

$$U = \sqrt{\frac{m}{2\pi}\int_{-\frac{\pi}{m}}^{\frac{\pi}{m}}(\sqrt{2}U_2\cos\omega t)^2\,d(\omega t)} = U_2\sqrt{1 + \frac{\sin\frac{2\pi}{m}}{\frac{2\pi}{m}}} \quad (10.24)$$

由式(10.13)，整流电压的纹波因数 γ_u 为

$$\gamma_u = \frac{U_R}{U_{d0}} = \frac{\sqrt{U^2 - U_{d0}^2}}{U_{d0}} = \frac{\left[\frac{1}{2} + \frac{m}{4\pi}\sin\frac{2\pi}{m} - \frac{m^2}{\pi^2}\sin^2\frac{\pi}{m}\right]^{\frac{1}{2}}}{\frac{m}{\pi}\sin\frac{\pi}{m}} \quad (10.25)$$

表 10.1 给出了不同脉波数时的电压纹波因数，随着一周期中脉波数的增加，纹波因数减小，因此增加整流相数是改善整流输出电压波形的重要措施。

表 10.1　不同脉波数 m 时的电压纹波因数

m	2	3	6	12	∞
γ_u %	48.2	18.27	4.18	0.994	0

2. 整流器网侧电流的谐波

这里主要研究感性负载（包括含反电动势的负载）时情况。整流器电网一侧的输入电流，在大电感负载时网侧电流呈矩形方波。对单相桥式整流电路，其输入电流波形宽度为 $180°$，且以原点为镜面对称(图 10.4(a))，其傅里叶展开式为

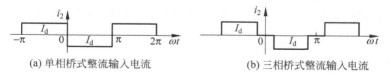

(a) 单相桥式整流输入电流　　　(b) 三相桥式整流输入电流

图 10.4　整流电路输入电流波形

$$i_2 = \frac{4}{\pi}I_d\left[\sin\omega t + \frac{1}{3}\sin 3\omega t + \frac{1}{5}\sin 5\omega t + \frac{1}{7}\sin 7\omega t + \frac{1}{9}\sin 9\omega t\right.$$

$$\left. + \frac{1}{11}\sin 11\omega t + \frac{1}{13}\sin 13\omega t\cdots\right]$$

$$= \frac{4}{\pi}I_d\sum_{n=1,3,5,\cdots}\frac{1}{n}\sin n\omega t = \sum_{n=1,3,5,\cdots}\sqrt{2}I_n\sin n\omega t \quad (10.26)$$

式中,基波和各次谐波有效值 I_n 为

$$I_n = \frac{2\sqrt{2}\,I_d}{n\pi} \quad n = 1,3,5,\cdots$$

由式(10.12),电流的畸变因数为

$$K_d = \frac{A_1}{A} = \frac{I_1}{I} = \frac{2\sqrt{2}}{\pi}I_d \cdot \frac{1}{I_d} = \frac{2\sqrt{2}}{\pi} \approx 0.9 \tag{10.27}$$

三相桥式整流电路输入电流是宽度为 $120°$ 的方波(图 10.4(b)),其傅里叶展开式为

$$
\begin{aligned}
i_2 &= \frac{2\sqrt{3}}{\pi}I_d\left[\sin\omega t - \frac{1}{5}\sin5\omega t - \frac{1}{7}\sin7\omega t + \frac{1}{11}\sin11\omega t + \frac{1}{13}\sin13\omega t - \cdots\right] \\
&= \frac{2\sqrt{3}}{\pi}I_d\sin\omega t + \frac{2\sqrt{3}}{\pi}I_d\sum_{\substack{n=6k\pm1 \\ k=1,2,3,\cdots}}(-1)^k\frac{1}{n}\sin n\omega t \\
&= \sqrt{2}\,I_1\sin\omega t + \sum_{\substack{n=6k\pm1 \\ k=1,2,3,\cdots}}(-1)^k\sqrt{2}\,I_n\sin n\omega t
\end{aligned}
\tag{10.28}
$$

式中电流基波和各次谐波的有效值分别为

$$
\begin{cases}
I_1 = \dfrac{\sqrt{6}}{\pi}I_d \\[2mm]
I_n = \dfrac{\sqrt{6}}{n\pi}I_d \quad n = 6k\pm1, k=1,2,3,\cdots
\end{cases}
$$

因为图 10.4(b)电流波形有效值为

$$I = \sqrt{\frac{2}{3}}\,I_d \tag{10.29}$$

所以,三相桥式电路输入电流的畸变因数为

$$K_d = \frac{I_1}{I} = \frac{3}{\pi} \approx 0.955 \tag{10.30}$$

上述两种电流波形均不含偶次谐波,单相桥式整流电路输入电流含有 3 次谐波,三相桥式整流电路输入电流不含有 3 次谐波,并且随谐波次数增加,谐波幅值减小。

3. 逆变器输出电压的谐波

首先需要指出的是谐波分析是在波形基础上进行的,无论电压和电流只要波形相同,其谐波的成分即相同,因此方波形输出逆变器的电压波形若与图 10.4 的电流波形相同,则式(10.26),式(10.28)对逆变器输出电压的谐波分析也有效,只要将式中的 I_d 改为 U_d 即可,例如图 5.4 单相方波逆变器,图 1.10 三相 $120°$ 导通型逆变器的电压谐波分析,因此下面主要介绍十二阶梯波的傅里叶级数表达式。

三相两重化逆变电路输出电压(图 9.10(d))为十二阶梯波,其一相输出电压傅里叶级数表达式为

$$u_{\mathrm{a}} = \frac{2\sqrt{3}}{\pi}\frac{N_{\mathrm{S}}}{N_{\mathrm{P}}}U_{\mathrm{d}}\left[\sin\omega t - \frac{1}{11}\sin11\omega t + \frac{1}{13}\sin13\omega t - \frac{1}{23}\sin23\omega t + \frac{1}{25}\sin25\omega t \cdots\right]$$

(10.31)

经两重化后逆变器输出电压中只含有 $12k\pm1$ 次谐波。

图 9.4(h)带均衡电抗器的三相桥式整流电路并联变压器原边电流和三相两重化逆变电路输出电压的波形相同,因此谐波分析的结果也相同,只要将式(10.31)中的 $\frac{N_{\mathrm{S}}}{N_{\mathrm{P}}}U_{\mathrm{d}}$ 代之以 I_{d} 即可。

对于 PWM 控制逆变器的谐波分析较为复杂,宜用谐波分析软件进行。

10.1.4　谐波的危害和治理方法

1. 谐波的危害和电能质量管理

电力系统谐波的来源主要有下列几个方面:①发电环节;②送电环节;③用电环节;④电力电子变换设备,如各种整流器、逆变器、调速和调压装置以及大容量的电力晶闸管可控开关设备。随着电子电气产品的开关化、高频化与集成化趋势的发展,电磁兼容性(EMC)问题日益突出,电磁兼容性又称环境电磁学。电磁兼容性包括两层含义:①电磁干扰(EMI);②电磁敏感度(EMS)。

系统谐波的危害主要体现在下列几个方面。

(1) 对电动机的影响。谐波对电动机的影响主要是引起附加损耗,产生附加温升。其次是产生机械振动、噪声和谐振过电压。

(2) 对补偿电容器的影响。电力系统上的并联电容器和系统其他部分之间可能在某一谐波频率下产生谐振。例如系统在连接电容器处的短路容量为 Q_{S},电容器容量为 Q_{C},则可能产生谐振的频率次数为 $k = \left(\frac{Q_{\mathrm{S}}}{Q_{C}}\right)^{\frac{1}{2}}$。这种谐振可以使电容器出现过电压,电容器发热等现象。

(3) 对变压器的影响。正常情况下变压器励磁电流中含有谐波,一般该谐波电流不大于变压器额定电流的 1%。在变压器接电时,励磁涌流可以超过额定电流,但历时很短,不会造成对变压器自身的危害,但是在谐振条件下(这时变压器外电路的谐波阻抗呈容性),这时谐波电流可以危害变压器自身。对全星形接法的变压器,若中性点接地,而变压器网侧分布电容较大或装有中性点接地的电容器组时,就可能构成接近 3 次谐波谐振的条件,使 3 次谐波电压和电流增大,附加损耗大增,严重影响变压器运行的可靠性。谐波电流除引起变压器绕组损耗增加外,也引起外壳和一些紧固件的发热,并可能引起局部严重过热,同时谐波会使变压器振动噪声增大。

(4) 对测量仪表、继电保护和自动化装置的影响。一般电动式和热效应仪表对谐波的敏感不大,但是感应式仪表指针的偏转力矩与偏转线圈夹角及磁链有关,线圈中同次频率谐波产生的平均转矩不等于零,因此感应式仪表受谐波影响较大。对整流式仪表因其面板刻度是按正弦波修正的,在测量矩形波时有较大误差。在谐波干扰较大地区选用电动式仪表较好。

现在电子继电保护由于响应快,灵敏度高,价格低廉被大量采用,电子继电保护大都依赖于被测参数的瞬时值,极易受到系统中高次谐波的影响而发生误动作,对系统产生严重影响。

谐波对自动化装置的影响可以用整流电路触发为例说明,谐波将引起同步电压信号畸变,影响脉冲产生的过零点,使晶闸管触发产生相位偏差,这时整流器除产生特征谐波外,还产生非特征谐波,这些谐波反过来使电压畸变更严重,这样的恶性循环,可能造成由谐波引起的不稳定问题。

(5) 对通信的影响。现在电力系统谐波对通信的干扰广泛受到重视,输电线路都在数千万伏安以上,而通信器材往往是微瓦级的,两者的水平差距很大,输电系统的谐波,尤其是高频谐波,对通信器材将产生严重干扰。

由于公用电网中存在谐波(电压谐波和电流谐波)对用电设备和电网本身都会造成很大的危害,世界各国都制定了限制电网谐波的国家标准。制定这些标准和规定的基本原则是限制注入电网的谐波电流,把电网电压谐波也控制在允许的范围内,使电网中的其他地区设备免受谐波的干扰而正常工作,各国的谐波标准大体接近。我国1993年由技术监督局发布了国家标准GB/T14549.93《电能质量公用电网谐波》。1998年12月发布了GB176525.1《低压电气及电子设备发出的谐波电流限值》,对低压电器和电子设备注入供电系统的谐波电流加以限制。

2. 谐波抑制的方法和滤波器设计

谐波无论对电力系统和负载都产生不利影响,而抑制电力电子装置谐波的方法主要是:(1)采取措施减少电力电子装置产生的谐波,如增加整流器相数减小整流器输出电压的脉动。逆变器采取PWM高频调制或多重化措施,减少输出电压的谐波等。(2)采取输入输出滤波的方法。减少电力电子装置产生的谐波在前面各章中已经介绍,下面主要介绍滤波的方法。

滤波包括输入滤波和输出滤波,输入滤波主要减小谐波对电网的影响,输出滤波主要减小谐波对负载的影响。滤波的方法主要有传统的LC滤波器和新发展的电力有源滤波器。这里先介绍LC滤波器,电力有源滤波器在后面"电力电子开关型动态无功补偿"一节中再作介绍。LC滤波器(图10.5)有单调谐滤波器,高通滤波器,双调谐滤波器等。

1) 单调谐滤波器

单调谐滤波器对特定频率有低阻抗,一般对5、7、11、13次等低谐波分别装设这种单调谐滤波器。每个滤波器都由串联的RLC电路组成(图10.6(a))。单调

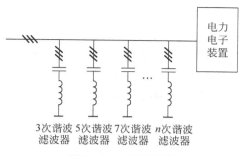

图 10.5　LC 滤波器

谐滤波器的阻抗为

$$Z_f = R + j\left[\omega L - \frac{1}{\omega C}\right] \tag{10.32}$$

式中 $\omega = 2\pi f$。图 10.6(b) 是单调谐滤波器的典型阻抗特性,在谐振频率 f_r 时有

$$\omega_r = 2\pi f_r = \frac{1}{\sqrt{LC}} \tag{10.33}$$

$$X_0 = \omega_r L = \frac{1}{\omega_r C} = \sqrt{\frac{L}{C}} \tag{10.34}$$

其中 X_0 为谐振时的感抗和容抗。

电路的品质因数 Q 可表示为

$$Q = X_0/R \tag{10.35}$$

2) 高通滤波器

高通滤波器在很宽的频带范围内,对各次谐波有低阻抗特性,通常用来衰减 17 以上高次谐波的幅值,因此也称为减幅滤波器。图 10.7 是一种二阶高通滤波器电路和阻抗特性。

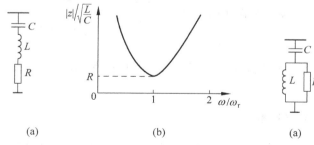

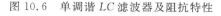

(a)　　　　　　　(b)

图 10.6　单调谐 LC 滤波器及阻抗特性

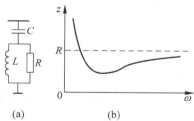

(a)　　　　(b)

图 10.7　二阶高通滤波器及阻抗特性

滤波器在基波频率下呈现容性电抗,因此滤波器的电容一般与功率因数补偿同时考虑。图 10.8 是某变流站的交流侧滤波器结构,这组滤波器包括 5、7、11、13 次谐波的四个三相单调谐滤波器,和一个截止频率为 14 次谐波的三相高通滤波器。滤波器参数按基频 50Hz,220kV 电压下能提供 50Mvar 的无功功率设计。

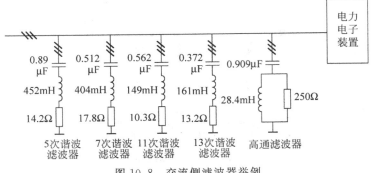

图 10.8　交流侧滤波器举例

10.2　功率因数

10.2.1　功率因数定义

1. 正弦电路的功率和功率因数

在电压、电流都是相同频率的正弦电路中,电路的有功功率就是电路的平均功率,即

$$P = \frac{1}{2\pi}\int_0^{2\pi}\sqrt{2}\,U\sin\omega t\,\sqrt{2}\,I\sin(\omega t + \varphi)\mathrm{d}t = UI\cos\varphi \tag{10.36}$$

无功功率为

$$Q = UI\sin\varphi \tag{10.37}$$

视在功率为

$$S = UI \tag{10.38}$$

功率因数定义(图 10.9)为有功功率与视在功率之比

$$\lambda = \frac{P}{S} = \frac{UI\cos\varphi}{UI} = \cos\varphi \tag{10.39}$$

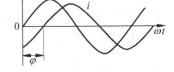

图 10.9　正弦电路功率因数

在正弦电路中功率因数是由电压和电流的相位差 φ 决定的,$\cos\varphi$ 也称位移因数。

2. 非正弦电路的功率和功率因数

设非正弦电路的电压 u 和电流 i 为同频率的周期性非正弦量,并都已分解为傅里叶级数

$$u = U_0 + \sum_{n=1}^{\infty}U_{nm}\sin(n\omega t + \psi_{nU}) \tag{10.40}$$

$$i = I_0 + \sum_{n=1}^{\infty}I_{nm}\sin(n\omega t + \psi_{nI}) \tag{10.41}$$

则瞬时功率可写成

$$p = ui = U_0 I_0 + U_0 \sum_{n=1}^{\infty} I_{nm} \sin(n\omega t + \phi_{n1})$$

$$+ I_0 \sum_{n=1}^{\infty} U_{nm} \sin(n\omega t + \phi_{nU})$$

$$+ \sum_{n=1}^{\infty} \sum_{\substack{n'=1 \\ n \neq n'}}^{\infty} U_{nm} I_{n'm} \sin(n\omega t + \phi_{nU}) \sin(n'\omega t + \phi_{n'1})$$

$$+ \sum_{n=1}^{\infty} U_{nm} I_{nm} \sin(n\omega t + \phi_{nU}) \sin(n\omega t + \phi_{n1}) \qquad (10.42)$$

求平均功率应将上式在一个整周期内取平均值,即

$$P = \frac{1}{T} \int_0^T p \, dt = \frac{1}{T} \int_0^T ui \, dt \qquad (10.43)$$

按式(10.42)求平均功率时,第一项 $U_0 I_0$ 为常数项,即是直流平均功率

$$P_0 = U_0 I_0 \qquad (10.44)$$

第二项和第三项都是正弦项求和,每个正弦项在一个整周期中完成 n 个循环,因此其平均值为零。第四项是两个不同频率正弦量的乘积求和,按照三角函数的正交性,不同频率的电压和电流只能构成瞬时功率,不能构成平均功率,即该项的平均功率为零。最后一项求和是同频率电压和电流的乘积,其 n 次频率的平均功率为

$$P_n = \frac{1}{2} U_{nm} I_{nm} \cos(\phi_{nU} - \phi_{n1}) = U_n I_n \cos\varphi_n \qquad (10.45)$$

式中 $U_n = \frac{1}{\sqrt{2}} U_{nm}$, $I_n = \frac{1}{\sqrt{2}} I_{nm}$ 为 n 次谐波电压电流的有效值,$\varphi_n = \phi_{nU} - \phi_{n1}$ 为 n 次谐波电压电流的相位差。

从上面分析可知,非正弦电压电流的平均功率

$$P = P_0 + P_1 + P_2 + P_3 + \cdots = P_0 + \sum_{n=1}^{\infty} P_n$$

$$= U_0 I_0 + \sum_{n=1}^{\infty} U_n I_n \cos\varphi_n \qquad (10.46)$$

且按上述分析,非正弦电压电流的无功功率为

$$Q = Q_1 + Q_2 + Q_3 + \cdots = \sum_{N=1}^{\infty} Q_n = \sum_{n=1}^{\infty} U_n I_n \sin\varphi_n \qquad (10.47)$$

因此非正弦电路的无功功率为基波和各次谐波无功功率之和。

视在功率

$$S = UI = \sqrt{U_1^2 + U_2^2 + U_3^2 + \cdots} \ \sqrt{I_1^2 + I_2^2 + I_3^2 + \cdots} \qquad (10.48)$$

式中 U_1, U_2, U_3,…; I_1, I_2, I_3,… 分别为电压电流的基波和各次谐波有效值。

功率因数

$$\lambda = \frac{P}{S} \qquad (10.49)$$

3. 工频公用电网的功率和功率因数

工频公用电网可以认为是无穷大电网,其电压畸变很小可以认为是工频正弦波,但是其电流可能就是非正弦波,根据三角函数的正交性工频正弦的电压,只有与非正弦电流中的工频基波分量才能形成平均功率。设电网电压为 U,电流基波有效值为 I_1,基波电流的相角为 φ_1。由式(10.46)~式(10.49),得工频电网的参数计算公式如下:

有功功率 $$P = UI_1\cos\varphi_1 \tag{10.50}$$

无功功率 $$Q = UI_1\sin\varphi_1 \tag{10.51}$$

视在功率 $$S = U\sqrt{I_1^2 + I_2^2 + I_3^2 + \cdots} \tag{10.52}$$

功率因数 $$\lambda = \frac{P}{S} = \frac{UI_1\cos\varphi_1}{U\sqrt{I_1^2 + I_2^2 + I_3^2 + \cdots}} = K_d\cos\varphi_1 \tag{10.53}$$

式(10.53)表明,在电压是工频正弦,电流是工频非正弦波时,电路的功率因数为电流畸变因数 K_d 与基波电流位移因数 $\cos\varphi_1$ 的乘积。在晶闸管整流电路中,基波电流的相位移 φ_1 近似等于晶闸管的控制角 α,因此位移因数 $\cos\varphi_1 \approx \cos\alpha$。对于三相桥式全控整流电路,其功率因数

$$\lambda = \frac{P}{S} = K_d\cos\varphi_1 \approx 0.955\cos\alpha \tag{10.54}$$

在晶闸管深控状态时,控制角 α 较大,电路的功率因数很低,选择合适的整流变压器变比,尽量避免整流电路处于深控状态,可以提高电路功率因数;增加整流器相数,减小电流的畸变也是提高电路的功率因数的措施之一,此外提高功率因数就需要采取无功补偿的方法。

10.2.2　无功功率的补偿

电能通过发电机、变压器、输电线路送到用户端,电源、变压器和输电线路电阻所产生的损耗 I^2R 和发热、温升有关,受功耗、发热和温升的限制,发电机、变压器、输电线路及各种电器都有额定电流、额定电压、额定容量(功率)的限制。在输电线路中传送的功率包括有功功率和无功功率两部分,其中无功部分在发电机、输电线路和负载间来回传送,并不产生有用的功,但是却占用了电力系统的容量。这部分无功容量取决于负载的功率因数 λ,λ 越小,无功电流越大,电力系统发送电能的利用率越小,造成资源的浪费。功率因数 $\lambda = 1$,电力系统发送功率的利用率最高,这时发电机和电力系统输送的功率全部为负载利用。功率因数 $0 < \lambda < 1$(感性负载)和 $0 > \lambda > -1$(容性负载),都不能使电能得到充分利用。

一般工业负载大多数是感性负载,电流滞后于电压,因此利用电容电流领先于电压的特点,在负载的电源侧连接电容器,使感性负载的无功电流 I_L 被电容器

的容性无功电流 I_C 所抵消,这谓之补偿。补偿后感性负载所需的无功由电容器提供,供电线路只提供负载电流的有功部分,线路电流可以减小,线路的损耗也减少,或者说线路的容量不变,但是提供负荷的能力提高了。

　　设负载的无功功率为 Q_L,电容器提供的无功功率为 Q_C,使 $Q_\mathrm{L}=Q_\mathrm{C}$,则负载的滞后无功完全被电容的超前无功所补偿(图 10.10)。且

$$I_\mathrm{C}=\frac{U}{X_\mathrm{C}}=2\pi fCU=I_\mathrm{L}=I\sin\varphi$$

所以

$$C=\frac{I\sin\varphi}{2\pi fU} \qquad (10.55)$$

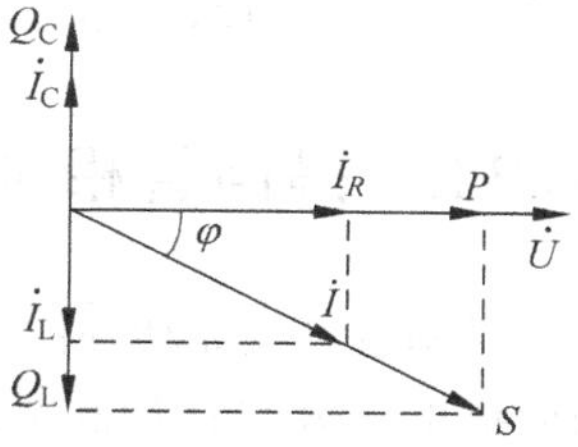

图 10.10　无功补偿矢量图

　　一般电容器的电容量是固定的,要做到 Q_C 恰好等于 Q_L 很困难,尤其在负载变化的时候,电容提供的无功 Q_C 要随负载的无功 Q_L 随时调节。因此一般的做法是将电容器分为几组,在负载无功变化时,用开关投切一定数量的电容器组,使 $Q_\mathrm{C}\approx Q_\mathrm{L}$,这时系统(负载和补偿电容)的总功率因数接近 1。电容器的分组越多,有多种电容量可供选择和组合,补偿的效果就越好。开关投切电容器的要求是,在线路电压为零时投入电容,以避免电容充电电流的冲击。开关的响应速度要快,要准确选择投入电容的数量和投入时刻,因此现在电容无功补偿大量采用微机控制,并且机械式的电气开关也不能很好地满足要求,需要采用电力电子器件组成的电子开关。

10.3　电力电子开关型无功补偿

10.3.1　晶闸管投切电容器

　　图 10.11 是晶闸管投切电容器(thyristor switched capacitor, TSC)无功补偿器系统结构图,补偿电容用晶闸管双向交流开关投切,与机械式开关投切相比,响

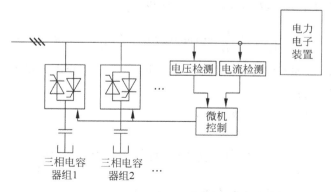

图 10.11　晶闸管开关无功补偿器

应速度快,控制功率小,适于微机控制。系统通过微机检测电网电压和电流,计算需要补偿的电容无功量,在恰当的时间投入或切除相当数量的电容器,从而控制电网的功率因数在允许的范围内。TSC 仅是以晶闸管开关代替了机械式开关,补偿的无功仍是有级调节。

10.3.2　晶闸管相位控制电抗器

晶闸管开关无功补偿器,补偿电容是有级调节,不能满足无功动态补偿的要求。因此提出了电容补偿和晶闸管相位控制电抗器(thyristor phase controlled reactor, TCR)相结合的无功补偿器(图 10.12(a))。图中晶闸管交流开关 K_1 和电容 C 组成固定的无功补偿器 TSC,开关 K_2 和电抗器 L 组成晶闸管相控电抗器 TCR,通过晶闸管控制电抗器的感性无功 Q_L。图 10.12(b)是 TCR 的电压波形,因为是纯电感电路,晶闸管调压控制角 $0 \leqslant \alpha \leqslant 90°$,并且调压的正负半周面积相等。在如图坐标下,$\omega t = -\pi + \alpha$ 时,触发正向晶闸管导通,i_x 从 0 上升电感储能,在 $\omega t = 0$ 时电流达到最大。$\omega t = \pi - \alpha$ 时,电感储能释放完毕,晶闸管关断。$\omega t = \alpha$ 时,触发反向晶闸管导通,在 $\omega t = \pi$ 时电流达到反向最大。$\omega t = 2\pi - \alpha$ 时,反向电流下降到 0,反向晶闸管关断。

在晶闸管导通区间

$$L \frac{di_x}{dt} = -\sqrt{2}U_2 \sin\omega t \tag{10.56}$$

在电流的正半周,$\omega t = -\pi + \alpha$ 时 $i_x = 0$。所以

$$i_x(t) = \int_{\alpha-\pi}^{\omega t} -\frac{\sqrt{2}U_2}{\omega L} \sin\omega t \, d(\omega t) = \frac{\sqrt{2}U_2}{\omega L}(\cos\omega t + \cos\alpha) \tag{10.57}$$

在 $\omega t = 0°$ 时

$$i_x(t) = i_m = \frac{\sqrt{2}U_2}{\omega L}(1 + \cos\alpha) \tag{10.58}$$

在电流的负半周,$\omega t = \alpha$ 时 $i_x = 0$。所以

$$i_x(t) = \int_{\alpha}^{\omega t} -\frac{\sqrt{2}U_2}{\omega L} \sin\omega t \, d(\omega t) = \frac{\sqrt{2}U_2}{\omega L}(\cos\omega t - \cos\alpha) \tag{10.59}$$

由式(10.57)和式(10.59)对图 10.11(b)作傅里叶分析可得电流 i_x 基波和 n 次谐波有效值 I_1、I_n 为

$$I_1 = \frac{U_2}{\omega L} \cdot \frac{\sin 2\alpha + 2(\pi - \alpha)}{\pi} \tag{10.60}$$

$$I_n = \frac{U_2}{\omega L} \cdot \frac{2}{\pi} \left[\frac{\sin(n+1)(\alpha - \pi/2)}{n+1} - \frac{\sin(n-1)(\alpha - \pi/2)}{n-1} \right.$$

$$\left. - \frac{2\sin(\alpha - \pi/2)\cos(\alpha - \pi/2)}{n} \right] \quad n = 3, 5, 7, \cdots \tag{10.61}$$

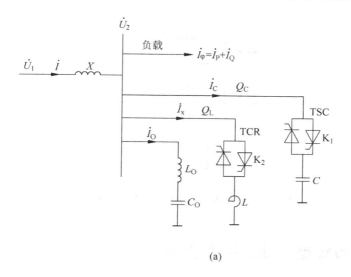

(a)

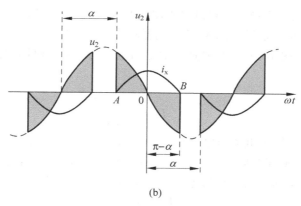

(b)

图 10.12　TSC 和晶闸管相控电抗器 TCR

电感 L 的基波等效电抗

$$X_{L1} = \frac{U_2}{I_1} = \frac{\pi}{\sin 2\alpha + 2(\pi - \alpha)} \omega L \qquad (10.62)$$

电流 I_x 总有效值

$$I_x = \frac{U_2}{\omega L} \sqrt{\frac{3\sin 2\alpha + 2(\pi - \alpha)(2 + \cos 2\alpha)}{2\pi}} \qquad (10.63)$$

　　调节控制角 α 可以调节 TCR 电流有效值,使 TSC 和 TCR 的总无功电流 $I_\Sigma = I_C - I_x$ 随之变化,在补偿电容 C 不变时,通过 TCR 感性无功电流来调节线路的无功补偿量。晶闸管调控电抗器的不足是电流 i_x 含有谐波,且谐波随控制角变化。如果三相 TCR 作三角形连接(图 10.13),3 次谐波电流将不流入电网,但是 5 次以上电流将使电网电流畸变,因此图 10.12(a)的补偿线路中加入了 L_0C_0 串联谐振滤波器,用以滤除 5 次谐波。

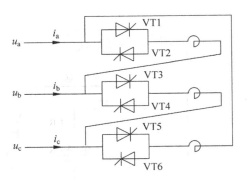

图 10.13　三角形连接晶闸管控制电抗器

10.3.3　PWM 型无功功率发生器

　　PWM 电压型逆变器可以将直流电变为交流电,并控制输出交流的幅值、频率和相位。根据此原理,将 PWM 逆变器输出经一个数值不大的电感 L(电抗 X_L)接至三相电网(图 10.14),控制逆变器输出电压的频率与电网相同,因此逆变器电流 $\dot{I}_3$ 为

$$\dot{I}_3 = \frac{\dot{U}_3 - \dot{U}_2}{\mathrm{j}X_L} \tag{10.64}$$

　　使逆变器输出电流与电网电压相位差 90°,也就是说逆变器只输出无功电流和无功功率,逆变器成为一个无功功率发生器。若令逆变器向电网输出的感性滞后电流为 I_Q,向电网输出的感性滞后无功功率为 Q,则

$$I_Q = \frac{U_3 - U_2}{X_L} \tag{10.65}$$

$$Q = U_2 \cdot I_Q = U_2 \frac{U_3 - U_2}{X_L} \tag{10.66}$$

$$U_3 = U_2 + \frac{X_L}{U_2} \cdot Q \tag{10.67}$$

　　当输出电压 U_3 高于电网电压 U_2 时,$I_Q > 0$,$\dot{I}_Q$ 滞后 $\dot{U}_2$ 电压 90°,如图 10.15(a)。这时无功功率发生器输出滞后的感性无功功率,这时式(10.67)中的 $Q > 0$。

　　当输出电压 U_3 低于电网电压 U_2 时,$I = I_Q < 0$,$\dot{I}_Q$ 超前 $\dot{U}_2$ 电压 90°,如图 10.15(b)。这时无功功率发生器输出超前的容性无功功率,这时式(10.66)中的 $Q < 0$。

　　PWM 无功功率发生器的控制框图如图 10.14(b)。电压给定 U_d^* 与实际直流侧电压检测值 U_d 比较,经电压调节器 AVR 得到参考正弦波的相位角 θ^*。无功功率给定值 Q^* 与实测线路无功功率比较得到逆变器输出电压的幅值 U_{rm}^*。然后

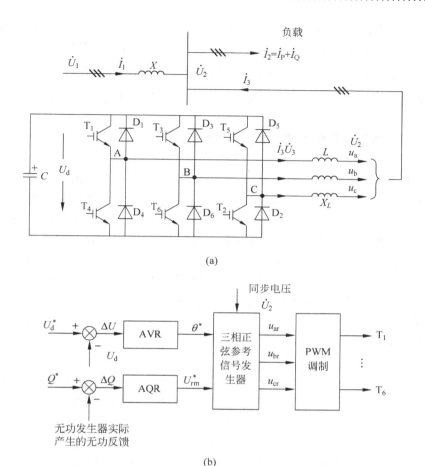

(a)

图 10.14　PWM 无功发生器

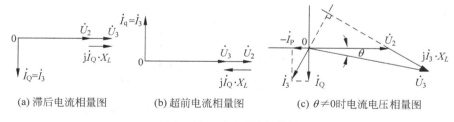

(a) 滞后电流相量图　　(b) 超前电流相量图　　(c) $\theta\neq0$ 时电流电压相量图

图 10.15　无功电流相量图

通过正弦信号发生器产生三相调制正弦波,该正弦波必须与电源同步,三相调制正弦波 u_{ra}、u_{rb}、u_{rc} 使 PWM 控制电路产生六路开关器件的驱动脉冲。

为了使图 10.14 的 PWM 无功功率发生器能稳定工作,PWM 直流侧必须有一个固定的直流电压源 U_d,如果 PWM 开关电路没有任何有功损耗,该直流电源

可以是预充电值为 U_d 的电容器。如果 PWM 开关电路存在有功损耗,则需要给无功功率发生器补充能量。PWM 开关电路补偿有功功率的方法之一是,适当调节逆变器输出电压的相位,使输出电流 $\dot{I}$ 除含有无功分量 $\dot{I}_Q$ 外,还含有少量有功电流分量 $-\dot{I}_P$(图 9.15(c)),以补充无功功率发生器自身的功率损耗。

10.3.4　并联型电力有源滤波器 PAPF

并联型电力有源滤波器也称负载谐波电流补偿器 HCC,图 10.16 是其原理图。图中电力电子装置是非线性负载,其输入电流 i_2 含有基波和谐波电流两部分,$i_2 = i_{2P} + i_{2Q} + i_{2h}$,式中 i_{2P} 为电流 i_2 的基波有功分量,i_{2Q} 为 i_2 的基波无功分量,i_{2h} 为 i_2 的谐波分量。为了消除谐波对电网的影响,因此在负载入口处并联了电力有源滤波器 PAPF。通过检测负载侧电流 i_2,经带通滤波器,取出其谐波分量 i_h,经控制和驱动系统对逆变器的 6 个开关控制,使逆变器输出三相补偿电流 i_3,且补偿电流与负载电流中的谐波分量大小相等,$i_3 = i_h$,即负载的谐波电流由补偿电流提供,因此网侧电流 $i_1 = i_2 - i_3 = i_{2P} + i_{2Q} + i_h - i_3 = i_{2P} + i_{2Q}$,电力电子装置网侧电流中不再含有高次谐波分量,达到滤波的目的。

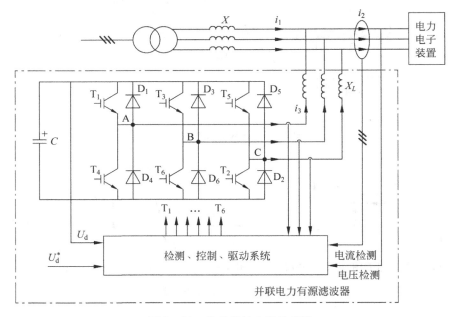

图 10.16　负载谐波电流补偿器

如果需要进一步补偿电流 i_1 中的无功分量 i_{2Q},只需要令逆变器输出电流 $i_3 = i_h + i_{2Q}$,这时电网电流

$$i_1 = i_2 - i_3 = i_{2P} + i_{2Q} + i_h - i_3 = i_{2P} + i_{2Q} + i_h - (i_h + i_{2Q}) = i_{2P}$$

现在电网只需提供负载电流的有功部分,非线性负载的基波无功和谐波电流均由有源滤波器 PAPF 承担,使网侧的功率因数达到 1,电源(发电机)的容量得到充分利用。

10.3.5　串联型电力有源滤波器 SAPF

串联型电力有源滤波器原理电路如图 10.17。在电力电子装置交流侧的电压中除基波电压外还含有谐波电压 u_h,这谐波电压是由谐波电流所引起的电压降。谐波电压会使线路上连接的其他负载同样受到谐波的危害。为了消除线路上的谐波电压,最直接的办法是在线路上串入一个与谐波电压大小相同,方向相反的补偿电压 u_3,令 $u_3 = -u_h$,以抵消线路上的电压谐波成分,使负载不受谐波的影响。图 10.17 中由 $T_1 \sim T_6$ 组成补偿谐波发生器,谐波发生器通过变压器 PT 接入电网,变压器 PT 原边串联在三相电源线路中,故称为串联型电力有源滤波器(series type active power filter)。

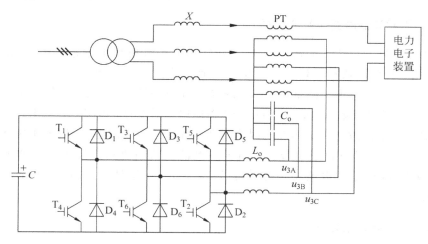

图 10.17　串联型电力有源滤波器

串联型电力有源滤波器产生补偿电压的控制原理与并联型电力有源滤波器相同,通过检测三相负载电压和电流的谐波成分,控制三相逆变器,产生补偿电压以抵消谐波电流造成的线路谐波电压降。图中 L_0、C_0 组成的高频滤波器是为抑制有源滤波器在高频开关下所产生的脉动电压和电流中的高频分量。

需要指出的是并联型电力有源滤波器是一个电流源,在电网上与负载并联,属于谐波电流补偿,通过向电网注入大小相等方向相反的谐波电流以消除谐波对电网的影响。串联型电力有源滤波器是一个电压源,它串联在电网上,属于电压补偿,通过向电网接入大小相等方向相反的谐波电压以消除谐波对电网的影响。经谐波电压补偿后,电网电压无谐波,使电网上其他负载不会受到电力电子装置谐波的危害。

在实际应用中经常综合应用无源的 LC 滤波器和并联型电力有源滤波器或串联型电力有源滤波器,以传统的 LC 滤波器消除 5、7、11、13 次等低次谐波,以有源滤波器消除剩余的谐波,以达到技术和经济性最优的滤波效果。有源滤波器产生的谐波电压或电流补偿能跟随电网谐波的变化而调节,具有良好的动态谐波补偿能力,因此受到市场的重视,发展的速度很快。

10.4 LC 滤波器的仿真

某变流站采用三相不控整流器,整流器额定容量 450kW,额定输出电压 1200V,额定电流 1100A,电源电压为 3.3kV,整流变压器为△/丫连接,副边线电压为 350V,经测定整流站的无功约为 3×50kvar。现在电源侧拟采用 5、7、11、13 次的 LC 滤波器,以消除电流谐波对电源电网的影响。计算滤波器电感和电容值,并仿真该整流站的滤波效果。

1. 无滤波器时变流站的仿真

按变流站参数建立的仿真模型如图 10.18,仿真模型由三相电源、三相变压器、三相不控整流器和负载的模块组成,并通过多路观察器观察负载和变压器原、副边的电压电流波形。调整负载 RL 的参数,使模型达到变流站的额定工况。仿真的电压电流波形如图 10.19。其中变压器原边和副边的电流波形如图 10.19(b)和(d),副边的电流波形为矩形波。因为变压器采用△/丫连接,因此原边电流为梯形波,且不含 3 的整倍数次谐波。由于高次谐波的幅值随谐波次数的增加而成比例减小,因此滤波电路将重点消除 5、7、11、13 次谐波,滤波电路的结构参考图 10.5。

2. 滤波器参数计算

按单相无功 50kvar 分配 5、7、11 和 13 次谐波滤波器的无功量分别为 20、15、10、5kvar,由此可以计算各次滤波器的电容值

$$C_k = \frac{Q_k}{2\pi f U_1^2} \tag{10.68}$$

式中,Q_k——各次滤波器补偿无功,U_1——电源相电压。

由式(10.68)计算得到各次滤波器的电容量分别为

5 次滤波器 $C_5 = 17.6\mu F$

7 次滤波器 $C_7 = 13.2\mu F$

11 次滤波器 $C_{11} = 8.8\mu F$

13 次滤波器 $C_{13} = 4.4\mu F$

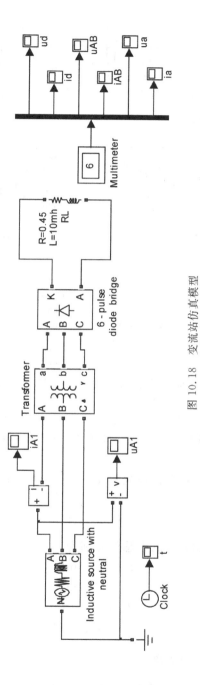

图 10.18　变流站仿真模型

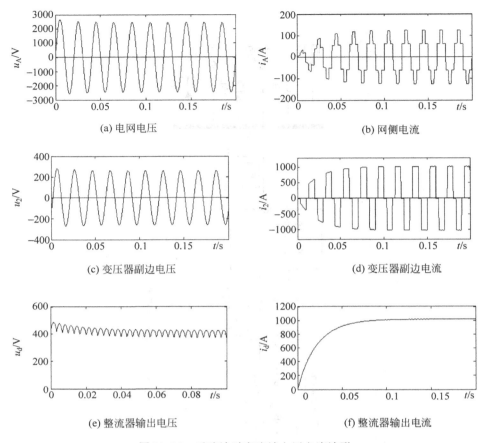

图 10.19　无滤波时变流站电压电流波形

由式(10.33)知各次滤波器谐振角频率 $\omega_k = \dfrac{1}{\sqrt{LC}}$，可得各次滤波器的电感量为

$$L = \frac{1}{\omega_k^2 C} \qquad\qquad (10.69)$$

由式(10.69)计算各次滤波器的电感量分别为

　　　　5 次滤波器　　　　　　　　$L_5 = 23.5\text{mH}$

　　　　7 次滤波器　　　　　　　　$L_7 = 15.7\text{mH}$

　　　　11 次滤波器　　　　　　　 $L_{11} = 9.5\text{mH}$

　　　　13 次滤波器　　　　　　　 $L_{13} = 13.6\text{mH}$

3. 变流站滤波电路的仿真

　　带滤波的变流站仿真模型如图 10.20。模型仅在图 10.18 的基础上增加了四路三相 RLC 模块，并按计算的 L、C 值设定模块参数。

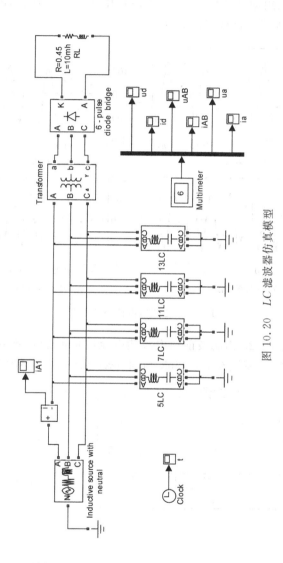

图 10.20 *LC* 滤波器仿真模型

　　图 10.21 为逐次接入 5、7、11、13 次滤波器后,电源 A 相电流的波形。比较图 10.21 和图 10.19(b),在接入 5 次谐波滤波器时对电流波形的改善最为明显,因为 5 次谐波值最大,对电流波形的影响也最大。随其他各次滤波器的接入,波形逐次改善,但是四组滤波器接入后,电流波形中还有谐波存在,因此必要时还需要增加 17、19…次等滤波器或采用高通滤波器。

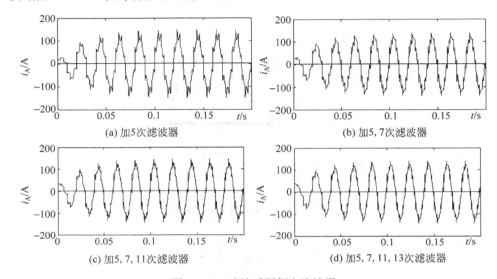

(a) 加5次滤波器　　　　　　(b) 加5,7次滤波器

(c) 加5,7,11次滤波器　　　　(d) 加5,7,11,13次滤波器

图 10.21　滤波后网侧电流波形

　　图 10.22 和图 10.23 为滤波前后电源侧电流波形的谐波分析,谐波分析可以调用 powergui 模块,该模块在 Simulink/SimPowerSystems 模型库的子模型库列表

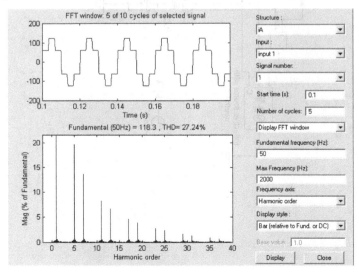

图 10.22　未滤波时电源侧电流的谐波分析

中,使用 powergui 时,示波器模块保存在 workspace 中的数据格式应为"structure with time"。从未加滤波时的电流频谱(图 10.22)中可以看到随谐波次数增加谐波电流的含量(以基波幅值为 1 计算的百分数)减小,频谱的 x 轴为谐波次数。从滤波后的谐波频谱(图 10.23)中可以看到,13 次以下谐波显著减小,小于基波分量的 2%,而 13 次以上谐波,因为没有滤波仍有较高的值。在谐波分析时要注意滤波的效果不仅与各次滤波器的谐振频率有关,还与电源和线路电抗及整流器控制角等多种因素有关。线路电抗是随电网负荷而变动的,因此滤波器的设计是很复杂的过程,读者可以通过改变电源阻抗和整流器工作状态来观察滤波效果的变化。

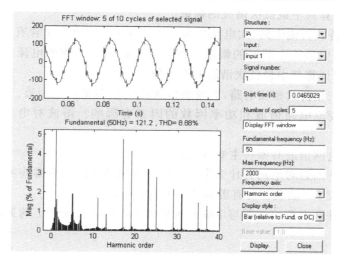

图 10.23　滤波后电源侧电流的谐波分析

小结

现代电力电子技术为广大用户提供了各种受控电源,满足了用户的各种要求,提高了生产的效率和设备的性能,但是电力电子装置的开关工作状态也衍生了谐波和功率因数等问题,尤其是现在大功率电力电子装置的大量应用,谐波对电网的影响不可忽视,以致造成所谓的谐波"公害",各国都制定了相应的法规限制进入电网的谐波量。电网无功降低了输电效率,增加了线路损耗。电力电子装置的无功和谐波是相关的两个问题,谐波不仅产生干扰,同时也发生无功,降低了系统的功率因数。减小电网无功,提高功率因数和抑制谐波的主要措施是:(1)减少电力电子装置自身无功和谐波的产生。(2)采取无功补偿与滤波的方法。LC 无源滤波器使用最广泛,在抑制谐波的同时也同时起无功补偿的作用,是常用的措施。电力电子有源滤波器因为具有良好的动态控制性能正日益受到重视,应用越来越多,并在这基础上发展为内容更广的电能统一质量控制。

　　本章重点需要掌握谐波和功率因数的概念,电力电子线路产生无功和谐波的原因,谐波和功率因数对系统的影响和危害,以及谐波抑制和无功补偿的基本方法。

练习和思考题

　　1. 单相桥式整流电路(大电感负载,$\alpha=0°$),其输出电压中含有哪些次数的谐波? 并计算其中最低次谐波的幅值。在整流电路的交流侧电流又含有哪些主要的谐波? 也计算其中最低次谐波的幅值。

　　2. 三相桥式整流电路(大电感负载,$\alpha=0°$),其输出电压中含有哪些次数的谐波? 并计算其中最低次谐波的幅值。在整流电路的交流侧的电流又含有哪些主要的谐波? 也计算其中最低次谐波的有效值。

　　3. 计算三相桥式整流电路,大电感负载,$\alpha=60°$时的功率因数。

　　4. 影响变流电路谐波和功率因数的因素有哪些? 谐波对电力系统有哪些危害?

　　5. 治理电网谐波有哪些主要方法?

　　6. 低功率因数对电网有什么影响? 改善电网功率因数有哪些主要方法?

　　7. 试比较 LC 滤波器与有源滤波器各自的优缺点。

　　8. 比较并联有源滤波器与串联有源滤波器在电路和功能上的异同点。

仿真题

　　在图 10.19 模型的基础上,将不控整流器换为三相可控整流器,通过仿真观察不同控制角时,整流器和变压器输出和输入电流的变化和滤波器对谐波抑制和无功补偿的效果。

附录 A　教　学　实　验

实验是电力电子技术教学中的重要环节,通过实验使理论与实际联系,为学生提供形象直观的知识,并且培养学生动手、仪器使用、数据处理和结果分析的能力。现在专用实验台已经使用比较普遍,实验台的功能较强,电源、开关、表计等比较齐全,使用方便,为实验提供了良好的环境。由于电力电子技术实验台一般和电力拖动控制系统实验通用,采用不同的挂件箱可以做这两门课程的不同实验,电力电子技术中有关电动机负载的实验也可以和电力拖动自动控制系统课程实验结合,以节省学时和提高实验效率,并且可以根据教学要求和实验室条件,选做一定数量的实验。不同厂家生产的实验台在性能和电路连接上略有差异,故在参考实验中主要列出实验目的、实验内容和实验报告等要求。电力电子技术课程一般在三年级开设,由于高年级学生选课较多,在统一时间集中安排实验有一定困难,实验室实行开放后,实验安排有灵活性,实验项目有选择性,为此安排了实验一,目的是使学生熟悉实验环境,了解仪器设备,为后面实验及选做或自设计实验做准备。

实验一　实验台、仪器仪表功能和移相触发器实验

1. 实验目的

熟悉实验环境和仪器,并做移相触发器实验。通过移相触发器实验掌握移相触发原理,了解仪器(示波器、电压表、电流表或万用表等)的量程和使用。

2. 实验内容

(1) 检查实验台主控屏的电源(交流电源、直流电源、稳压电源)、电源开关和测量仪表,测量电源的电压,用示波器判定三相相序。

(2) 检查负载(电阻、电感、电容),了解这些器件的标称值。

(3) 检查实验箱,通过实验箱名称和面板上的电路图,了解实验箱功能。

(4) 锯齿波移相触发器实验

① 按面板提示连接同步电源 U_T,并测量同步信号电压。

② 通过触发器上的测试孔观察各点波形。

③ 调节移相控制电压 U_C,观察控制角的变化(通过示波器比较触发脉冲与同步电压正弦波的相位关系)。

④ 调节偏置电压 U_P(半可调电位器),观察控制角的变化。

⑤ 测量记录移相控制电压 U_C 与控制角 α 关系。

	1	2	3	4	5	6
U_c/V						
$\alpha/(°)$						

⑥ 检查六路触发器的锯齿波斜率是否一致,输出脉冲是否互差60°,如果同步电压正确,而六路触发器输出脉冲相位不一致,则调节相应触发器的锯齿波斜率(半可调电位器),使触发脉冲互差60°。

3. 实验报告

(1) 绘制实验的锯齿波移相触发器电路,分析电路中锯齿波形成,移相控制和双脉冲形成原理。如果触发器采用 KJ004 触发电路芯片和 KJ041 双脉冲形成芯片,则通过图书或网络检索芯片资料,并学习其原理。

(2) 画出各测试点的信号波形。

(3) 画出移相特性曲线 $\alpha = f(U_C)$。

(4) 回答问题

① 锯齿波的斜率对触发控制角有何影响?

② 移相控制电压 U_C 与偏置电压 U_P 的作用有什么不同? 电阻和电感负载时初始控制角各应为多少度,如何调节?

实验二　晶闸管整流电路实验

实验台的晶闸管整流电路实验箱一般有两组晶闸管(每组六个),可以连接成单相或三相整流电路。无论做单相还是三相整流器实验,其要求基本相同。实验箱上触发脉冲一般已经与晶闸管门极在内部连接,不用另外连线。

1. 实验目的

观察单相或三相桥式整流器在电阻或电感负载时,整流器输出电压和电流的波形,整流器输入电压和电流的波形。观察控制角变化时电压和电流波形的变化情况,测量整流器的输出特性。

2. 实验要求和步骤

(1) 连接触发器同步信号,检查触发器输出脉冲是否正常。

(2) 根据要求将晶闸管连接成单相桥或三相桥,并接上电阻负载,将电阻调节在中间值。

(3) 连接整流器交流电源(单相或三相),合上电源开关,同时注意电路各部分元器件有无异常情况,若有异常立即切断电源,重新检查线路。

（4）用示波器观察整流输出电压波形与理论波形是否基本相符,若不相符,需要检查同步电压相序或触发脉冲。

（5）调节给定信号 U_C,观察整流输出电压波形的变化。测量 $U_C = 0$ 时,输出电压 U_d 是否为 0,若不为零,则调节触发器偏置信号 U_P 使 $U_d = 0$。

（6）观察不同控制角时整流器的输入、输出电压和电流波形。

（7）观察晶闸管两端的电压波形 u_{VT}。

（8）测量整流器输出特性。

测量条件：整流变压器副边相电压 $U_2 = ?$,电阻值 $R = ?$。

	1	2	3	4	5	6
控制角 α	0°	30°	45°	60°	90°	120°
U_C						
U_d						
I_d						
U_d 计算值						

（9）将电阻负载换成电感负载,重复上述过程。

3. 实验报告

（1）实验项目：单相(或三相)全控桥式整流电路电阻和电感负载实验。

（2）画出实验线路,列出设备、仪器清单。

（3）实验的主要步骤和方法。

（4）记录数据(电阻和电感两种负载情况),比较整流器输出电压 U_d 的测量值与按公式计算的结果,分析误差产生的原因?

（5）绘制整流器输出特性 $U_d = f(U_C)$,包括电阻和电感两种负载情况。

（6）在实验过程中是否出现不正常情况或故障,你是如何处理和排除的?

实验三　晶闸管整流-电动机系统实验

1. 实验目的

研究晶闸管整流器直流电动机负载时系统性能,学习复杂系统的接线和调试。

2. 实验线路

实验线路(图 A.1)的整流器、触发器连接和调试与实验二相同,整流器负载为直流电动机-发电机系统,通过调节直流发电机输出功率,调节电动机的负载。

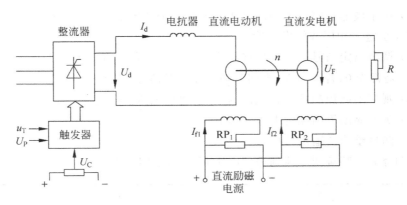

图 A.1　晶闸管整流-电动机系统实验线路

直流发电机输出功率的调节,可以通过电位器 RP_2 改变发电机励磁电流 I_{f2} 来调节发电机的输出电压 U_F,或调节发电机的负载电阻 R。

3. 实验要求

(1) 检查触发脉冲,连接实验线路。

(2) 按直流发电机铭牌参数,估算发电机负载电阻值 R。

(3) 连接直流励磁电源,调节电位器 RP_1,使电动机励磁电流 I_{f1} 为额定值。调节电位器 RP_2,使发电机励磁电流 I_{f2} 为 0,电动机处于空载状态。

(4) 接通交流电源,缓慢调节移相控制信号 U_C,使 U_d 逐步升高,电动机开始起动,同时注意监测整流器输出电压 U_d 和电流 I_d,使起动电流不致过大。情况一切正常时,进一步调高 U_C,使电动机到达额定转速,记录转速 n,电压 U_d。

(5) 调节电位器 RP_2,增加发电机励磁电流,使电动机电枢电流 I_d 达到额定值。

(6) 测定电动机机械特性。从电动机为额定电压、额定电流和额定转速的状态开始,调节 RP_2,使发电机励磁减小,电动机电流 I_d 下降,即减小电动机负载,记录电动机从额定负载到空载过程中,电动机的转速变化。

机械特性1	1	2	3	4	5	6
转速 n/r/min						
I_d						
U_d						
U_C						

(7) 调节 U_C,使 U_C 分别为机械特性 1 测量时的 1/2、1/3,即降低 U_d,重复上述(5)和(6)过程,测定电动机从空载到额定负载过程的数据,得到三条电动机调压调速的机械特性。

4. 实验报告

（1）实验项目。

（2）画出实验线路，要求有比较完整的主电路（包括变压器、开关、整流器、电动机、发电机和测量仪表）。

（3）实验结果和原始数据。

（4）画出电动机机械特性，分析调压调速时电动机机械特性的特点。

（5）记录系统在调试过程中出现的情况和采取的措施？

实验四　直流斩波器实验

直流斩波器实验箱一般都包括由单相不控桥式整流器经电容滤波组成的直流电源，直流降压斩波器（Buck）、直流升压斩波器（Boost）主电路，PWM 驱动脉冲发生器等。有的还有升降压斩波器（Buck-Boost）、PWM 开关电源等实验线路。电路中电感和电容有几种数值可以选择，以试验参数不同对输出效果的影响。脉冲发生器采用 SG3525 芯片较多，由 SG3525 组成的 PWM 驱动脉冲发生器的电路如图 A.2 所示。

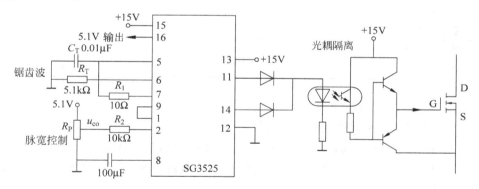

图 A.2　SG3525 组成的 PWM 驱动电路

1. 实验目的

验证直流降压斩波器（Buck）和直流升压斩波器（Boost）工作原理，观察斩波器各点的电压、电流波形，研究占空比与输出电压的关系。

2. 实验要求

（1）PWM 驱动电路实验

① 合上控制电源开关。

②　用示波器观察锯齿波(5脚)和输出脉冲波形(11、14脚),记录 PWM 脉冲周期 T。

③　调节脉宽控制电位器 R_P,观察脉冲占空比的变化,并记录。

PWM 驱动	1	2	3	4	5
脉宽控制电压 U_{co}					
输出脉冲宽度 τ					
占空比 $\alpha=\tau/T$					

(2)　直流降压斩波器(Buck)实验

①　连接直流降压斩波器(Buck)及直流电源和电阻负载。

②　接通电源,用示波器观察各点电压波形(直流电源、MOSFET、电感 L_1 和负载电阻 R 等)。

③　改变占空比,观察各点波形变化,比较电感 L_1 电流连续和断续时的波形,并记录。

直流电源电压 $U_s=?$, $L_1=?$, $R=?$。

直流降压斩波器	1	2	3	4	5
脉宽控制电压 U_{co}					
输出电压 U_o					
调制度 $M=U_o/U_s$					

④　改变电感为 L_2,重复②和③步骤,并记录。

(3)　直流升压斩波器(Boost)实验

①　连接直流升压斩波器(Boost),包括直流电源和电阻负载。

②　接通电源,用示波器观察各点波形(直流电源、MOSFET、电感 L_1 和负载电阻 R 等)。

③　改变占空比,观察各点波形变化,比较电感 L_1 电流连续和断续时的波形。并记录。

直流电源电压 $U_s=?$, $L_1=?$, $R=?$。

直流升压斩波器	1	2	3	4	5
脉宽控制电压 U_{co}					
输出电压 U_o					
调制度 $M=U_o/U_s$					

④　改变电感为 L_2,重复②和③步骤,并记录。

3. 实验报告

（1）实验主电路。

（2）驱动电路脉宽控制原理,控制电压与脉宽的关系。

（3）直流降压斩波器、直流升压斩波器,在不同电感情况下的实验记录。

（4）占空比和斩波器输出(电压和电流)的关系?

（5）电感大小对输出电压和波形有何影响?

（6）如何减小输出电压和电流的纹波,你的建议和措施?

实验五　单相交流调压器实验

1. 晶闸管相控交流调压实验（图 A.3）

（1）实验目的

验证交流调压原理,观察试验相控交流调压波形的特点。

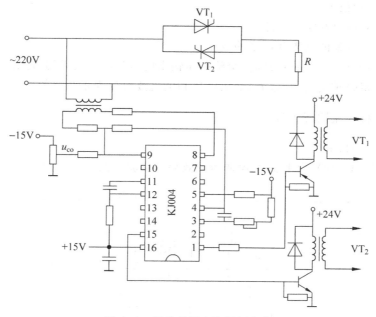

图 A.3　相控单相交流调压电路

（2）实验内容和要求

① 观察 KJ004 组成触发电路的触发脉冲,调节电位器 RP_1 检查脉冲移相情况。

② 连接调压电路交流电源和负载电阻 R,接通电源开关。通过触发脉冲与同步信号 U_P 的比较,确定控制角相位,记录对应控制角的控制电压 U_{co} 和电阻电压

U_R(有效值)。

控制角 α	0°	30°	60°	90°	120°	150°	180°
U_{CO}							
U_R							

③ 观察电阻-电感负载时电压,电流波形。在固定控制角为 30°和 60°时调节电阻,观察不同阻抗角 φ 下负载电压和电流波形的变化,特别注意在 $\alpha=\varphi$ 时,电压电流变为连续正弦波前后的波形。

④ 记录阻抗角 $\varphi=30$°时,负载电压、电流(有效值)与控制角关系。

控制角 α	0°	30°	60°	90°	120°	150°	180°
U_{CO}							
U_{RL}							
I_{RL}							

(3)实验报告

① 实验项目和实验线路。

② 实验观察的结果和记录的数据。

③ 比较电阻和阻感负载时,交流调压输出电压和电流波形的特点。

④ 分析阻感负载 $\alpha=\varphi$ 时,输出电压和电流波形变为正弦波的原因?

2. 斩控交流调压实验

(1)实验目的

观察测试 PWM 斩控式交流调压的效果。实验线路如图 A.4。

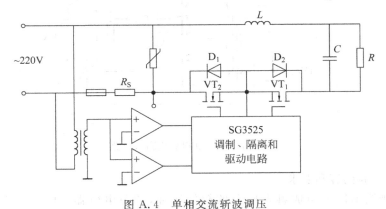

图 A.4 单相交流斩波调压

斩控交流调压实验线路由功率场效应管 VT_1、VT_2 和二极管 D_1、D_2 组成交流开关。由变压器取得同步信号,经运算放大器(比较器)得到两路互为倒相,宽度为 180°的方波,分别对应正弦波的正半周和负半周。由 3525 调制(调制频率约为 2.5kHz),再经隔离和放大,得到两路功率场效应管驱动信号。在交流电源的正半周,VT_1、D_1 导通,在交流电源的负半周,VT_2、D_2 导通,调节驱动电路面板上电位器可以调节驱动脉冲的占空比,从而调节负载 R 上电压,电感 L 电容 C 组成的滤波电路减小了输出的谐波成分。

(2) 实验内容和要求

① 检查功率场效应管的驱动信号和占空比调节。

② 观察调节占空比时,负载电压的变化。

③ 比较滤波前后输出电压波形。

(3) 实验报告

① 实验线路和实验项目。

② 记录或叙述实验观察到的斩波调压效果,分析 PWM 斩波调压的特点。

实验六　单相交-直-交变频电路实验

1. 实验目的

掌握交-直-交变频控制原理,观察电阻、电感负载时电路工作波形,研究参数(调制频率,滤波电感)对输出波形的影响。单相交直交变频主电路图 A.5 一般由不可控整流电源、桥式 DC/AC 逆变电路组成,交流输出端带 LC 滤波,并有电阻和电感两种负载选择。实验挂件箱同时配有相应的驱动控制电路,可以通过调节正弦波发生器(信号源)的频率和幅值,调节变频器输出正弦波的频率和幅值。

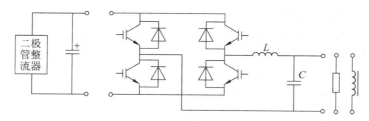

图 A.5　交-直-交变频实验主电路

2. 实验要求

① 描绘交-直-交变频实验箱面板上的控制电路,研究控制电路的组成,可以调节的元件和调节的目的。

② 连接整流直流电源、DC/AC 逆变电路,并接上电阻负载,驱动信号一般内部已经连接。

③ 合上控制电源和交流电源开关,观察输出电压波形,比较输出滤波器前后

的电压波形。

④ 调节正弦波发生器的频率和幅值,观测输出电压的变化。

⑤ 调节三角波频率,观测输出电压波形的变化。

⑥ 换接电感负载,重复上述③、④、⑤过程。

3. 实验报告

① 实验的主电路和控制电路。

② 完成的主要实验项目和观测结果。

③ 根据驱动信号,分析实验电路 PWM 驱动采用的是单极性还是双极性控制方式,是同步调制还是异步调制?

④ 三角波频率改变,对输出电压波形有什么影响? 三角波频率是否越高越好?

实验七　半桥式开关电源实验

1. 实验目的

掌握开关电源的基本结构和性能特点,驱动控制电路的组成和 SG3525 的应用,电压反馈在保持开关电源输出电压稳定中的作用。

2. 实验要求

(1) 测绘实验箱面板上的控制电路,研究控制电路的组成,电压反馈信号的连接,及如何调节脉冲宽度。

(2) 合上控制电源,检查输出脉冲信号,调节脉冲宽度,记录驱动脉冲信号频率,脉冲高度,脉宽调节范围。

(3) 连接主电路和电阻负载图 A.6,合上主电源开关。

(4) 观测和测量不控整流器输出,半桥式逆变器电容 C_1、C_2,MOSFET 和变压器原副边电压,滤波器 LC 前后的电压波形和电压值。

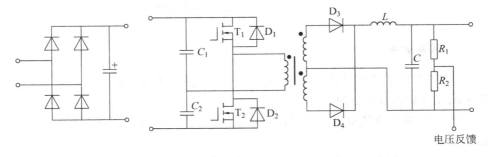

图 A.6　半桥式开关电源实验主电路

（5）改变负载电阻值，重复各点电压的观察和测量。

3. 实验报告

（1）实验项目和线路。

（2）关于控制电路的说明。

（3）比较两种脉宽和负载电阻时，电路各点电压波形。

（4）两种脉宽和负载电阻时，输出电压的记录。

（5）半桥式开关电源的性能分析。

附录 B 术语索引

电阻电感性负载   Resistance-inductance Load

电阻性负载   Resistance Load

调压   Voltage Regulation

调制波   Modulation Signal

多电平逆变器   Multi-level Inverter

多重化逆变电路   Multiplex Inverter Circuit

额定电流   Rated Current

反向电压   Backward Voltage

仿真   Simulation

仿真模型   Simulation Model

分段线性化   Graded Linearization

幅值调制   Pulse Amplitude Modulation,PAM

辅助关断电路   Auxiliary Turn-off Circuit

负载   Load

高频   High Frequency

工具箱   Toolbox

功率   Power

功率集成电路   Power Integrated Circuit,PIC

功率因数   Power Factor

汞弧整流器   Mercury Arc Rectifier

固体可控开关   Solid Controlled Switch

关断   Turn-off

关断电路   Turn-off Circuit

关断时间   Turn-off Time

光控晶闸管   Light Triggered Thyristor,LTT

规则采样法   Regular Sampling Method

过电流   Over-current

过电压   Over-voltage

恒压恒频   Constant Voltage Constant Frequency,CVCF

缓冲电路   Snubber Circuit

换流   Commutation

机械特性   Mechanical Characteristics

畸变功率   Distortion Power

畸变因数   Distortion Factor

集成化   Integration

集成门极换流晶闸管   Integrated Gate-Commutated Thyristor

计算机   Computer

加热   Heating

间接电流控制   Indirect Current Control

交磁扩大机   Alternating Magnetic Intensifier

交-交变频器   AC/AC Frequency Converter

交流电   Alternating Current

脉宽调制　Pulse Width Modulation, PWM

门极　Gate

模型　Model

模型库　Model Library

能源　Energy Source

逆变　Invert

逆变电路　Inversion Circuit

逆变器　Inverter

逆导型晶闸管　Reverse Conducting Thyristor, RCT

偏差　Deviation

频率　Frequency

频谱　Spectrum

平均值　Average Value

起动器　Starter

擎住效应　Latching Effect

区间　Interval

驱动　Drive

驱动电路　Driving Circuit

全波整流　Full Wave Rectifier

软开关　Soft Switching

三相半波可控整流电路　Three-Phase Half-Wave Controlled Rectifier

三相电压　Three-Phase Voltage

三相桥式变流电路　Three-Phase Full-Bridge Controlled Circuit

三相桥式可控整流电路　Three-Phase Full-Bridge Controlled Rectifier

三相桥式逆变电路　Three-Phase Full-Bridge Inverter

三相整流电路　Three-Phase Rectifier

升降压斩波　Boost-Buck Chopper

视在功率　Apparent Power

受限单极式斩波控制　Bounded Single Chopping Control

输出　Output

输入　Input

数值算法　Numeric Algorithm

双极结型晶体管　Bipolar Junction Transistor, BJT

双极式斩波控制　Bipolar Chopping Control

双极性调制　Bipolarity Modulation

双脉冲触发　Double-pulse Trigger

瞬时值　Instantaneous Value

死区　Deadbeat

损耗　Loss

特定次谐波消去法　Selected Harmonic Elimination

铁芯　Core

通态平均电流　Turn-on Average Current

同步调制　Synchronous Modulation

统一潮流控制器　Unified Power Flow Controller,UPFC

推挽式电路　Push-pull Circuit

微电子　Micro-electronic

脉动系数　Ripple Ratio

纹波因数　Ripple Factor

稳压器　Stabilizator

无触点开关　Non-contact Switch

无功功率　Reactive Power

无功功率补偿　Reactor Power Compensation

无换向器电动机　Non-Commutator Motor

无源逆变　Reactive Invert

吸收电路　Absorbed Circuit

线电压　Line Voltage

相电压　Phase Voltage

相位　Phase

相位控制　Phase Controlled

相序　Phase Order

肖特基二极管　Schottky Diode,SD

效率　Efficiency

谐波　Harmonics

谐波分析　Harmonics Analysis

谐波含量　Harmonics Ratio,HR

谐振　Resonance

谐振型变流器　Resonant Converters

谐振直流环节逆变器　Resonant DC Link Inverter,RDCLI

续流二极管　Flywheel Diode

阳极　Anode

移相　Phase Shift

移相范围　Phase Shift Band

异步调制　Asynchronous Modulation

阴极　Cathode

硬开关　Hard Switching

有功功率　Active Power

有效值　Root-mean-square

有源功率因数校正器　Active Power Factor Corrector,APFC

有源滤波器　Active Power Filter,APF

有源逆变　Reactive Invert

有源箝位谐振直流环节逆变器　Active Clamped Resonant DC Link Inverter,ACRLI

源极　Source

载波　Carrier Wave

噪声　Noise

斩波　Chopping

斩波控制　Chopping Controlled

占空比　Duty

整流　Rectification

整流变压器　Rectifier Transformer

整流电路　Rectified Circuit

整流二极管　Rectifier Diode

正弦脉宽调制　Sinusoidal Pulse Width Modulation,SPWM

正向电压　Forward Voltage

直流 PWM 电路　DC PWM Circuit

直流电　Direct Current(DC)

直流调压器　DC Voltage Regulator

直流发电机　DC Generator

直流环节并联谐振逆变器　Parallel Resonant DC Link Inverter,PRDCLI

直流降压斩波　DC Buck Chopper

直流脉宽调制　DC Pulse Width Modulation

直流升压斩波　DC Boost Chopping

直流伺服电动机　DC Servomotor

直流斩波　DC Chopping

直流斩波器　DC Chopper

智能化　Intelligence

智能模块　Intelligent Power Module,IPM

滞后　Lag

滞环比较器　Hysteresis Comparisor

滞环控制器　Hysteresis Controller

中心抽头变压器式单相逆变器　Centering Tapped Transformer Single Inverter

周波变换器　Cycloconvertor

周期　Cycle

准谐振型变流器　Quasi-Resonant Converters,QRC

自动化　Automation

自然采样法　Natural Sampling Method

总畸变率　Total Harmonic Distortion,THD

2. 按英文字母排序

Absorbed Circuit　吸收电路

AC Power Control　交流电力控制

AC Voltage Regulating　交流调压

AC Voltage Regulator　交流调压器

AC/AC Frequency Converter　交-交变频器

Active Clamped Resonant DC Link Inverter,ACRLI　有源箝位谐振直流环节逆变器

Active Power　有功功率

Active Power Factor Corrector,APFC　有源功率因数校正器

DC Buck Chopper　直流降压斩波

DC Chopper　直流斩波器

DC Chopping　直流斩波

DC Generator　直流发电机

DC Pulse Width Modulation　直流脉宽调制

DC PWM Circuit　直流 PWM 电路

DC Servomotor　直流伺服电动机

Deadbeat　死区

Deviation　偏差

Direct Current,DC　直流电

Distortion Factor　畸变因数

Distortion Power　畸变功率

Double-pulse Trigger　双脉冲触发

Drain　漏极

Drive　驱动

Driving Circuit　驱动电路

Duty　占空比

Efficiency　效率

Electric Drive　电气传动

Electric Energy　电能

Electric Potential　电位

Electrical Isolation　电气隔离

Electric-angle Frequency　电角频率

Electrolyzation　电解

Electromagnetism Induction　电磁感应

Electromotive Force　电动势

Electronic-ballast　电子镇流器

Energy Source　能源

Equilibrium Reactor　均衡电抗器

Exciting Control　励磁控制

Fast Acting Fuse　快速熔断器

Fast Recovery Diode,FRD　快恢复二极管

Fast Switching Thyristor,FST　快速晶闸管

Filter　滤波器

Flexible AC Transmission Systems,FACTS　灵活交流输电系统

Flyback Converter　单端反激变换器

Flywheel Diode　续流二极管

Forward Converter　单端正激变换器

Forward Voltage　正向电压

Frequency　频率

Frequency Converter　变频器

Full Wave Rectifier　全波整流

Gate　门极

Gate Turn-off Thyristor,GTO　可关断晶闸管

Giant Transistor,GTR　电力晶体管

Graded Linearization　分段线性化

Half-bridge Converter　半桥式变流电路

Half-Wave Rectifier　半波整流

Hard Switching　硬开关

Harmonic Ratio for nth　n 次谐波电流含有率

Harmonics　谐波

Harmonics Analysis　谐波分析

Harmonics Ratio,HR　谐波含量

Heating　加热

High Frequency　高频

Hysteresis Comparisor　滞环比较器

Hysteresis Controller　滞环控制器

Ideal Switching　理想开关

Indirect Current Control　间接电流控制

Inductance　电感

Inductive Load　电感性负载

Initial Phase Angle　初相角

Input　输入

Instantaneous Value　瞬时值

Insulated-Gate Bipolar Transistor,IGBT　绝缘栅双极型晶体管

Integrated Gate-Commutated Thyristor　集成门极换流晶闸管

Integration　集成化

Intelligence　智能化

Intelligent Power Module,IPM　智能模块

Interval　区间

Inversion Circuit　逆变电路

Invert　逆变

Inverter　逆变器

Lag　滞后

Latching Effect　擎住效应

Light Triggered Thyristor,LTT　光控晶闸管

Line Commutation　电网换流

Line Voltage　线电压

Load　负载

Loss　损耗

Magnetism Circuit　磁路

Matrix Frequency Converter　矩阵式变频器

Mechanical Characteristics　机械特性

Mercury Arc Rectifier　汞弧整流器

Micro-electronic　微电子

Model　模型

Model Library　模型库

Modulation Signal　调制波

Motor　电动机

Multi-level Inverter　多电平逆变器

Multiplex Inverter Circuit　多重化逆变电路

Natural Sampling Method　自然采样法

Noise　噪声

Non-Commutator Motor　无换向器电动机

Non-contact Switch　无触点开关

n-th Harmonic　n次谐波

Numeric Algorithm　数值算法

Oscilloscope Record　波形图

Output　输出

Over-current　过电流

Over-voltage　过电压

Parallel Active Power Filter,PAPF　并联型电力有源滤波器

Parallel Connection　并联

Parallel Resonant DC Link Inverter,PRDCLI　直流环节并联谐振逆变器

Parameter　参数

Phase　相位

Phase Controlled　相位控制

Phase Order　相序

phase Shift　移相

Phase Shift Band　移相范围

Phase Voltage　相电压

Power　功率

Power Conversion　电能变换

Power Conversion Technique　变流技术

Power Diode　电力二极管

Power Electronic Device　电力电子器件

Power Electronic System　电力电子系统

Power Electronic Technology　电力电子技术

Power Electronics　电力电子

Power Factor　功率因数

Power Gride　电网

Power Integrated Circuit(PIC)　功率集成电路

Power Metal Oxide Semiconductor Field Effect Transistor,P-MOSFET 电力场效应晶体管

Power MOSFET　电力场效应管

Power Source　电源

Protection　保护

参 考 文 献

[1] 黄俊,王兆安.电力电子变流技术(第 3 版).北京:机械工业出版社,1994
[2] 王兆安,黄俊.电力电子技术(第 4 版).北京:机械工业出版社,2000
[3] 王兆安,刘进军.电力电子技术(第 5 版).北京:机械工业出版社,2009
[4] 陈坚.电力电子学.北京:高等教育出版社,2002
[5] 陈坚.电力电子学(第 2 版).北京:高等教育出版社,2004
[6] 林谓勋.现代电力电子电路.杭州:浙江大学出版社,2002
[7] 邵丙衡.电力电子技术.北京:中国铁道出版社,1997
[8] 赵良炳.现代电力电子技术基础.北京:清华大学出版社,1995
[9] 赵可斌,陈国雄.电力电子变流技术.上海:上海交通大学出版社,1993
[10] 黄俊.半导体变流技术实验与习题.北京:机械工业出版社,1989
[11] 陈伯时.电力拖动自动控制系统(第 3 版).北京:机械工业出版社,2003
[12] 张占松,蔡宣三.开关电源的原理与设计.北京:电子工业出版社,1998
[13] 洪乃刚.电力电子、电机控制系统的建模和仿真.北京:机械工业出版社,2010
[14] 洪乃刚.电力电子电机控制系统仿真技术.北京:机械工业出版社,2013
[15] 张崇巍,张兴.PWM 整流器及其控制.北京:机械工业出版社,2003
[16] 张兴.电力电子技术.北京:科学出版社,2010
[17] 徐德鸿,马皓,汪槱生.电力电子技术.北京:科学出版社,2010
[18] 李兴源.高压直流输电系统的运行和控制.北京:科学出版社,1998
[19] 胡守箴,臧英杰.电气传动的脉宽调制技术.北京:机械工业出版社,1995
[20] 李夙.异步电动机直接转矩控制.北京:机械工业出版社,1994
[21] 陈伯时,陈敏逊.交流调速系统.北京:机械工业出版社,1998
[22] 张立,黄两一.电力电子场控器件及其应用.北京:机械工业出版社,1999
[23] 王兆安,杨君,刘进军.谐波抑制和无功功率补偿.北京:机械工业出版社,1998
[24] 王聪.软性开关逆变电路及其应用.北京:机械工业出版社,1993
[25] 李序葆,赵永健.电力电子器件及应用.北京:机械工业出版社,1996
[26] 胡崇岳.现代交流调速技术.北京:机械工业出版社,2001
[27] 浙江大学发电教研组直流输电科研组.直流输电.北京:电力工业出版社,1982
[28] 俞大光.电工基础(修订本)上册.北京:高等教育出版社,1964
[29] 路秋生.高频交流电子镇流器技术与应用.北京:人民邮电出版社,2004
[30] 陈传虞.电子节能灯与电子镇流器的原理和制造.北京:人民邮电出版社,2004
[31] 天津电气传动设计研究所.电气传动自动化手册.北京:机械工业出版社,1992
[32] 马小亮.大功率交-交变频器调速及矢量控制.北京:机械工业出版社,1992
[33] Mohan N,Vndeland T,Robbins W P.电力电子学:变换器、应用和设计(影印版).北京:
      高等教育出版社,2004